高等教育轨道交通“十三五”规划教材·机车车辆类

单片机原理与接口技术

（修订本）

郭保青　主　编
史红梅　许西宁　副主编

北京交通大学出版社
·北京·

内容简介

本书深入浅出地介绍了MCS-51系列单片机的组成及原理、软件指令和硬件接口技术，并在此基础上讨论了单片机系统扩展和系统设计的方法。

全书共分为10章，包括微型计算机基础、MCS-51单片机的结构与原理、MCS-51系列单片机指令系统、汇编语言程序设计、中断系统、定时/计数器、串行通信接口、并行I/O接口、MCS-51单片机的系统扩展和单片机应用系统设计。每一章后都附有复习参考题，整书末尾配有两套模拟试题，可供读者测试学习效果。为了帮助初学者学习MCS-51单片机，本书除了介绍单片机基本原理以外，还列举了大量实例，书中的程序都经过作者在计算机上进行了验证。

本书既可作为测控技术与仪器，自动化，机械工程及自动化专业的本、专科生教材和参考书目，也可作为广大电子爱好者和科技人员的自学参考书。

图书在版编目（CIP）数据

单片机原理与接口技术 / 郭保青主编. — 北京：北京交通大学出版社，2012.5（2018.8重印）

（高等教育轨道交通“十三五”规划教材）

ISBN 978-7-5121-1011-3

Ⅰ. ① 单…　Ⅱ. ① 郭…　Ⅲ. ① 单片微型计算机-基础理论　②单片微型计算机-接口技术　Ⅳ. ① TP368.1

中国版本图书馆CIP数据核字（2012）第110310号

责任编辑：吴嫦娥
出版发行：北京交通大学出版社　　电话：010-51686414　　http：//press.bjtu.edu.cn
　　　　　北京市海淀区高梁桥斜街44号　　邮编：100044
印 刷 者：三河市兴博印务有限公司
经　　销：全国新华书店
开　　本：185×260　　印张：14.25　　字数：356千字
版　　次：2018年8月第1版第1次修订　　2018年8月第4次印刷
书　　号：ISBN 978-7-5121-1011-3/TP・692
印　　数：5 001～8 000册　　定价：39.00元

本书如有质量问题，请向北京交通大学出版社质监组反映。对您的意见和批评，我们表示欢迎和感谢。
投诉电话：010-51686043，51686008；传真：010-62225406；E-mail：press@bjtu.edu.cn。

高等教育轨道交通“十三五”规划教材·机车车辆类

编　委　会

编委会办公室

出版说明

为促进高等轨道交通专业机车车辆类教材体系的建设，满足目前轨道交通类专业人才培养的需要，北京交通大学交通机械与电子控制学院、远程与继续教育学院和北京交通大学出版社组织以北京交通大学从事轨道交通研究教学的一线教师为主体、联合其他交通院校教师，并在有关单位领导和专家的大力支持下，编写了本套“高等教育轨道交通‘十二五’规划教材·机车车辆类”。

本套教材的编写突出实用性。本着“理论部分通俗易懂，实操部分图文并茂” 的原则，侧重实际工作岗位操作技能的培养。为方便读者，本系列教材采用“立体化”教学资源建设方式，配套有教学课件、习题库、自学指导书，并将陆续配备教学光盘。本系列教材可供相关专业的全日制或在职学习的本专科学生使用，也可供从事相关工作的工程技术人员参考。

本系列教材得到从事轨道交通研究的众多专家、学者的帮助和具体指导，在此表示深深的敬意和感谢。

本系列教材从 2012 年 1 月起陆续推出，首批包括:《设计与制造公差控制》、《可靠性基础》、《液压与气动技术》、《测试技术》、《单片机原理与接口技术》、《计算机辅助机械设计》、《控制理论基础》、《机械振动基础》、《动车组网络控制》、《动车组运行控制》、《机车车辆设计与装备》、《列车传动与控制》、《机车车辆运用与维修》。

希望本套教材的出版对轨道交通的发展、轨道交通专业人才的培养，特别是轨道交通机车车辆专业课程的课堂教学有所贡献。

编委会

2012 年 9 月

总　序

我国是一个内陆深广、人口众多的国家。随着改革开放的进一步深化和经济产业结构的调整，大规模的人口流动和货物流通使交通行业承载着越来越大的压力，同时也给交通运输带来了巨大的发展机遇。作为运输行业历史最悠久、规模最大的龙头企业，铁路已成为国民经济的大动脉。铁路运输有成本低、运能高、节省能源、安全性好等优势，是最快捷、最可靠的运输方式，是发展国民经济不可或缺的运输工具。改革开放以来，中国铁路积极适应社会的改革和发展，狠抓制度改革，着力技术创新，抓住了历史发展机遇，铁路改革和发展取得了跨越式的发展。

国家对铁路的发展始终予以高度重视，根据国家《中长期铁路网规划》(2005—2020 年)：到 2020 年，中国铁路网规模达到 12 万千米以上。其中，时速 200 千米及以上的客运专线将达到 18 万千米。加上既有线提速，中国铁路快速客运网将达到 5 万千米以上，运输能力满足国民经济和社会发展需要，主要技术装备达到或接近国际先进水平。铁路是个远程重轨运输工具，但随着城市建设和经济的繁荣，城市人口大幅增加，近年来城市轨道交通也正处于高速发展时期。

城市的繁荣相应带来了交通拥挤、事故频发、大气污染等一系列问题。在一些大城市和一些经济发达的中等城市，仅仅靠路面车辆运输远远不能满足客运交通的需要。城市轨道交通节约空间、耗能低、污染小、便捷可靠，是解决城市交通的最好方式。未来我国城市将形成地铁、轻轨、市域铁路构成的城市轨道交通网络，轨道交通将在我国城市建设中起着举足轻重的作用。

但是，在我国轨道交通进入快速发展的同时，解决各种管理和技术人才匮乏的问题已迫在眉睫。随着高速铁路和城市轨道新线路的不断增加以及新技术的开发与引进，管理和技术人员的队伍需要不断壮大。企业不仅要对新的员工进行培训，对原有的职工也要进行知识更新。企业急需培养出一支能符合企业要求、业务精通、综合素质高的队伍。

北京交通大学是一所以运输管理为特色的学校，拥有该学科一流的师资和科研队伍，为我国的铁路运输和高速铁路的建设作出了重大贡献。近年来，学校非常重视轨道交通的研究和发展，建有“轨道交通控制与安全”国家级重点实验室、“城市交通复杂系统理论与技术”教育部重点实验室，“基于通信的列车运行控制系统（CBTC）”取得了关键技术研究的突破，并用于亦庄城轨线。为解决轨道交通发展中人才需求问题，北京交通大学组织了学校有关院系的专家和教授编写了这套“高等教育轨道交通‘十二五’规划教材”，以供高等学校学生教学和企业技术与管理人员培训使用。

本套教材分为交通运输、机车车辆、电气牵引和土木工程四个系列，涵盖了交通规划、运营管理、信号与控制、机车与车辆制造、土木工程等领域，每本教材都是由该领域的专家执笔，教材覆盖面广，内容丰富实用。在教材的组织过程中，我们进行了充分调研，精心策划和大量论证，并听取了教学一线的教师和学科专家们的意见，经过作者们的辛勤耕耘以及编辑人员的辛勤努力，这套丛书得以成功出版。在此，我们向他们表示衷心的谢意。

希望这套系列教材的出版能为我国轨道交通人才的培养贡献绵薄之力。由于轨道交通是一个快速发展的领域，知识和技术更新很快，教材中难免会有诸多的不足和欠缺，在此诚请各位同仁、专家予以不吝批评指正，同时也方便以后教材的修订工作。

编委会

2012年9月

前　言

单片机是20世纪70年代中期发展起来的一种面向控制的大规模集成电路模块，由于其功能强、体积小、可靠性高和价格低廉等优点，已广泛应用在工业控制、数据采集、智能仪表、机电一体化和家用电器等领域，极大地提高了这些领域的技术水平和自动化程度。MCS–51系列单片机是我国目前应用最广泛的8位单片机之一，经过二十多年的推广与发展，已形成一个规模庞大、功能齐全、资源丰富的产品群，本书即以MCS–51系列单片机为典型机进行介绍。

单片机原理与接口是一门实践性很强的课程。本着原理和应用并重的原则，本书在保证理论完整性的基础上，更加强调实用性。讲述指令与编程的章节给出了大量的编程实例，讲述单片机部件的章节给出了具体的应用实例。力图使读者学习后，既能掌握单片机的原理，又能掌握单片机应用系统的设计方法。

为了便于读者学习，本书后面附有两套模拟试题和配套视频教学光盘，光盘中有单片机开发工具软件，读者安装并设为软件模拟仿真后即可进行程序的编写与验证，从而很好地解决做单片机实验难的问题。

本书第1、9章由许西宁编写，第2、3、4、7、10章由郭保青编写，第5、6、8章由史红梅编写。课题组博士生王尧及其他研究生参与了资料查找、校对和编写复习参考题等工作，在此一并表示感谢。

本书适合高等院校自动化，测控技术与仪器，电子信息工程，计算机应用，电气工程等相关专业的本、专科生和研究生作为单片机技术类课程的教材，也可供从事单片机产品开发的工程技术人员与业余爱好者参考。

由于作者水平所限，加之时间仓促，书中错误和不妥之处在所难免，恳请广大读者批评指正。

编者

2012年9月

目　录

第1章

微型计算机基础

【本章内容概要】

本章是全书的基础，首先介绍了计算机中数的基础知识，包括常用数制及转换、二进制数的算术及逻辑运算方法，计算机中数和字符的表示方法等；然后介绍了单片机的内部组成结构和基本原理；最后对单片机的发展历程、特点及常用单片机系列进行了阐述。

【本章学习重点与难点】

学习重点是：常用数制及相互转换；二进制数的算术及逻辑运算；单片机的组成结构及各部分功能；了解常用单片机系列及特点。

学习难点是：熟练掌握各种进制数之间的相互转换；单片机程序执行的基本原理。

计算机是一种能对信息进行加工处理的机器，它具有记忆、判断和运算能力，能模仿人类的思维活动，代替人的部分脑力劳动，并能对生产过程实施某种控制。世界上公认的第一台计算机于1946年诞生在宾夕法尼亚大学，它的诞生标志着人类文明进入了一个新的历史阶段。近70年来，计算机经历了电子管、晶体管、集成电路和超大规模集成电路4代后，正在向人工智能计算机（第5代）和神经网络计算机（第6代）发展，已经成为人们工作生活和生产控制不可或缺的工具。

本章主要介绍微型计算机的基础知识和组成原理，介绍单片微型计算机的发展、应用和常用的单片机系列，为读者学习后续章节打下基础。

1.1 计算机中数的基础知识

计算机是以二进制形式进行算术运算和逻辑操作的，二进制数是计算机系统能认识、处理的唯一数制。因此，对于用户在键盘上输入的十进制数字和符号命令，计算机必须先把它们都转换成二进制形式进行识别、运算和处理，然后再把运算结果还原成十进制数字和符号在显示器上显示出来。为了使读者弄清计算机的这一工作机理，本节将探讨计算机中常用的数制及相互转换、计算机中数的表示方法和编码形式。

1.1.1 计算机中的数制

所谓数制是指数的制式，是人们利用符号计数的一种科学方法。数制有很多种，微型计算机中常用的数制有十进制、二进制和十六进制3种。

1. 十进制（Decimal）

十进制是大家非常熟悉的进位计数制，它共有0，1，2，3，4，5，6，7，8和9十个数字符号，这十个数字符号又称为数码。任何一个十进制数不仅与构成它的每个数码本身有关，还和这些数码在数中的位置有关。例如，十进制数 78 中的数码 7，其本身的值为 7，但它实际代表的值为 70。在数学上，数制中数码的个数定义为基数，故十进制的基数为 10。

十进制是一种科学的计数方法，它所能表示的数的范围很大，可以从无限小到无限大。十进制数通常具有如下主要特点：

（1）它有 0～9 十个不同的数码，这是构成所有十进制数的基本符号；

（2）采用“逢十进一”的原则，当某位计满 10 时向邻近高位进一；

（3）每个位数的位值，或称为“权”，均是基数 10 的某次幂。

这就是说，任何一个十进制数都可以“按权展开”成幂级数形式。例如，

$$43.78= 4\times10^1+3\times10^0+7\times10^{-1}+8\times10^{-2}。$$

式中，指数 10^1，10^0，10^{-1} 和 10^{-2} 在数学上称为权，10 为它的基数。整数部分中每位的幂是该位位数减 1；小数部分中每位的幂是该位小数的位数。一般地说，任意一个十进制数均可表示为

$$A_{n-1}\times10^{n-1}+A_{n-2}\times10^{n-2}+\cdots+A_1\times10+A_0+B_1\times10^{-1}+B_2\times10^{-2}+\cdots+B_m\times10^{-m}。$$

2. 二进制（Binary）

计算机内部一切信息的存放、处理和传送都采用二进制数的形式，二进制数的特点如下：

（1）只有两个数码，即 0 和 1；

（2）基数为 2，采用“逢二进一”原则；

（3）各位上的权均为 2 的某次幂。

为了不致引起误解，二进制数要加后缀字母 B。与十进制数类似，二进制数也可以展开成幂级数形式，例如，

$$11011.01B=1\times2^4+1\times2^3+0\times2^2+1\times2^1+1\times2^0+0\times2^{-1}+1\times2^{-2}，即 27.25。$$

任何二进制数的通式可表示为

$$A_{n-1}\times2^{n-1}+A_{n-2}\times2^{n-2}+\cdots+A_1\times2+A_0+B_1\times2^{-1}+B_2\times2^{-2}+\cdots+B_m\times2^{-m}。$$

1 位二进制数只能表示 0 和 1 两个状态。为了表示更多的状态，可用两位或两位以上的二进制数表示。二进制数的位数与它能表示的状态数之间的关系如下：

1 位二进制数，共有 2^1（即 2）个状态，分别编码为 0，1；

2 位二进制数，共有 2^2（即 4）个状态，分别编码为 00，01，10，11；

4 位二进制数，共有 2^4（即 16）个状态，分别编码为

0000　0001　0010　0011

0100　0101　0110　0111

1000　1001　1010　1011

1100　1101　1110　1111

3. 十六进制（Hexadecimal）

由于二进制数由一长串的 0，1 组成，位数太长，不便书写和记忆；另一方面，二进制数和十六进制数之间的换算非常方便、直观。为此，书写时常用十六进制数表示二进制数。但必须注意引入十六进制数的目的仅仅是为了便于书写和记忆，被计算机认识、处理的数据依然是二进制数，或者说二进制数是计算机系统中唯一存在的数制。

十六进制数的特点是：

（1）具有 16 个数码，用 0，1，…，9 和 A，B，C，D，E，F 表示；

（2）采用“逢十六进一”的原则；

（3）各位上的权均为 16 的某次幂。

由此可见，十六进制数位数短，便于书写和记忆。为了不致引起误解，十六进制数要加后缀字母 H，如十六进制数“3E”记为“3EH”；为区别于一般字符串，以字母开头的十六进制数必须带有前缀 0（零），如十六进制数“EF”记为“0EFH”。

与十进制数类似，对于 n 位的十六进制数，可以表示为

$$A_{n-1}\times16^{n-1}+A_{n-2}\times16^{n-2}+\cdots+A_1\times16+A_0+B_1\times16^{-1}+B_2\times16^{-2}+\cdots+B_m\times16^{-m}。$$

1.1.2 数制间的转换

由于计算机仅能处理二进制数，而人们习惯于使用十进制数，这就要求计算机能自动对不同数制的数进行转换，3 种数制之间的转换方法如图 1–1 所示。

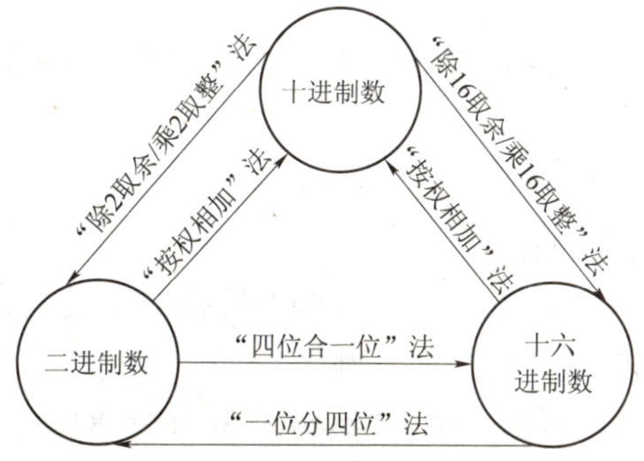

图 1–1 3 种数制间数的转换方法

1. 二进制数和十进制数的转换

（1）将二进制数转换成十进制数时，只要把欲转换数按权展开后相加即可。例如，

$$1\,101.101=1\times2^3+1\times2^2+0\times2^1+1\times2^0+1\times2^{-1}+0\times2^{-2}+1\times2^{-3}=13.625。$$

（2）将十进制数转换为二进制数时，要分别将十进制整数转换为二进制整数，十进制小数转换为二进制小数，然后将二进制整数和小数用小数点连接起来就得到转换后的二进制数结果。

① 十进制整数转换为二进制整数。

最常用的转换方法是采用“除 2 取余法，直到商为 0 为止”。第一次除得的余数为等效二进制的最低位，最后一次除得的余数为最高位。

【例 1.1】 将十进制数 25 转化为二进制数。

解 把数 25 连续除以 2，直到商数小于 2，相应竖式为

```
2 |25 ··············余1（LSB）  ↑
2 |12 ··············余0         |
2 |6  ········余0               |
2 |3  ········余1               |
2 |1  ········余1（MSB）        |
   0
```

把所得余数按箭头方向从高到低排列起来便可得到 25 的二进制表示：

25=11001B。

上述方法如将基数 2 改为 N，则适用于将十进制转换为 N 进制数。

② 十进制小数转换为二进制小数。

转换方法采用“乘 2 取整法”，即依次用 2 去乘要转换的十进制小数，记录每次所得溢出数（即整数部分，0 或 1）。若乘积的小数部分最后不为 0，则只要换算到所需精度为止。将起始溢出数写在二进制小数点后的第一位（即小数部分的最高位），依次写到最低位。小数部分从最高位到最低位的顺序与产生溢出的顺序相同。

【例 1.2】 将十进制数 0.3125 转换为相应的二进制数。

解 0.3125×2=0.625 溢出 0←MSB

0.6250×2=1.250 1

0.2500×2=0.500 0

0.5000×2=1.000 1←LSB

即 0.3125=0.0101B。

对十进制混合小数的转换，只要将整数部分和小数部分的转换结果合并即可。根据上面的转换结果，可知

25.3125 =11001.0101B。

2. 十六进制数和十进制数的转换

（1）十六进制数转换成十进制数。十六进制数转换成十进制数的方法和二进制数转换成十进制数的方法相同，即按权展开后相加，例如，

$$1E3H=1\times16^2+14\times16^1+3\times16^0=483。$$

（2）十进制数转换成十六进制数。

十进制数转换成十六进制数与十进制数转换成二进制数类似，也要分别对整数和小数部分进行变换。整数部分变换采用“除 16 取余法”，即用 16 连续去除要转换的十进制数，直到商小于 16 为止，然后再把各次余数按得到顺序的逆方向排列起来即可。小数部分变换采用“乘 16 取整法”，即把欲变换的小数连续乘以 16，直到所得乘积的小数部分为 0 或达到所需精度为止，再把各次整数按得到的顺序排列起来即可。

【例 1.3】 求 3245 所对应的十六进制整数。

解 把 3245 连续除以 16，直到商小于 16，相应竖式为

16 | 3245 ………………… 余 13 写作 D（LSB）

16 | 202 ………………… 余 10 写作 A

12 ………………… 商 12 写作 C（MSB）

所以，3245=0CADH。

【例 1.4】 求 0.76171875 所对应的十六进制小数。

解 把该数连续乘以 16，直到所得乘积的小数部分为 0，相应竖式为

0.76171875

× 16

12.18750000 ………… 取整数 12，写作 C

0.18750000

× 16

3.00000000 ………… 取整数 3，写作 3

所以，0.76171875=0.C3H。

因此，3245.76171875=0CAD.C3H。

3. 二进制数和十六进制数的转换

二进制和十六进制数间的转换十分方便，这也是人们采用十六进制形式对二进制数进行表示的内在原因。

（1）二进制数转换成十六进制数。二进制数转换成十六机制数可采用“四位合一位法”，即从二进制数的小数点开始，或左或右每 4 位一组，不足 4 位的以 0 补足，然后分别把每组用十六进制数码表示，并按序相连。

【例 1.5】 把二进制数 1101101011000010.10010101 转换为十六进制数，则有

1101　1010　1100　0010 . 1001　0101

D　A　C　2　9　5

所以，1101101011000010.10010101B=0DAC2.95H。

（2）十六进制数转换成二进制数。这种转换方法是把十六进制数的每位分别用 4 位二进制码表示，然后把它们连成一体。

【例 1.6】 把十六进制数 4AF.C3 转换成二进制数，则有

4　A　F　.　C　3

0100　1010　1111　1100　0011

所以，4AF.C3H=010010101111.11000011B。

1.1.3 二进制数的运算

在计算机中，经常遇到的运算分为两类：一类是算术运算；另一类是逻辑运算。算术运算包括加、减、乘、除运算，逻辑运算有逻辑乘、逻辑加、逻辑非和逻辑异或运算，下面分别介绍。

1. 算术运算

（1）加法运算。二进制加法法则为

0+0=0

1+0=0+1=1

1+1=0　　（向邻近高位有进位）

1+1+1=1　　（向邻近高位有进位）

两个二进制数的加法过程和十进制加法过程类似，现举例说明。

【例 1.7】 设有两个 8 位二进制 X=11010101B，Y=01001101B，试求 $X+Y$ 的值。

解 $X+Y$ 可写成如下竖式：

被加数 X	11010101B
加数 Y	01001101B
和 $X+Y$	100100010B

两个二进制数相加时要注意低位的进位，且两个 8 位二进制数的和最大不会超过 9 位。

（2）减法运算。二进制减法法则为

0−0=0

1−1=0

1−0=1

0−1=1　　　（向邻近高位借 1 当做 2）

两个二进制数的减法运算过程和十进制减法类似，现举例说明。

【例 1.8】 设有两个 8 位二进制 X=10010101B，Y=11001101B，试求 $X-Y$ 的值。

解 由于 $Y>X$，故有 $X-Y=-(Y-X)$，相应竖式如下：

被减数 Y	11001101B
减数 X	10010101B
差 $Y-X$	00111000B

所以，$X-Y$= −00111000B。

两个二进制数相减时先要判断它们的大小，把大数作为被减数，小数作为减数，差的符号由两数的大小决定。此外，减法过程中还要注意低位向高位借 1 应当作 2。

（3）乘法运算。二进制乘法法则为

0×0=0

1×0=0×1=0

1×1=1

两个二进制数的乘法过程和十进制乘法过程类似，可以用乘数的每一位分别去乘被乘数，所得结果的最低位与相应乘数位对齐，最后把所得结果加起来便得到积，这些中间结果又称为部分积。

【例 1.9】 设有两个 4 位二进制 X=1110B，Y=1101B，试求 $X \times Y$ 的值。

解 二进制乘法运算竖式如下：

```
被乘数 X    1110B
  乘数 Y    1101B
---------------------
            1110
           0000
          1110
         1110
---------------------
乘积     10110110B
```

所以，$X \times Y$=10110110B。

上述算法可总结为：先对乘数最低位判断，若是 1 就把被乘数写在和乘数位对齐的位置上（若乘数该位为 0，写全 0）；然后逐次从低位向高位对乘数其他位进行判断，每判断一位就把被乘数或“0”左移一位后写下来，直到判断完乘数的最高位，最后进行相加。这种乘法算法复杂，用电子线路实现较困难，故计算机中通常不采用。

在计算机中，“部分积左移”和“部分积右移”是普遍采用的两种乘法算法。前者从乘数最低位向高位逐次进行，后者从乘数最高位向低位进行，其本质相同。“部分积右移”是：先使部分积为“0”并右移一位，若乘数最低位为“1”，则右移后的部分积与被乘数相加（若乘数最低为 0，则该部分积与 0 相加）；然后使得到的部分积右移 1 位，用同样的方法对乘数次低位进行处理，直至处理到乘数的最高位为止。这就是说：部分积右移法采用了边乘边加的方法，每次加被乘数或“0”时总要先使部分积右移（相当于人工算法中的被乘数左移），而被乘数的位置可保持不变。

上述算法虽然难以被人们理解，但它却十分利于计算机采用硬件或软件方法实现。通常，计算机内部只有一个加法器，乘法指令由加法、移位和判断电路利用上述算法来完成。有些微型计算机无乘法指令，乘法问题是通过由加法指令、移位指令和判断指令按“部分积左移”或“部分积右移”的算法编写的乘法程序来实现的。

（4）除法运算。除法是乘法的逆运算。二进制除法与十进制除法类似，也是从被除数最高位开始，找出够减除数的位数，在其最高位处商 1 并完成它对除数的减法运算，然后把被除数的下一位移到余数位置上。若余数不够减除数，则上商 0，并把被除数的再下一位移到余数位置上。若余数够减除数，则上商 1 并进行余数减除数。如此反复直到全部被除数的各位都下移到余数位置上为止。

【例 1.10】 设 X=10101011B，Y=110B，试求 $X\div Y$ 的值。

解　$X\div Y$ 的竖式为

```
           11100
110 √  10101011
        110
       ---------
         1001
          110
       ---------
           110
           110
       ---------
            11
```

所以，$X\div Y$=11100B…余 11B。

综上，上述手工除法由判断、减法和移位等步骤组成。也就是说，只要有了减法器，外加判断和移位就可以实现除法运算。在计算机中，原码除法常可分为“比较法”、“恢复余数法”和“不恢复余数法”3 种，其基本原理与上述算法相同。其中，“比较法”实现难度较大，另两种是原码除法的两种基本算法，可以由硬件电路和软件程序实现。

“恢复余数法”的法则是：首先判断除数不为 0（除数为 0 时无法进行）；二是把被除数除以除数（实际作减法），若所得余数大于 0，则上商 1（否则，上商 0 并恢复余数）；三是把所得余数连同被除数中的下一位作为本次除法的被除数，并用第二步中的同样方法完成本次除法；四是让除法逐位进行下去，直到除法完成为止。

2. 逻辑运算

计算机处理数据时常常要用到逻辑运算。逻辑运算由专门的逻辑电路实现，下面介绍常用的几种逻辑运算。

（1）逻辑乘运算。逻辑乘又称逻辑与，常用算符 $\wedge$ 表示。逻辑乘运算法则为

$$0\wedge 0=0$$

$$1\wedge 0=0\wedge 1=0$$

$$1\wedge 1=1$$

【例 1.11】 已知 X=11011000B，Y=01100111B，试求 $X\wedge Y$ 的值。

解　$X\wedge Y$ 的竖式为

```
   11011000B
 ∧ 01100111B
 -----------
   01000000B
```

所以，$X \wedge Y$ 的值为 01000000B。

逻辑乘运算通常用于从某数中取出某几位。需要取出的位与 1 进行逻辑乘即取出该位，与 0 进行逻辑乘即将该位写为 0。上例中即用 Y 取出了 X 中的第 0、1、2、5、6 位，其余位清 0。

（2）逻辑加运算。逻辑加又称逻辑或，常用算符 ∨ 表示。逻辑加运算法则为

$$0 \vee 0 = 0$$
$$1 \vee 0 = 0 \vee 1 = 1$$
$$1 \vee 1 = 1$$

【例 1.12】 已知 X=11011000B，Y=01100111B，试求 $X \vee Y$ 的值。

解 $X \vee Y$ 的竖式为

$$\begin{array}{r} 11011000\text{B} \\ \vee \quad 01100111\text{B} \\ \hline 11111111\text{B} \end{array}$$

所以，$X \vee Y$=11111111B。

逻辑加运算可以用于使某数中某几位添加“1”。需要填加 1 的位与“1”逻辑加即可实现，与“0”逻辑加的位保持不变。

（3）逻辑非运算。逻辑非运算又称逻辑取反，常采用“¯”运算符表示，其规则为

$$\overline{0} = 1$$
$$\overline{1} = 0$$

【例 1.13】 已知 X=11011000B，求 $\overline{X}$ 的值。

解 因为 X=11011000B，

所以 $\overline{X}$ =00100111B。

（4）逻辑异或。逻辑异或又称半加，是不考虑进位的加法，用算符 ⊕ 表示，其运算规则为

$$0 \oplus 0 = 1 \oplus 1 = 0$$
$$1 \oplus 0 = 0 \oplus 1 = 1$$

【例 1.14】 已知 X=11011000B，Y=01100111B，试求 $X \oplus Y$ 的值。

解 $X \oplus Y$ 的竖式为

$$\begin{array}{r} 11011000\text{B} \\ \oplus \quad 01100111\text{B} \\ \hline 10111111\text{B} \end{array}$$

所以，$X \oplus Y$=10111111B。

逻辑异或运算常用于将某数中的某几位取反，需要取反的位与 1 异或即可，与 0 异或的位保持不变。异或运算还可用于乘除法运算中的符号位处理。

1.1.4 计算机中数的表示方法

在现代微型机中，其内部运算器通常只由一个补码加法器、n 位寄存器/计数器组和移位控制电路等组成，但它恰能进行各种算术和逻辑运算。也就是说，补码加法器既能做加法又

能将减法运算变为加法来做，从而大大简化了运算器内部的电路设计。这应归功于人们对计算机中码制的研究。

机器数是指数的符号和值均采用二进制的表示形式。由于机器数在定点和浮点机中有不同表现形式，这里的机器数是指定点整数机中的表现形式。即最高位是符号位（0 表示正数，1 表示负数），其余位为数值位，小数点约定在数值位之后。在计算机中，机器数有原码、反码、补码、变形原码、变形反码、变形补码和移码等多种形式。

1. 机器数的原码、反码和补码

原码、反码和补码是机器数的 3 种基本形式，它和机器数的真值不同。机器数的真值定义为采用+和–表示的二进制数，并非是真正的机器数。例如，+65 的机器数真值为+1000001B，原码形式为 01000001B（最高位的 0 表示正数）；–65 的真值为–1000001B，原码为 11000001B（最高位的 1 表示负数）。

（1）原码

机器数的原码（简称原码）定义为最高位为符号位，其余位为数值位，符号位为 0 表示该数是正数，符号位为 1 表示它是负数。通常，一个数的原码可以先把该数用方括号括起来，并在方括号右下角加个“原”字来标记。

【例 1.15】 设 X=+1101B，Y=–1101B，请分别写出它们在 8 位微型计算机中的原码形式。

解 因为 X=+1101B，所以$[X]_{原}$=00001101B。

因为 Y=–1101B，所以$[Y]_{原}$=10001101B。

在微型计算机中，0 这个数非常特别，有+0 和–0 之分，它也有原码、反码和补码 3 种表现形式。例如，0 在 8 位机中的两种原码形式为

$[+0]_{原}$=00000000B

$[-0]_{原}$=10000000B

（2）反码

在微型计算机中，二进制数反码的求取很简单，有正数的反码和负数的反码之分。正数的反码和原码相同，负数反码的符号位和负数原码的符号位相同，数值位是原码的数值位按位取反。反码的标记方法与原码类似，只要在方括号的右下角添加一个“反”字即可。

【例 1.16】 设 X=+1010110B，Y=–0110111B，请分别写出它们的原码和反码形式。

解 因为 X=+1010110B，所以$[X]_{原}$=01010110B，$[X]_{反}$=01010110B。

因为 Y=–0110111B，所以$[Y]_{原}$=10110111B，$[Y]_{反}$=11001000B。

（3）补码

在日常生活中，补码的概念是经常会遇到的。例如，如果现在是北京时间下午 5 点钟，而手表还停在上午 9 点。为了校准手表，可以顺时针拨 8 个小时，也可以逆时针拨 4 个小时，其效果是相同的。显然，顺拨时针是加法操作，逆拨时针是减法操作，据此可得到如下两个数学表达式：

顺拨时针　　9+8=12（自动丢失）+5=5；

逆拨时针　　9–4=5。

顺拨时针时，人们通常在 1 点钟或 12 点钟左右自动丢失数 12，认为是 1 点或 0 点。在数学上，这个自动丢失的数 12 称为模(mod)，这种带模的加法称为按模 12 的加法，通常写为

9+8=5（mod 12）。

比较上述两个数学表达式，可以发现 9–4 的减法和 9+8 的按模加法其实是等价的。这里，+8 和–4 是互补的，+8 称为–4 的补码（mod 12）。它们在数学上的关系为

$$X+[-Y]_{补}=9+[-4]_{补}(\text{mod}=12)=9+8(\text{mod } 12)=5。$$

这就是说：9–4 的减法可以用 $9+[-4]_{补}=9+8(\text{mod } 12)$的加法替代。但遗憾的是，在求取$[-4]_{补}$时仍要用减法实现，数学表达式为$[-4]_{补}=12-|-4|=+8$。如果在求负数的补码时不需要用减法，那么在既有加法又有减法的复合运算中碰到减法时就可采用补码的加法实现。

在微型计算机中，加法器的加法运算是采用二进制数法则进行的，加法器的最高进位位也会和钟表的时针一样自动丢失模值。不过，加法器丢失的不是模 12，而是 2^n，这里的 n 是加法器的字长。和以 12 为模的钟表校时运算一样，若计算机在求取负数补码时仍采用减法运算，则要把 $X-Y$ 的减法变成 $X+[-Y]_{补}$的加法来做也是一句空话。根据上述补码定义，一个字长为 n 的二进制数$-Y$ 的补码求取公式为

$$[-Y]_{补}=2^n-|-Y|=(2^n-1)-|-Y|+1=\overline{Y}+1。$$

上式可解释为：负数的补码是反码加 1（即$\overline{Y}+1$）。

因此，微型计算机变 $X-Y$ 为 $X+\overline{Y}+1$。运算时只要先判断 Y 的符号位，若它为正，则完成 $X+Y$ 的操作；若它为负，则完成 $X+\overline{Y}+1$ 运算。如果把所有参加运算的带符号数都用它们的补码来表示，并规定正数的原码、反码和补码相同，负数的补码是反码加 1，那么就可以用补码加法来替代加减运算（结果为补码形式）。在 CPU 内部，补码加法器既能做加法又能变减法为加法来做。补码加法器还配有左移、右移和判断等电路，故它不仅可以进行逻辑操作，还能完成加、减、乘、除的四则运算，这就是微型计算机补码加法带来的巨大好处。

【例 1.17】 已知 X=+1101，Y= –01101，试分别写出它们在 8 位微型机中的原码、反码和补码形式。

解 因为 X=+1101B　　因为 Y= –01101B

所以 $[X]_{原}$=00001101B　　所以 $[Y]_{原}$=10001101B

$[X]_{反}$=00001101B　　$[Y]_{反}$=11110010B

$[X]_{补}$=00001101B　　$[Y]_{补}$=11110011B

由于 0 在反码中也有如下两种表示形式：

$[+0]_{反}$=00000000B，正数的反码与原码相同；

$[-0]_{反}$=111111111B。

因此，0 的补码形式为

$[+0]_{补}==[+0]_{原}=[+0]_{反}$=00000000B，

$[-0]_{补}=[-0]_{反}+1$=11111111B+1=00000000B。

由此可见，不论是+0 还是–0，0 在补码中只有唯一的一种表示形式。

2. 补码的加减运算

在微型计算机中，原码表示的数易于被人们识别，但运算复杂，符号位往往需要单独处理。补码虽不易识别，但运算方便。所有参加加减运算的带符号数都表示成补码后，微型机对它运算后得到的结果也是补码，符号位无须单独处理。

（1）补码加法运算。补码加法运算的通式为

$$[X+Y]_{补}=[X]_{补}+[Y]_{补} \quad (\text{mod } 2^n),$$

即两数之和的补码等于两数补码之和，其中 n 为机器数的字长。不过，X、Y、$(X+Y)$ 3 个数都必须在 $-2^{n-1}\sim2^{n-1}-1$ 范围内，否则机器便会产生溢出错误。在运算过程中，符号位和数值位一起参加运算，符号位的进位位略去。

【例 1.18】 已知 $X=+31$，$Y=-9$，试求 $X+Y$ 的二进制数。

解 由于$[X+Y]_{补}=[X]_{补}+[Y]_{补}=[+31]_{补}+[-9]_{补}$，

所以，有如下竖式：

$$\begin{array}{rcl} [X]_{补} & = & 00011111\text{B} \\ [Y]_{补} & = & 11110111\text{B} \\ \hline [X]_{补}+[Y]_{补} & = & \boxed{1}00010110\text{B} \end{array}$$

有　$[X+Y]_{补}=[X]_{补}+[Y]_{补}=00010110\text{B}$。

真值为　+00010110。

（2）补码的减法运算。补码减法运算的通式为

$$[X-Y]_{补}=[X]_{补}+[-Y]_{补}\ (\text{mod } 2^n),$$

即两数之差的补码等于两数补码之和，其中 n 为机器数的字长。与前面的补码加法一样，X、Y、$(X-Y)$ 3 个数都必须在 $-2^{n-1}\sim2^{n-1}-1$ 范围内。补码减法运算中，符号位和数值位一起参加运算，符号位进位忽略。

【例 1.19】 已知 $X=+34$，$Y=54$，求 $X-Y$ 的值。

解 由于$[X-Y]_{补}=[X]_{补}+[-Y]_{补}=[+34]_{补}+[-54]_{补}$，

所以，有如下竖式：

$$\begin{array}{rcl} [X]_{补} & = & 00100010\text{B} \\ [-Y]_{补} & = & 11001010\text{B} \\ \hline [X]_{补}+[-Y]_{补} & = & 11101100\text{B} \end{array}$$

有　$[X-Y]_{补}-[X]_{补}+[-Y]_{补}=11101100\text{B}$。

真值为　−0010100B。

上述运算表明：利用补码运算可以将减法运算化为加法来做，从而实现一个补码加法器在移位控制电路作用下完成加、减、乘、除四则运算。

1.1.5　计算机中数和字符的编码

在日常生活中，编码问题是非常普遍的。例如，电话号码、房间编号和学号等。这些编码的共同特点是采用十进制数字进行编码，编码位数和用户数量有关。例如，一个两位十进制数字最多容许 100 个单独个体的编号。

由于计算机只能识别二进制数，因此键盘上所有的数字、字母和符号也必须事先为它们进行二进制编码，以便机器对它们进行识别、存储、处理和传送。和日常生活中的十进制编码问题一样，所需编码的数字、字母和符号越多，二进制数字的位数也就越长。下面介绍几种微型机中常用的编码。

1. BCD 码

生活中人们习惯于十进制数，而计算机只能识别二进制数，为了将十进制数变为二进制数，产生了 BCD（Binary Coded Decimal）码，即十进制数的二进制编码。顾名思义，它既是逢十进一，又是一组二进制代码。BCD 码种类较多，常用的有 8421 码、2421 码、余 3 码和

格雷码。现以 8421 码为例进行介绍。

8421 码是最常用的一种 BCD 码，因组成它的 4 位二进制数码的权分别为 8、4、2、1 而得名。8421 码中，10 组 4 位二进制数分别代表了 0～9 中的 10 个数字符号。十进制数和 8421 BCD 码的对照表如表 1–1 所示。

表 1–1 十进制数和 8421 BCD 码对照表

十进制数	8421 码	十进制数	8421 码
0	0000B	8	1000B
1	0001B	9	1001B
2	0010B	10	00010000B
3	0011B	11	00010001B
4	0100B	12	00010010B
5	0101B	13	00010011B
6	0110B	14	00010100B
7	0111B	15	00010101B

4 位二进制数字共有 16 种组合，其中 0000B～1001B 为 8421 码的基本代码系统，分别代表 0～9 十个数字，1010B～1111B 未被使用，称为非法码或冗余码。10 以上的所有十进制数至少需要 2 位 8421 码字（即 8 位二进制数）来表示，而且不应出现非法码，否则就不是真正的 BCD 数。因此，BCD 数由 BCD 码构成，是以二进制形式出现的，是逢十进位的，但它并不是一个真正的二进制数，因为二进制数是逢二进位的。例如，十进制数 68 的 BCD 码形式为 01101000B（即 68H），而它的等值二进制数为 01000100B(即 44H)。

2. ASCII 码

现代微型计算机不仅要处理数字信息，而且还要处理大量字母和符号。这些数字、字母和符号统称为字符。计算机要识别这些字符必须对它们进行二进制编码，即字符编码。

ASCII 码（American Standard Coded for Information Interchange，美国标准信息交换码）是一种比较完整的字符编码，目前已成为国际通用的标准编码，广泛应用于微型计算机中。通常，ASCII 码用 7 位二进制数码表示字符，共可以有 128 个字符编码，如附录 A 所示。这 128 个字符共分为两类：一类是图形字符，共 96 个；另一类是控制字符，共 32 个。96 个图形字符包括十进制数符 10 个，大小写英文字母 52 个及其他字符 34 个，这类字符有特定形状，可以显示在显示器上或打印在打印纸上，其编码可以存储、传送和处理。32 个控制字符包括回车符、换行符、退格符等，这类字符没有特定形状，其编码虽然可以存储、传送和起某种控制作用，但字符本身不能在显示器显示也不能在打印机打印。常用的 ASCII 码如表 1–2 所示。

表 1–2 常用字符的 ASCII 码

字符	ASCII 码（H）
0~9	30~39
A~Z	41~5A
a~z	61~7A
Blank（Space）	20
$	24

1.2 单片微型计算机概述

单片微型计算机简称单片机，是微型计算机的一个重要分支，也是一种非常活跃且颇具生命力的机种。由于单片机特别适用于控制领域，故又称为微控制器（Microcontroller）。

通常，单片机由单块集成电路芯片构成，内部包含有计算机的基本功能部件：CPU(Central Processing Unit，中央处理器)，存储器和I/O接口电路等。它只需要与适当的软件及外部设备相结合，便可构建一个单片机控制系统。

1.2.1 单片机的内部结构

与单片机相比，微型计算机是一个多片机系统。它是由中央处理器（CPU）芯片、ROM芯片、RAM芯片和I/O接口芯片等通过印刷电路板上总线（地址总线AB、数据总线DB和控制总线CB）连成一体的完整计算机系统。其中，中央处理器（CPU）的字长长，功能强；ROM和RAM容量大；I/O接口多且功能强大，具有单片机无法比拟的优点。单片机在结构上与微型计算机十分相似，是一种集微型计算机主要功能部件于同一块芯片上的微型计算机，并由此得名。单片机内部结构如图1–2所示。

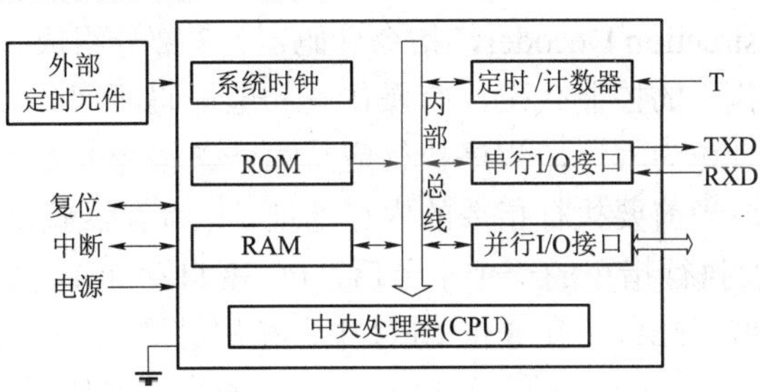

图1–2　单片机内部结构图

由图1–2可见，中央处理器CPU是通过内部总线与ROM、RAM、I/O接口及定时/计数器相连的。为了分析单片机工作原理，有必要对图1–2中各部件逐一进行简要介绍。

1. 中央处理器（CPU）

中央处理器是单片机的核心，内部结构极其复杂，其模型机框图如图1–3所示，主要包括运算器和控制器两部分，分别介绍如下。

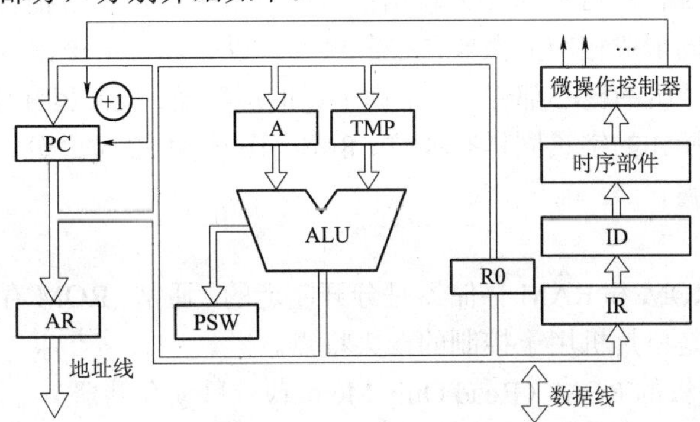

图1–3　模型CPU结构框图

1）运算器

运算器用于对二进制数进行算术和逻辑运算，其操作顺序在控制器控制下进行。运算器由算术逻辑运算单元 ALU、累加器 A、通用寄存器 R0、暂存器 TMP 和状态寄存器 PSW 等 5 部分组成。

累加器 A（Accumulator）是一个具有输入/输出能力的移位寄存器，由 8 个触发器组成。累加器 A 在加法前用于存放一个操作数，加法操作之后存放和，以便再次累加。TMP（Temporary Register）也是一个 8 位寄存器，用于暂存另一操作数。ALU（Arithmetic and Logic Unit，算术逻辑单元），主要由加法器、移位电路和判断电路组成，用于对累加器 A 和暂存器 TMP 中两个操作数进行四则运算和逻辑操作。PSW（Program Status Word，程序状态字）也由 8 位触发器组成，用于存放 ALU 操作过程中形成的状态。例如，累加器 A 中的运算结果是否为零，最高位是否有进位或借位等都可以记录到 PSW 中。R0 为 GR（General-purpose Register，通用寄存器），用于存放操作数或运算结果。

2）控制器

控制器是发布操作命令的机构，是计算机的指挥中心，相当于人脑的神经中枢。控制器由指令部件、时序部件和微操作控制部件 3 部分组成。

（1）指令部件。是一种能对指令进行分析、处理和产生控制信号的逻辑部件，也是控制器的核心。通常，指令部件由 PC（Program Counter，程序计数器）、IR（Instruction Register，指令寄存器）和 ID（Instruction Decoder，指令译码器）3 部分组成。

指令是一种供机器执行的控制代码，有操作码和地址码两部分。指令不同，指令长度也不相同。指令的有序集合称为程序，程序执行应从第一条指令开始逐条执行。因此，需要有一个专门的寄存器来存放当前要执行指令的内存地址，该寄存器就是程序计数器 PC。当机器根据 PC 中的地址取出要执行指令的一个字节后，PC 就自动加 1，指向指令的下一个字节，为机器下次取这个字节做好准备。在 8 位 CPU 中，程序计数器 PC 通常为 16 位。

指令寄存器 IR 为 8 位，用于存放从存储器中取出的当前要执行指令的指令码。该指令码在 IR 中得到寄存和缓冲后被送到指令译码器 ID 中译码，译码后就知道该指令进行哪种操作，并在时序部件帮助下去推动微操作控制部件完成指令的执行。

（2）时序部件。由时钟系统和脉冲分配器组成，用于产生微操作控制部件所需的定时脉冲信号。其中，时钟系统（Clock System）产生机器的时钟脉冲序列，脉冲分配器（Pulse Distributor）又称“节拍发生器”，用于产生节拍电位和节拍脉冲。

（3）微操作控制部件。可以为 ID 输出信号配上节拍电位和节拍脉冲，也可与外部进来的控制信号组合，共同形成相应的微操作控制序列，以完成规定操作。

总之，CPU 是单片机的核心部件，通常由上述的运算器、控制器和中断电路等组成。CPU 进行算术运算和逻辑操作的字长同样有 4 位、8 位、16 位和 32 位之分，字长越长运算速度越快，数据处理能力越强。

2. 存储器

在单片机内部，ROM 和 RAM 存储器是分开制造的。通常，ROM 存储器容量较大，RAM 存储器容量较小，这是单片机用于控制的一大特点。

（1）ROM。单片机的 ROM（Read Only Memory，只读存储器）一般为 1～32 KB，用于存放应用程序，故又称为程序存储器。由于单片机主要在控制系统中使用，一旦系统研制成功，其硬件和应用程序均已定型。为了提高系统的可靠性，应用程序通常固化在片内 ROM 中。根据片内 ROM 的结构，单片机可以分为无 ROM 型、ROM 型、EPROM 型、E^2PROM 型和 Flash 型 ROM 存储器。

（2）RAM。单片机片内 RAM（Random Access Memory，随机存取存储器）通常容量为 64～256 B，最大可达 48 KB，主要用于存放实时数据或作为通用寄存器、数据堆栈和数据缓冲器。

ROM 和 RAM 的内部结构大致相同，所不同的是存储每位二进制数码的基本电路不一样。无论是 ROM 还是 RAM，其存储容量都由地址线条数 n 决定，其关系如下：

$$存储容量=2^n。$$

数据线条数和每个地址单元中二进制位数一一对应，并应和所有地址单元中的基本存储电路相通。

对于一个有 16 条地址线和 8 条数据线的 ROM 或 RAM 存储器，如果 16 条地址线均为高电平，将选中 FFFFH 单元进行读写操作；如果 16 位地址线上的地址码变为 0000H（即全为低电平），则将选中 0000H 单元。因此，一个 16 条地址线的存储器其存储容量的地址范围是 0000H～FFFFH，共 64 KB。

3. 内部总线

单片机内部总线是 CPU 连接片内各主要部件的纽带，是各类信息传送的公共通道。内部总线主要由 3 种不同性质的连线组成，它们是地址线、数据线和控制线。

地址线用来传送存储器需要的地址码或外部设备的设备号，通常由 CPU 发出并被存储器或 I/O 接口电路接收。数据线用来传送 CPU 写入存储器或经 I/O 接口送到输出设备的数据，也可以传送从存储器或输入设备经 I/O 接口读入的数据。因此，数据线通常是双向信号线。控制/状态线有两类：一类是 CPU 发出的控制命令，如读写命令、中断响应等；另一类是存储器或外设的状态信息，如外设的中断请求、存储器忙和系统复位信号等。

4. I/O 接口和特殊功能部件

I/O 接口电路有串行和并行之分。串行 I/O 用于串行通信，可以把单片机内部的并行 8 位数据（8 位机）变成串行数据向外传送，也可以串行接收外部送来的数据并把它们变成并行数据送给 CPU 处理。并行 I/O 接口可以在单片机和存储器或外设之间并行地传送 8 位数据（8 位机）。

通常，特殊功能部件包括定时/计数器、A/D 电路、DMA（Direct Memory Access，直接存储器存取）通道和系统时钟等电路。定时/计数器用于产生定时脉冲，以实现单片机的定时控制；A/D 和 D/A 转换器用于模拟量和数字量之间的相互转换，以完成实时数据的采集和控制；DMA 通道可以使单片机和外设之间实现数据的快速传送。单片机型号不同，其内部包括的特殊功能部件类型和数量也不一样。

1.2.2 单片机的基本原理

单片机是通过执行程序来工作的，执行不同程序就能完成不同的运算和控制任务。因此，单片机执行程序的过程实际上也体现了单片机的基本工作原理。为此，先从指令和程序谈起。

1. 单片机的指令系统和程序编制

前面已提及，指令是一种可供机器执行的控制代码，故又称指令码（Instruction Code）。

指令码由操作码（Operation Code）和地址码（Address Code）组成：操作码用于指示机器执行何种操作；地址码用于指示参加操作的数在哪里。其格式为：

操作码	地址码

指令码的二进制形式既不便于记忆，又不便于书写，故人们通常采用助记符形式来表示，如表 1–3 所列。

表 1–3　指令的 3 种形式

指令的二进制形式	指令的十六进制形式	指令的汇编形式
01110100 data1	74 data1	MOV A，#data1；A←data1
00100100 data2	24 data2	ADD A，#data2；A←(A)+data2
10000000 11111110	80 FE	SJMP $；停机

指令的集合或指令的全体称为“指令系统”（Instruction System）。微处理器类型不同，其指令系统也不一样。例如，Z80 有 698 条指令，Intel 8085 有 78 条指令，MCS–51 系列单片机有 111 条指令。所谓程序就是采用指令系统中的指令根据任务要求排列起来的有序指令的集合。

程序的编制称为“程序设计”。通常，设计人员采用指令的汇编符（即助记符）形式编程。这种程序设计称为“汇编语言程序设计”。显然，熟悉机器的指令系统是编写出优质高效程序的基础。

2. 单片机执行程序的过程

为了弄清单片机的工作原理，现以 Y=12+9 求和程序来说明单片机的工作过程。

```
740CH   MOV A, #0CH      ; A←0CH
2409H   ADD A, #09H      ; A←12+9
80FEH   SJMP    $        ; 停机
```

该程序由 3 条指令组成，每条指令均为双字节指令（即第一字节为操作码，第二字节为地址码）。第一条指令的含义是把 0CH 送到累加器 A 中；第二条指令是加法指令，它把累加器 A 中的 0CH 和立即数 9 相加，结果保留到累加器 A 中；第三条是停机指令，机器执行后处于动态停机状态。为了说明程序的执行过程，现在假设上述程序的指令码已装入从 2000H 开始的存储器区域，共占用 6 个存储单元，程序计数器 PC 中也预先放入地址初值 2000H，以便机器可以根据 PC 中的地址从第一条指令处执行程序，如图 1–4 所示。

1）第一条指令的执行过程

第一条指令为双字节指令，第一字节为操作码 74H，它指示机器进行数据传送，操作数 0CH 在指令的第二字节（即 2001H）内。执行步骤为：

（1）微操作控制器使 PC 中初值地址 2000H 送入地址寄存器 AR（Address Register）后发出读命令，同时使 PC 中内容自动加 1 变成 2001H，以便为取指令的第二字节做准备；

（2）存储器根据地址寄存器中的地址 2000H，在读命令控制下完成读出操作码 74H 并送入数据寄存器 DR（Data Register）；

（3）微操作控制序列继续使 DR 中操作码 74H 经指令寄存器 IR（Instruction Register）缓冲后送入指令译码器 ID（Instruction Decoder）；

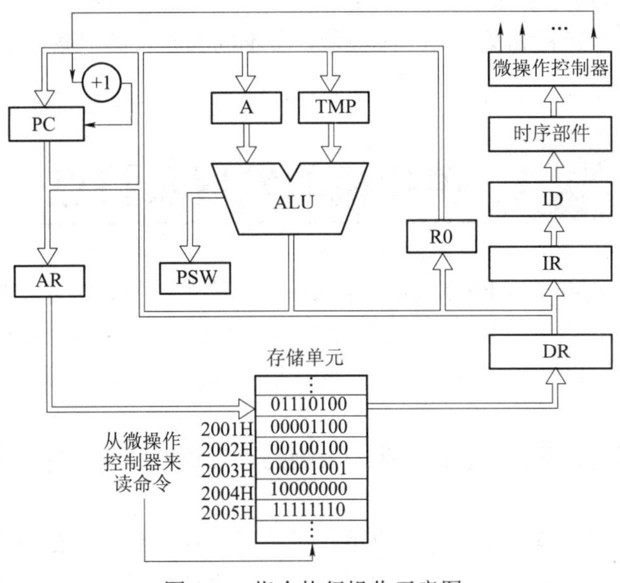

图 1-4 指令执行操作示意图

（4）指令译码器 ID 结合时序部件产生 74H 操作码的微操作序列，该微操作序列把程序计数器 PC 中的地址 2001H 送入 AR 后发出新的读命令，同时又使程序计数器 PC 自动加 1，从而变为 2002H，为取第二条指令操作码 24H 做准备；

（5）存储器在新的 AR 中地址 2001H 和 74H 微操作序列的共同作用下，把 2001H 单元中的 0CH 送入数据寄存器 DR；

（6）74 微操作控制序列使数据寄存器 DR 中的 0CH 操作数送入累加器 A 中。

至此，第一条指令执行完毕。

2）第二条指令的执行过程

第二条指令也是双字节指令，第一字节为操作码 24H，指示机器进行加法操作，两个操作数中一个在累加器 A 中，另一个在指令的第二字节。执行步骤为：

（1）第一条指令执行完毕后，PC 中的内容已变为 2002H，微操作控制器也使 PC 中的 2002H 送入地址寄存器后向存储器发出读命令，同时又使 PC 中的内容加 1 变为 2003H，使 PC 指向第二条指令的第二字节；

（2）存储器在地址寄存器 AR 中的 2002H 和 CPU 送来的读命令作用下，读出操作码 24H 并送入数据寄存器 DR 中；

（3）微操作控制器发出的微操作控制序列使 DR 中的 24H 操作码送入指令寄存器 IR，并通过它进入指令译码器 ID；

（4）指令译码器 ID 也结合时序部件产生 24H 操作码的微操作序列，该微操作序列把程序计数器 PC 中的地址 2003H 送入 AR 后向存储器发出新的读命令，同时又使程序计数器 PC 自动加 1 变为 2004H，从而指向第三条指令的第一个字节；

（5）24H 微操作码控制序列把存储器读出的操作数 09H 从 DR 送入 TMP，并会同累加器 A 中的另一操作数 0CH，完成两数求和操作及把操作结果 15H 经内部总线送入累加器 A，从而完成本条指令的执行。

3）第三条指令的执行过程

第三条指令的执行过程和第一、二条类似，所不同的是，第三条指令执行后 CPU 处于动态停机状态。

1.3 单片机的发展及特点

单片微型计算机（Single Chip Microcomputer）简称单片机，它在一块芯片上集成了中央处理器 CPU、随机存取存储器 RAM、只读存储器 ROM、定时/计数器及 I/O 接口等部件，构成一个完整的微型计算机。它具有高性能，高速度，体积小，价格低廉，稳定可靠，应用广泛的特点。

单片机的发展历史并不长，它的产生和发展与计算机的产生和发展大体上同步，也经历了 4 个阶段。

第一阶段（1970—1974 年）：为 4 位单片机阶段。这种单片机的特点是：价格便宜，控制功能强，片内含有多种 I/O 接口，有的根据不同用途还配有许多专用接口，有些甚至还包括 A/D、D/A 转换、声音合成等电路。丰富的 I/O 功能大大增强了 4 位单片机的控制能力，从而使外部设备接口电路极为简单。4 位单片机主要应用于录音机、摄像机、电视机、电冰箱、洗衣机、录像机和电子玩具等产品中。

第二阶段（1974—1978 年）：为低、中档 8 位单片机阶段。它是 8 位单片机的早期产品，以 Intel 公司的 MCS-48 系列单片机为代表。这个系列的单片机在片内集成 8 位 CPU、并行 I/O 接口、8 位定时/计数器、RAM 和 ROM 等，无串行接口，中断处理较简单，片内 RAM 和 ROM 容量较小，且寻址范围不大于 4 KB。

第三阶段（1978—1983 年）：为高档 8 位单片机阶段。这类单片机是在低、中档基础上发展起来的，其性能有明显提高。以 Intel 公司的 MCS-51 系列单片机为代表，在片内增加了串行接口，有多级中断处理系统，16 位定时/计数器，片内 RAM、ROM 容量增大，寻址范围可达 64 KB，有的片内带有 A/D 转换接口。这类单片机功能强，应用领域广，是目前各类单片机中应用最多的一种。

第四阶段（1983 年至今）：为 8 位单片机巩固发展阶段及 16 位单片机、32 位单片机推出阶段。此阶段主要特征是：一方面不断完善高档 8 位单片机，改善其结构，以满足不同用户的需要；另一方面发展 16 位单片机、32 位单片机及专用型单片机。16 位单片机除了 CPU 为 16 位外，片内增加了高速输入输出部件，多通道 10 位 A/D 转换部件，中断处理为 8 级，其实时处理能力更强。近年来，各个计算机生产厂家已进入更高性能的 32 位单片机研制、生产阶段，32 位单片机除了具有更高的集成度外，主振频率已达 20 MHz，这使 32 位单片机的数据处理速度比 16 位单片机快很多，性能比 8 位、16 位单片机更加优越。需要提到的是，单片机的发展虽然经历了 4 位、8 位、16 位各阶段，但 4 位、8 位、16 位单片机仍有其各自的应用领域，如 4 位单片机在一些简单家用电器、高档玩具中仍有应用，8 位单片机在中、小规模应用场合仍占主流地位，16 位单片机在比较复杂的控制系统中才有应用，32 位单片机因控制领域对它的需求并不十分迫切，但在视频、音频处理领域和消费电子产品中应用较为广泛。

与微型计算机相比，单片机具有如下特点。

（1）有优异的性能价格比。

（2）集成度高、体积小、有很高的可靠性。单片机把各功能部件集成在一块芯片上，内部采用总线结构，减少了各芯片之间的连线，大大提高了单片机的可靠性与抗干扰能力。另外，其体积小，对于强磁场环境易于采取屏蔽措施，适合于在恶劣环境下工作，也易于产品化。

（3）控制功能强。为了满足工业控制的要求，一般单片机的指令系统中均有极其丰富的转移指令、I/O 接口的逻辑操作及位处理指令。一般来说，单片机的逻辑控制功能及运行速度均高于同一档次的微机。

（4）单片机的系统扩展，系统配置较典型、规范，非常容易构成各种规模的应用系统。

正是由于具有上述的显著特点，原来很多用模拟电路、脉冲数字电路和逻辑部件来实现的功能，现在均可以使用单片机通过软件来实现，从而使单片机的应用范围日益扩大。其主要应用领域如下。

（1）智能化仪器仪表。用单片机改造原有的测量、控制仪表，使仪器仪表数字化、智能化和多功能化，并使长期以来测量仪表中的误差修正和线性化处理等难题迎刃而解。由单片机构成的智能仪表，集测量、处理控制功能于一身，从而赋予测量仪表以崭新的面貌，是仪器产品更新换代的标志。

（2）机电一体化产品。机电一体化是机械工业发展的方向，机电一体化产品是指集机械技术、微电子技术和计算机技术于一体，具有智能化特征的机电产品。单片机作为机电产品中的控制器，使传统的机械产品结构简单化、控制智能化，构成了新一代的机电一体化产品。例如，在电传打字机中，由于采用了单片机而取代了近千个机械部件。

（3）测控系统。用单片机可以构成各种工业控制系统、自适应控制系统和数据采集系统等。例如，温度、湿度的自动控制，锅炉燃烧的自动控制，电镀生产线和包装生产线的自动控制等。

（4）计算机网络及通信技术。高档单片机集成有通信接口，为单片机在计算机网络与通信设备中的应用提供了良好的条件。例如，用 MCS-51 单片机控制的串行自动呼叫应答系统、列车无线通信系统和无线遥控系统等。

（5）家用电器。由于单片机价格低廉、体积小、逻辑判断和控制功能强，且内部具有定时/计数器，所以广泛应用于家电设备。例如，洗衣机、电冰箱、微波炉、高级智能玩具、电子门铃和家用防盗报警器等，配上单片机后，提高了自动化程度，增加了功能，备受人们的喜爱。总之，单片机正在使人类的生活更加方便舒适、丰富多彩。

1.4 常用单片机系列介绍

自单片机诞生以来的近 40 年中，单片机已有七十多个系列、近 500 个机种。国际上较有名、影响较大的公司及它们的产品如下：

Intel（美国英特尔）公司的 MCS-48 系列、MCS-51 系列、MCS-96 系列产品；

Motorola（美国摩托罗拉）公司的 6801、6802、6803、6805、68HC11 系列产品；

Zilog（美国齐洛格）公司的 Z8、Super8 系列产品；

Atmel（美国艾特梅尔）公司的 AT89 系列产品；

Fairchild（美国仙童）公司的 F8 和 3870 系列产品；

TI（美国得克萨斯仪器仪表）公司的 TMS2000、TMS3000、TMS5000、TMS7000 系列产品；

NS（美国国家半导体）公司的 NS8070 系列产品；

NEC（日本电气）公司的 μCOM87（μPD7800）系列产品；

National（日本松下）公司的 MN6800 系列产品；

Hitachi（日本日立）公司的 HD6301、HD63L05、HD6305。

上述产品既有很多共性，又各具一定的特色，因而在国际市场上都占有一席之地。根据近年来国外调研，Intel 公司的单片机在市场上占有量为 67%，其中 MCS–51 系列产品又占 54%。在我国虽然上述公司的产品均有引进，但由于各种原因，我国在控制领域应用的单片机至今仍然是以 MCS–48、MCS–51、MCS–96 为主流系列。随着这一系列产品的深入开发，其主流系列的地位将会不断巩固。所以，在此主要介绍 Intel 公司的单片机系列。

1.4.1 Intel 公司 MCS 系列单片机

Intel 公司自 1976 年推出 8 位单片机之后，至今不过 30 多年的时间，又相继推出了 3 个系列几十个机种。其产品遍及世界各地，销量居各单片机生产公司之首。它之所以能取得这样的成果，是因为它始终坚持把超大规模集成电路工艺技术与用户的需求紧密地结合在一起，也就是随着集成电路工艺的发展，不断革新自己的产品，使其集成度更高、性能更优异，同时又根据用户的需求研制各种高性能产品。例如，MCS–51 系列中 8052/8032 是分别把 8051/8031 的片内 RAM 和 ROM 增大一倍，同时把 16 位计数器增为 3 个，这些改进型产品一方面是根据当时集成电路的工艺水平，但主要还是采纳用户反馈的信息加以研制的。

Intel 公司单片机的每一类芯片的 RAM 和 ROM 根据工艺的许可和用户的要求，往往有 3 种形式，这是 Intel 公司的首创，现已成为单片机的统一规范。MCS–51 系列单片机品种很多，表 1–4 所列只是其中一部分。

（1）8031/8051/8751 三种型号，称为 8051 子系列。这 3 种芯片的结构和功能相同，区别在于片内程序存储器配置状态。8051 片内含有 4 KB 的掩膜 ROM，其中的程序是生产厂家制作芯片时代用户烧制的，出厂的 8051 都是具有特殊用途的单片机。8051 应用在程序固定且批量大的单片机产品中；8751 片内含有 4 KB 的 EPROM，用户可以把编写好的程序用开发机或编程器写入其中，需要修改时，可以先用紫外线擦除器擦除，然后再写入新的程序；8031 片内没有 ROM，使用时需在片外接 EPROM。

（2）8032AH/8052AH/8752AH 是 8051 子系列的增强型，称为 8052 子系列。其片内 ROM 和 RAM 的容量比 8051 子系列各增加一倍，另外，增加了一个定时/计数器和一个中断源。

表 1–4 Intel 公司主要单片机系列

系列	型号	片内存储器/B		片外存储器直接寻址范围/B		I/O 接口线		中断源	定时/计数器（个×位）	封装 DIP	其他
		ROM/EPROM	RAM	RAM	EPROM	并行	串行				
MCS–48（8 位机）	8048	1 K/	64	256	4 K	27		2	1×8	40	
	8748	/1 K	64	256	4 K	27		2	1×8	40	

续表

系列	型号	片内存储器/B		片外存储器直接寻址范围/B		I/O 接口线		中断源	定时/计数器（个×位）	封装 DIP	其他
		ROM/EPROM	RAM	RAM	EPROM	并行	串行				
MCS-48（8 位机）	8035	—	64	256	4 K	27		2	1×8	40	
	8049	2 K/	128	256	4 K	27		2	1×8	40	
	8749	/2 K	128	256	4 K	27		2	1×8	40	
	8039	—	128	256	4 K	27		2	1×8	40	
MCS-51（8 位机）	8051	4 K/	128	64 K	64 K	32	UART	5	2×16	40	
	8751	/4 K	128	64 K	64 K	32	UART	5	2×16	40	
	8031	—	128	64 K	64 K	32	UART	5	2×16	40	
	8052AH	8 K/	256	64 K	64 K	32	UART	6	3×16	40	
	8752AH	/8 K	256	64 K	64 K	32	UART	6	3×16	40	
	8032AH	—	256	64 K	64 K	32	UART	6	3×16	40	
	80C51BH	4 K/	128	64 K	64 K	32	UART	5	2×16	40	CHMOS
	80C31BH	—	128	64 K	64 K	32	UART	5	2×16	40	CHMOS
	87C51BH	/4 K	128	64 K	64 K	32	UART	5	2×16	40	CHMOS
	80C52	8 K/	256	64 K	64 K	32	UART	6	3×16	40	
	87C52	/8 K	256	64 K	64 K	32	UART	6	3×16	40	
	80C52	—	256	64 K	64 K	32	UART	6	3×16	40	
MCS-96（16 位机）	8094	—	232	64 K	64 K	32	UART	8	4×16 软件	48	
	8095	—	232	64 K	64 K	32	UART	8	4×16 软件	48	4×10 位 A/D
	8096	—	232	64 K	64 K	48	UART	8	4×16 软件	68	
	8097	—	232	64 K	64 K	48	UART	8	4×16 软件	68	8×10 位 A/D
	8394	8 K/	232	64 K	64 K	32	UART	8	4×16 软件	48	
	8395	8 K/	232	64 K	64 K	32	UART	8	4×16 软件	48	4×10 位 A/D
	8396	8 K/	232	64 K	64 K	48	UART	8	4×16 软件	68	
	8397	8 K/	232	64 K	64 K	48	UART	8	4×16 软件	68	8×10 位 A/D
	8095BH	—	232	64 K	64 K	48	UART	8	4×16 软件	48	8×10 位 A/D
	8396BH	8 K/	232	64 K	64 K	48	UART	8	4×16 软件	68	
	8797BH	/8 K	232	64 K	64 K	48	UART	8	4×16 软件	68	8×10 位 A/D
准 16 位机	8098	—	232	64 K	64 K	32	UART	8	4×16 软件	48	4×10 位 A/D

（3）80C31/80C51/87C51BH 是 8051 子系列的 CHMOS 工艺芯片，80C32/80C52/87C52BH 是 8052 子系列的 CHMOS 工艺芯片，两者芯片内的配置和功能兼容。

MCS-51 系列单片机采用两种半导体工艺生产，一种是 HMOS 工艺，即高密度短沟道 MOS 工艺；另外一种是 CHMOS 工艺，即互补金属氧化物的 HMOS 工艺。芯片型号中带“C”的即为 CHMOS 工艺芯片，其特点是功耗低。另外，87C51 还带有两级程序存储器保密系统，可防止非法复制程序。

1.4.2　与 MCS–51 系列兼容的单片机

从 Intel 公司推出 MCS–51 系列高档 8 位单片机至今三十多年来，51 系列单片机经久不衰，并得到了极其广泛的应用。近些年来，世界上很多半导体公司都生产以 8051 为内核的单片机，如 Atmel 公司的 AT89/AT87 系列、Phlips 公司的 P89/P87 系列、SST 公司的 STC89/87 系列单片机。世界上各大公司生产的 51 系列单片机均有多种型号的产品，各大公司通常以 8XC51 来命名 51 系列单片机，其中

$$X=\begin{cases}0 & \text{掩膜ROM}\\ 7 & \text{EPROM/OTPROM}\\ 9 & \text{Flash ROM}\end{cases}$$

在众多的 51 单片机兼容系列中，AT89 系列单片机在我国也得到极其广泛的应用，越来越受到人们的瞩目。

AT89 系列单片机是美国 Atmel 公司的 8 位 Flash 单片机产品。其最大特点是在片内含有 Flash 存储器，Flash 存储器是一种可以电擦除和电写入的闪速存储器（简记为 FPEROM），在系统的开发过程中可以十分容易地进行程序的修改，使开发调试更为方便。AT89 系列单片机以 8031 为内核，是与 8051 系列单片机兼容的系列，Atmel 89 系列单片机有许多型号，可分为标准、低档和高档型号 3 类。

1. 标准型单片机

标准型 89 系列单片机是与 MCS–51 系列单片机兼容的，内部含有 4 KB 或 8 KB 可重复编程的 Flash 存储器，可进行 1 000 次擦写操作。全静态工作为 0～33 MHz，有 3 级程序存储器加密锁定，内部含有 128～256 字节的 RAM、32 条可编程的 I/O 端口、2～3 个 16 位定时/计数器、6～8 级中断，此外有通用串行接口、低电压空闲及掉电工作方式。

AT89 系列标准型单片机有 4 种型号，分别为 AT89C51、AT89LV51、AT89C52 和 AT89LV52，其中 AT89C51 和 AT89C52 直接与 8051 系列兼容，相当于将 8051，8052 中的 4 KB、8KB ROM 换成相应数量的 Flash 存储器，其余结构、供电电压、引脚数量及封装均相同，使用时可直接替换。AT89LV51 是 AT89C51 的低电压型号，可以在 2.7～6 V 的电压范围内工作，其他功能和 89C51 相同。

2. 低档型单片机

低档型单片机有 AT89C1051 和 AT89C2051 两种型号。除并行 I/O 端口数较少之外，其他部件结构基本和 AT89C51 差不多。之所以被称为低档型，主要是因为它的引脚只有 20 条，比标准型的 40 引脚少得多，功能较标准型 AT89C51 要弱。

3. 高档型单片机

高档型单片机有 AT89S51、AT89S52、AT89S53 和 AT89S8252 等型号，其中 AT89S51 有 4 KB 可下载 Flash 存储器，AT89S52、AT89S8252 有 8 KB 可下载 Flash 存储器，AT89S53 有 12 KB 可下载 Flash 存储器。下载功能是由 IBM 微机通过 89 系列单片机的串行外围接口 SPI 实现的。

高档型单片机在标准型单片机的基础上增加了如下一些功能：

（1）有 9 个中断响应的能力；

（2）有 SPI 接口；

（3）有 Watchdog 定时器；

（4）有双数据指针；

（5）有从电源下降的中断恢复；

（6）AT89S8252 除 8 KB Flash 存储器外，还含有一个 2 KB 的 E^2PROM，从而提高了存储容量。AT89 系列单片机常用特性见表 1–5。

表 1–5　AT89 系列单片机常用特性一览表

型号	Flash ROM	E^2PROM	RAM	I/O 口线	16–bit Timers	串行口	Watchdog	SPI	10–bit A/D
89C1051	1 KB	—	64 B	15	1 个	无	—	—	—
89C2051	2 KB	—	128 B	15	2 个	UART	—	—	—
89C51	4 KB	—	128 B	32	2 个	UART	—	—	—
89C52	8 KB	—	256 B	32	3 个	UART	—	—	—
89S51	4 KB	—	128 B	32	2 个	UART	Yes	—	—
89S52	8 KB	—	256 B	32	3 个	UART	Yes	—	—
89S53	12 KB	—	256 B	32	3 个	UART	Yes	Yes	—
89S8252	8 KB	2 KB	256 B	32	3 个	UART	Yes	Yes	—
89S8253	12 KB	2 KB	256 B	32	3 个	UART	Yes	Yes	—
89C51 R C 2	32 KB	—	1 280 B	32	3 个	UART	Yes	Yes	—
89C51 R D 2	64 KB	—	2 048 B	32	3 个	UART	Yes	Yes	—
89C51 A C 2	32 KB	2 KB	1 280 B	34	3 个	UART	Yes	Yes	8 路
89C51 A C 3	64 KB	2 KB	2 304 B	32	3 个	UART	Yes	Yes	8 路

各大公司生产的 51 系列单片机既有标准型，又有增强型。增强型是在 51 系列单片机的基础上集成了许多新功能，如加大存储器容量，加入串行外围接口 SPI、Watchdog 定时器、A/D 转换器，提高时钟频率，低电压、低功耗等。尽管世界上各大公司所生产的 51 系列单片机差别各异，并有许多派生机种，但基本硬件组成和指令系统仍然与 MCS–51 系列单片机兼容，因此本书仅就 MCS–51 系列单片机的硬件结构、原理、指令系统、接口及应用技术进行详细的讨论。

复习参考题

1–1　常用的数制有哪几种，各有什么特点？

1–2　计算机中采用的数制是哪种，为什么采用这种数制？

1–3　计算机中数的表示方法有哪几种？

1–4　把下列十进制数转换为二进制数和十六进制数：

（1）153；（2）0.875；（3）128.75；（4）2011.625

1–5　把下列二进制数转换为十进制数和十六进制数：

（1）11010101B；（2）1010110100B；（3）0.1001B；（4）0.11011001B；
（5）1110.0101B；（6）1000.1010B；（7）11110101.01010111B

1–6　把下列十六进制数转换为十进制数和二进制数：

（1）C0H；（2）89H；（3）3D5H；（4）E8.FAH；（5）99.99H

1–7　在定点整数机中，一个二进制 16 位的原码数表示范围是多少？

1–8　设有两个 8 位有符号二进制 X=10110101B，Y=01001001B，试求 $X+Y$ 的值。

1–9　先把下面的数变为二进制数，然后完成加法和减法运算，每组数中前面的数为被加数或被减数：

（1）89 和 56；（2）76 和 35；（3）A8H 和 24H；（4）99H 和 23

1–10　先把下列每组数变为二进制数，然后分别进行逻辑乘、逻辑加、逻辑异或操作，并将结果变为十六进制数：

（1）30H 和 BCH；（2）56H 和 94H；（3）FCH 和 7EH；（4）EEH 和 75H

1–11　完成下列各组数的乘法和除法运算，每组数中前面的数为被乘数或被除数：

（1）101100B 和 0101B；（2）111001B 和 1001B

1–12　请写出下列各十进制数在 8 位定点整数机中的原码、反码和补码形式（最高位为符号位）：

（1）+65；（2）–23；（3）–78；（4）99；（5）–123；（6）127

1–13　先把下列各组数变为二进制补码，然后按补码运算规则求$[X+Y]_{补}$及其真值：

（1）X=67,Y=34；（2）X=120,Y= –56；（3）X= –43,Y= –34

1–14　请写出下列各数的 BCD 码表示方法：

（1）99；（2）67；（3）153；（4）1 965.32

1–15　什么叫单片机？一个完整的单片机芯片至少有哪些部件？

1–16　中央处理器包含哪两个组成部分，各起什么作用？

1–17　控制器都包括什么部件，各个部件的作用是什么？

1–18　结合图 1–4 简述单片机执行程序的过程。

1–19　与微型计算机相比，单片机的特点有哪些？

1–20　单片机主要应用在哪些领域？

1–21　MCS–51 系列单片机包括哪些子系列？

1–22　与 MCS–51 系列单片机兼容的单片机包括哪些？

1–23　Atmel89 系列单片机可分为哪几种类型？

第2章

MCS–51 单片机结构与原理

【本章内容概要】

本章主要以 8051 为主线讲述 MCS–51 系列单片机的主要性能特点、内部结构、引脚功能，单片机的 4 种工作方式以及单片机的时钟电路与工作时序。

【本章学习重点与难点】

学习重点是：单片机的内部结构与各部分的功能；单片机的 4 种工作方式；单片机的时钟电路与操作时序。

学习难点是：单片机内部各部分的功能与相互关系；单片机的操作时序。

2.1 MCS–51 单片机的主要性能特点

MCS–51 系列单片机是 Intel 公司在 1980 年推出的一档 8 位单片机。在 MCS–51 系列中有两个子系列，即 51 子系列和 52 子系列。每个子系列内又可分为片内无程序存储器和片内含程序存储器两类。它们除了在程序存储器上不同之外，其结构和功能基本相同。图 2–1 所示为 MCS–51 系列单片机的基本结构框图。

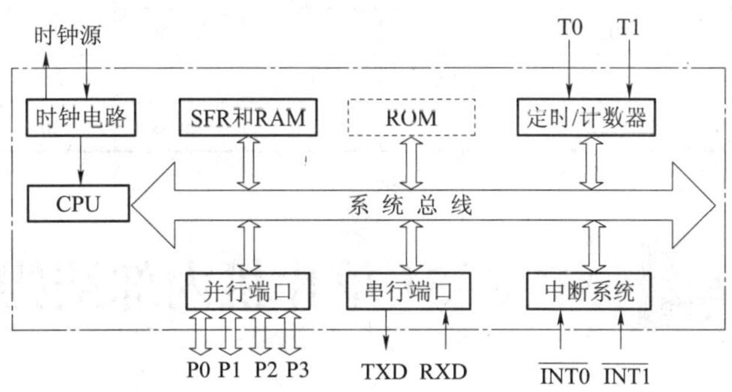

图 2–1 MCS–51 单片机的基本结构

在 51 子系列中，主要有 8031、8051、8751 三种同档次机型，它们的指令系统与芯片引脚完全兼容，仅片内程序存储器（ROM）大小有所不同。51 子系列单片机的主要特性如下：

（1）有 1 个由运算器和控制器组成的 8 位微处理器（CPU）；

（2）有 128 B 的片内数据存储器（RAM），可用来存放运算的中间结果和最终结果；

（3）有 4 KB 的片内程序存储器（ROM），可用来存放程序及一些原始数据和表格；

（4）扩展片外数据存储器的寻址范围可达到 64 KB；

（5）扩展片外程序存储器的寻址范围可达到 64 KB；

（6）有 21 个专用寄存器，主要用来实现对内部功能部件的控制和数据运算；

（7）有 4 个 8 位并行 I/O 接口 P0、P1、P2、P3，既可用作输入，也可用作输出；

（8）有 1 个全双工 UART（通用异步接收发送器）串行 I/O 接口，可用于单片机之间或单片机与微机之间的串行通信；

（9）有 2 个 16 位定时/计数器，可用于根据确定的时间间隔或对外部事件计数的多少发出控制信号；

（10）中断系统有 5 个中断源，可编程为两个优先级；

（11）共有 111 条指令，含有乘法指令和除法指令；

（12）有很强的位寻址、位处理能力；

（13）片内采用三总线结构；

（14）片内带振荡器，振荡频率的范围为 1.2～12 MHz，可有输出；

（15）用单+5 V 电源。

52 子系列是 51 子系列的增强型，主要有 8032、8052 和 8752 三种机型，它与 51 子系列的不同在于：片内数据存储器增至 256 个字节；片内程序存储器增至 8 KB（8032 无片内程序存储器）；有 3 个 16 位定时/计数器；有 6 个中断源。其他性能均与 51 子系列相同，如表 2–1 所示。

表 2–1　MCS–51 单片机子系列的性能

单片机系列 \ 存储器类型			掩模 ROM	EPROM	RAM	SFR 数目	定时/计数器	中断源
MCS–51	51 子系列	8031	/	/	128 B	21	2	5
		8051	4 KB	/	128 B	21	2	5
		8751	/	4 KB	128 B	21	2	5
	52 子系列	8032	/	/	256 B	26	3	6
		8052	8 KB	/	256 B	26	3	6
		8752	/	8 KB	256 B	26	3	6

2.2 MCS–51 单片机内部结构

MCS–51 单片机片内总体结构的详细框图如图 2–2 所示，主要包括：

（1）1 个 8 位的微处理器 CPU；

（2）可选择的 4 KB/8 KB 的程序存储器（ROM/EPROM）；

（3）128 B/256 B 的数据存储器（RAM）；

（4）32 条 I/O 口线（4 个 8 位口 P0、P1、P2、P3）；

（5）2 个或 3 个定时/计数器；

（6）1 个具有 5 个中断源、2 个优先级的中断系统；

（7）1 个全双工的串行通信端口；

（8）特殊功能寄存器及一个振荡器和时钟电路。

上述各部分之间通过芯片内部总线相连接，下面将分别介绍各部分的结构及功能。

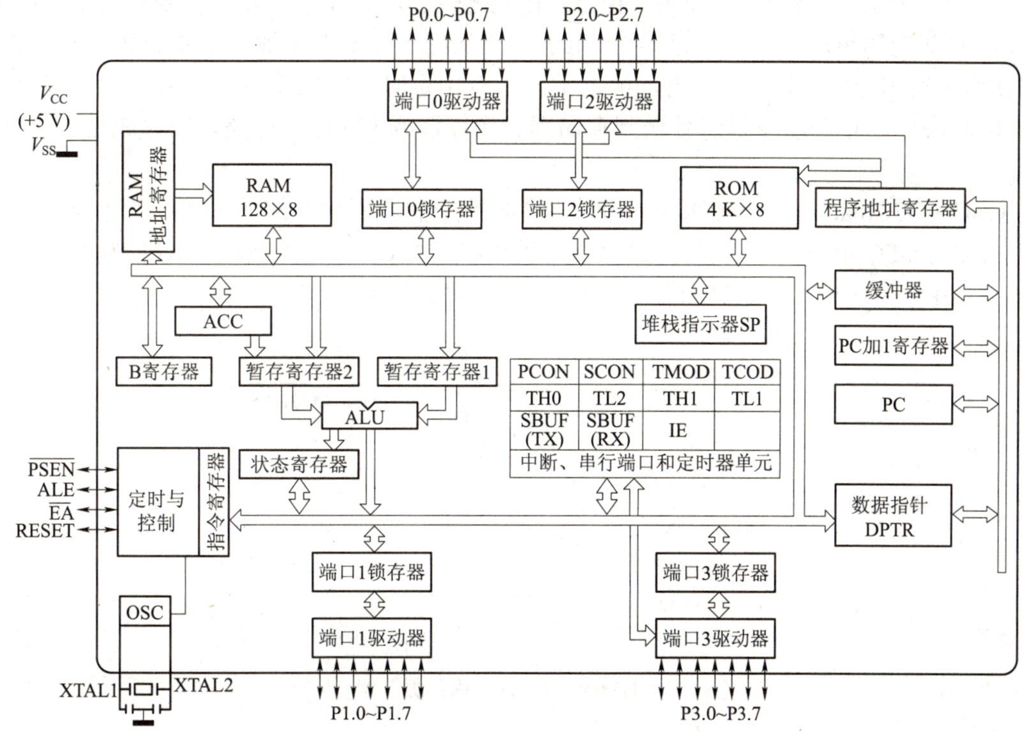

图 2-2　MCS-51 片内总体结构框图

2.2.1　中央处理器 CPU

8051 内部的 CPU 是一个 8 位字长的中央处理单元，也就是说它对数据的处理是以字节为单位进行的。和微型计算机 CPU 类似，8051 内部的 CPU 也由运算器（ALU）、控制器（定时控制部件等）和专用寄存器组 3 个部分组成。

1. 运算器

8051 的算术逻辑部件 ALU 是一个性能极强的运算器，它既可以进行加、减、乘、除四则运算，也可以进行与、或、非、异或等逻辑操作，有数据传送、移位、判断和程序转移等功能，同时还有独特的位处理功能，如置位、清 0、取反、转移、检测等。8051 的 ALU 为用户提供了丰富的指令系统和极快的指令执行速度，如振荡器频率为 12 MHz 的情况下，大部分指令的执行时间为 1 μs，乘法指令可达 4 μs。 8051 的 ALU 由一个加法器、两个 8 位暂存器（TMPl 与 TMP2）和一个性能卓著的布尔处理器（图 2-2 中未画出）组成。虽然 TMP1 和 TMP2 对用户并不开放，但可用来为加法器和布尔处理器暂存两个 8 位二进制操作数。归纳起来有如下特点：

（1）在 B 寄存器的配合下，能完成乘法与除法操作；

（2）可进行多种内容交换操作；

（3）可进行比较判断操作；

（4）有很强的位操作功能。

2. 定时控制部件

定时控制部件起着控制器作用，由定时控制逻辑、指令寄存器 IR、指令译码器 ID 和振荡器 OSC 等电路组成。指令寄存器 IR 用于存放从程序存储器中取出的指令码，指令译码器 ID 用于对 IR 中的指令码译码，根据不同指令由定时和控制逻辑在 OSC 配合下产生相应的控制信号，并将该控制信号送到存储器、运算器或 I/O 接口电路，以完成相应指令的执行。

OSC（OSCillator）是控制器的心脏，能为控制器提供时钟脉冲。图 2–3 为 HMOS 型单片机内部的 OSC 电路。图中引脚 XTAL1 为反相放大管 Q4 的输入端，XTAL2 为 Q4 的输出端。只要在引脚 XTAL1 和 XTAL2 上外接定时反馈回路，OSC 就能自激振荡。

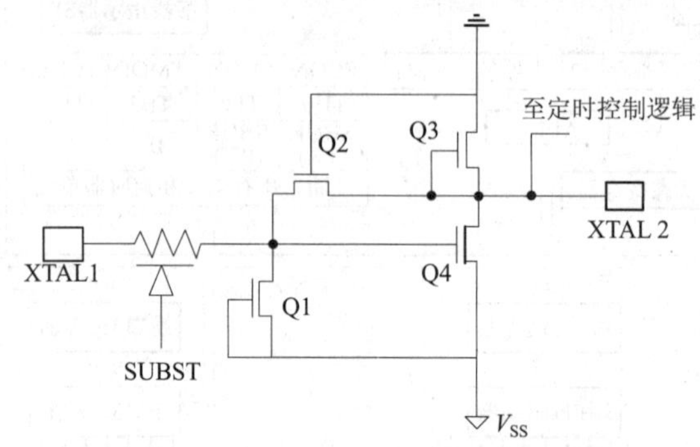

图 2–3　HMOS 型单片机内部振荡器 OSC

定时反馈回路常由石英晶振和电容组成，如图 2–2 所示。OSC 振荡器产生矩形时钟脉冲序列，其频率是单片机的重要性能指标之一。时钟频率越高，单片机控制器的控制节拍就越快，运算速度也就越快。因此，不同型号的单片机所需要的时钟频率也是不相同的。

3. 专用寄存器组

专用寄存器组主要用来指示当前要执行指令的内存地址、存放操作数和指示指令执行后的状态等。它是任何一台计算机的 CPU 不可缺少的组成部件，其寄存器的数目因机器型号的不同而异。专用寄存器组主要包括程序计数器 PC、累加器 A、程序状态寄存器 PSW、堆栈指示器 SP、数据指针 DPTR 和通用寄存器 B 等。

1）程序计数器 PC（Program Counter）

程序计数器 PC 是一个二进制 16 位的程序地址寄存器，专门用来存放下一条需要执行指令的内存地址，能自动加 1。CPU 执行指令时，它先根据程序计数器 PC 中的地址从存储器中取出当前需要执行的指令码，并把它送给控制器分析执行，随后程序计数器 PC 中地址码自动加 1，以便为 CPU 取下一个需要执行的指令码作准备。当下一个指令码取出执行后，PC 又自动加 1。这样，程序计数器 PC 一次次加 1，指令就被一条条执行。所以，需要执行程序的机器码必须在程序执行前预先一条条地顺序存放到程序存储器中，并将程序计数器 PC 设置成程序第一条指令的内存地址。

8051 程序计数器 PC 由 16 个触发器构成，编码范围为 0000H～FFFFH，共 64 KB。这就是说，8051 对程序存储器的寻址范围为 64 KB。若要为 8051 配置大于 64 KB 的程序存储器，就必须在制造 8051 器件时加长程序计数器的位数。但在实际应用中，64 KB 的程序存储器已足够用了。

2）累加器 A（Accumulator）

累加器 A 又记作 ACC，是一个具有特殊用途的二进制 8 位寄存器，专门用来存放操作数或运算结果。在 CPU 执行某种运算前，两个操作数中的一个通常应放在累加器 A 中，运算完成后累加器 A 中便可得到运算结果。例如，在如下的加法程序中：

```
MOV A，#03H ；A←3
ADD A，#05H ；A←A+05H
```

第一条指令把加数 3 预先送入累加器 A，为第二条加法指令的执行作了准备。第二条指令执行前累加器 A 中为加数 3，执行后变为两数之和 8。

3）通用寄存器 B（General Purpose Register）

通用寄存器 B 是专门为乘法或除法设置的寄存器，也是一个二进制 8 位寄存器，由 8 个触发器组成。该寄存器在乘法或除法前，用来存放乘数或除数。在乘法或除法完成后用于存放乘积的高 8 位或除法的余数。以乘法运算为例加以说明：

```
MOV     A，#05H      ；A←5
MOV     B，#03H      ；B←3
MUL     AB           ；BA←A×B=5×3
```

上述程序中，前面两条是传送指令，是进行乘法前的准备指令。乘法指令执行前累加器 A 和通用寄存器 B 中分别存放了两个乘数，乘法指令执行完后，积的高 8 位自动在 B 中形成，积的低 8 位自动在 A 中形成。

4）程序状态字 PSW（Program Status Word）

程序状态字 PSW 是一个 8 位标志寄存器，用来存放指令执行后的有关状态。PSW 中各位状态通常是在指令执行过程中自动形成的，但也可以由用户根据需要采用传送指令加以改变。各标志位的定义如下：

D7	D6	D5	D4	D3	D2	D1	D0
C	AC	F0	RS1	RS0	OV	X	P

其中，PSW.7（D7）为最高位，PSW.0（D0）为最低位。各位含义如下。

（1）进位标志位 C（carry）：用于表示加减运算过程中累加器 A 的最高位有无进位或借位。在加法运算时，若累加器的最高位 A7 有进位，则 C=1，否则 C=0；在减法运算时，若 A7 有了借位，则 C=1，否则 C= 0。此外，CPU 在进行移位操作时也会影响这个标志位。

（2）辅助进位位 AC（auxiliary carry）：用于表示加减运算时低 4 位（即 A3）有无向高 4 位（即 A4）进位或借位。若 AC= 0，则表示加减过程中 A3 没有向 A4 进位或借位；若 AC=1，则表示加减过程中 A3 向 A4 有了进位或借位。

（3）用户标志位 F0（flag zero）：F0 标志位的状态通常不是机器在执行指令过程中自动形成的，是由用户根据程序执行的需要通过传送指令确定的。该标志位状态一经设定，便由用户程序直接检测，以决定用户程序的流向。

（4）工作寄存器组选择位 RS1 和 RS0：8051 共有 8 个 8 位工作寄存器，分别命名为 R0～R7。工作寄存器 R0～R7 常常被用户用来进行程序设计，但它在 RAM 中的实际物理地址是可选的。用户通过改变 RS1 和 RS0 的状态就可以决定 R0～R7 的实际物理地址。工作寄存器 R0～R7 的物理地址和 RS1、RS0 间的关系如表 2-2 所示。

表 2–2 RS1、RS0 对工作寄存器的选择

RS1	RS0	R0～R7 的组号	R0～R7 的物理地址
0	0	0	00H～07H
0	1	1	08H～0FH
1	0	2	10H～17H
1	1	3	18H～1FH

采用 8051 或 8031 做成的单片机控制系统，开机后的 RS1 和 RS0 默认为零状态，故 R0～R7 的物理地址为 00H～07H，即 R0 的地址为 00H，R1 的地址为 01H，…，R7 的为 07 H。但若机器执行如下指令：

```
MOV  PSW，#08H;
```

则 RS1、RS0 显然为 01B，故 R0～R7 的物理地址变为 08H～0FH。用户利用这种方法可以达到保护 R0～R7 中数据的目的，这对用户进行程序设计是非常有利的。

（5）溢出标志位 OV（overflow）：用于指示运算过程中是否发生了溢出，由机器执行指令过程中自动形成。若机器在执行运算指令过程中，累加器 A 中的运算结果超出了 8 位数能表示的范围，即–128～+127，则 OV 标志自动置 1；否则 OV=0。因此，人们根据执行运算指令后 OV 的状态就可判断累加器 A 中的结果是否正确。

（6）奇偶标志位 P（parity）：PSW.1 为无定义位，用户不能使用。PSW.0 为奇偶标志位 P，用于指示运算结果中 1 的个数的奇偶性。若 P=1，则累加器 A 中 1 的个数为奇数；若 P=0，则累加器 A 中 1 的个数为偶数。

5）堆栈指针 SP（Stack Pointer）

堆栈指针 SP 是一个 8 位寄存器，能自动加 1 或减 1，专门用来存放堆栈的栈顶地址。

人们在堆放货物时，总是把先入栈的货物堆放在下面，后入栈的货物堆放在上面。一层一层向上堆。取货时的顺序和堆货顺序正好相反，最后入栈的货物最先被取走，最先入栈的货物最后被取走。因此，货栈的堆货和取货符合“先进后出”或“后进先出”的规律。

计算机中的堆栈类似于商业中的货栈，是一种能按“先进后出”或“后进先出”规则存取数据的 RAM 区域。这个区域可大可小，常称为堆栈区。8051 片内 RAM 共有 128 个字节，地址范围为 00H～7FH，这个区域中的任何子域都可以用作堆栈区，即作为堆栈来用。堆栈有栈顶和栈底之分，栈底由栈底地址标识，栈顶由栈顶地址指示。栈底地址是固定不变的，它决定了堆栈在 RAM 中的物理位置；栈顶地址始终在 SP 中，即由 SP 指示，是可以改变的，它决定堆栈中是否存放有数据。因此，当堆栈为空无数据时，栈顶地址必定与栈底地址重合，即 SP 中一定是栈底地址；堆栈中存放的数据越多，SP 中的栈顶地址比栈底地址越大。这就是说，SP 就好像是一个地址指针，始终指示着堆栈中最上面的那个数据。通常堆栈由如下指令设定：

```
MOV SP，#data   ； SP←data
```

若把指令中的 data 用 70H 替代，则机器执行这条指令后就设定了堆栈的栈底地址 70H。此时，堆栈中尚未压入数据，即堆栈是空的，故 SP 中的 70H 地址也是堆栈的栈顶地址，如图 2–4（a）所示。堆栈中数据是由 PUSH 指令压入和 POP 指令弹出的，PUSH 指令能使 SP

中的内容加 1，POP 指令则使 SP 减 1。例如，如下程序可以把数据 50H 压入堆栈：

```
MOV     A，#50H      ；A←50H
PUSH    ACC          ；SP ←SP+1，(SP) ←ACC
```

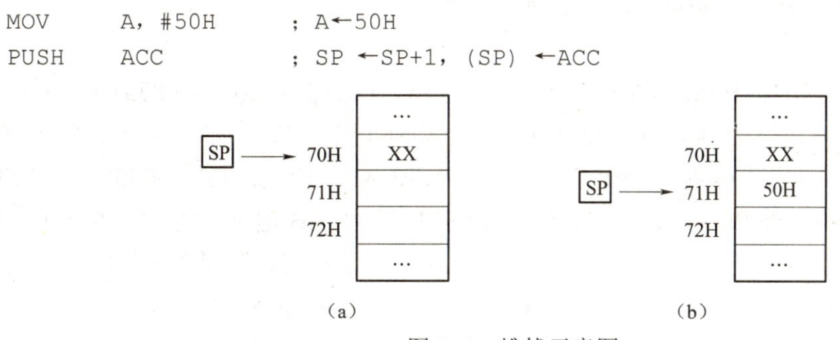

图 2-4 堆栈示意图

(a) 没有压入数时的堆栈；(b) 压入一个数时的堆栈

第一条指令可以把 50H 送入累加器 A；第二条指令先使 SP 加 1 变为 71H，然后把累加器 A 中的 50H 取出来按 SP（即 71H）压入堆栈，如图 2-4（b）所示。如果要继续向堆栈中压入数据，则可继续使用 PUSH 指令；如果要从堆栈中弹出数据，可使用 POP 指令。这些将在指令系统中详细加以介绍。

由于堆栈区在程序中没有标识，因此程序设计人员在进行程序设计时应给可能的堆栈区让出若干存储单元，这些单元是禁止用传送指令存放数据的，只能由 PUSH 和 POP 指令访问它们。

6）数据指针 DPTR（Data Pointer）

数据指针 DPTR 是一个 16 位的寄存器，由两个 8 位寄存器 DPH 和 DPL 拼装而成，其中 DPH 为 DPTR 的高 8 位，DPL 为 DPTR 的低 8 位。DPTR 可以用来存放片内 ROM 的地址，也可以用来存放片外 RAM 和片外 ROM 的地址。例如，设片外 RAM 的 2000H 单元中有一个数 x，若要把它取到累加器 A，则可采用如下程序：

```
MOV     DPTR，#2000H     ；DPTR←2000H
MOVX    A，@DPTR         ；A←x
```

第一条指令执行后，机器自动把 2000H 装入 DPTR；第二条指令执行时，机器自动把 DPTR 中的 2000H 作为外部 RAM 的地址，并根据这个地址把 x 取到累加器 A 中。其中，第二条指令操作码助记符中的“X”指示 DPTR 中的 2000H 是外部 RAM 的地址，而不是外部 ROM 的地址，这将在第 3 章指令系统中深入讨论。

2.2.2 存储器

MCS-51 单片机的存储器有片内和片外之分。片内存储器集成在芯片内部；片外存储器又称为外部存储器，是专门的存储器芯片，需要通过印制电路板上的三总线和 MCS-51 连接。片外和片内存储器中，又有 ROM 和 RAM 之分。

因此，MCS-51 单片机的存储器在物理结构上有 4 个存储空间：片内数据存储器、片外数据存储器、片内程序存储器、片外程序存储器。其中，片内数据存储器用 8 位地址，51 子系列内有 128 字节，52 子系列内有 256 字节的数据存储器；片外为 64 KB 的数据存储器空间，用 16 位地址；程序存储器片内和片外是统一编址，共 64 KB。当然对那些无片内程序存储器的类型来说，64 KB 的程序存储器空间就全部在片外。

1. 程序存储器

MCS−51 系列中，8031 内部没有用于存储程序的 ROM 存储器，8051 和 8751 内部有 4 KB 的 ROM 存储器，地址范围为 0000H～0FFFH。无论 8031 还是 8051，都可以外接外部 ROM，但片内和片外之和不能超过 64 KB。8051 有 64 KB 的 ROM 寻址区，其中 0000H～0FFFH 的 4 KB 地址区为片内和片外 ROM 公用，1000H～FFFFH 的 60 KB 地址区为片外 ROM 专用。在 0000H～0FFFH 的 4 KB 地址区，片内和片外 ROM 都可以占用，但两者不能同时占用。为了表明机器的这种占用，器件设计者为用户提供了一条专用的控制引脚 $\overline{EA}$ 。若 $\overline{EA}$ 接+5 V 高电平，则机器使用片内 4 KB ROM；若 $\overline{EA}$ 接低电平，则机器自动使用片外 ROM，如图 2−5（a）所示。由于 8031 片内无 ROM，故它的 $\overline{EA}$ 应接地。

单片机复位后，程序计数器 PC 的值为 0000H，单片机自动从 0000H 开始取指执行，但要注意 0003H～0023H 有 5 个中断入口地址，主程序一般放在 0023H 之后的存储器单元中。因此，一般都在 0000H 单元放一条绝对跳转指令，用户程序则从转移后的地址开始执行。以下是 5 个中断入口地址。

0003H：外部中断 $\overline{INT0}$ 入口。

000BH：定时器 T0 中断入口。

0013H：外部中断 $\overline{INT1}$ 入口。

001BH：定时器 T1 中断入口。

0023H：串行口中断入口。

2. 内部数据存储器

RAM 存储器主要用来存放数据，故它又称为数据存储器。MCS−51 的 RAM 存储器有片内和片外之分：片内 RAM 有 128 或 256 个，地址范围为 00H～7FH（或 FFH），片外 RAM 共有 64 KB，地址范围为 0000H～FFFFH。因此，MCS−51 数据存储器的实际存储容量是超过 64 KB 的，如图 2−5（b）所示。为了指示机器到片内 RAM 寻址还是到片外 RAM 寻址，单片机器件设计者为用户提供了两类不同的传送指令：MOV 指令用于片内 00H～FFH 范围内的寻址，MOVX 指令用于片外 0000H～FFFFH 范围内的寻址。

片内数据存储器的 8 位地址一共可寻址 256 个字节单元，51 子系列单片机将其分为两个区：00H～7FH 的低 128 个单元为片内 RAM 区，可以读、写任何数据；80H～FFH 的高 128 个单元为专用寄存器区，即为特殊功能寄存器（special function register，SFR）区。 在低 128 个字节的内部 RAM 中，前 32 个单元（地址为 00H～1FH）为通用工作寄存器区，共分为 4 组（寄存器 0 组、1 组、2 组、3 组），每组 8 个工作寄存器由 R0～R7 组成，共占 32 个单元。选用哪一组由程序状态字 PSW 中的 RS1、RS0 这二位的设置决定，见表 2−2。这个特点使 MCS−51 具有快速现场保护功能，能够提高程序的效率和响应中断的速率。若程序并不需要 4 组工作寄存器，那么剩下的工作寄存器可作为一般的存储器来使用。CPU 在复位时自动选中 0 组。

20H～2FH 的 16 个单元为位寻址区，30H～7FH 为通用用户 RAM，主要用于存放用户程序中的中间数据。

3. 位存储器

如图 2−5（b）所示，20H～2FH 的 16 个单元为位寻址区，每个单元 8 位，共 128 位，其位地址范围为00H～7FH。位寻址区的每一位都可当做软件触发器，由程序直接进行位处理。程序中通常把各种程序状态标志、位控变量设在位寻址区。同样，位寻址区的RAM单元也可作为一般的数据存储器按字节单元使用。其具体位地址单元如表2-3所示。

表2-3 内部数据存储器中的位地址

字节地址	位地址							
	D7	D6	D5	D4	D3	D2	D1	D0
2FH	7FH	7EH	7DH	7CH	7BH	7AH	79H	78H
2EH	77H	76H	75H	74H	73H	72H	71H	70H
2DH	6FH	6EH	6DH	6CH	6BH	6AH	69H	68H
2CH	67H	66H	65H	64H	63H	62H	61H	60H
2BH	5FH	5EH	5DH	5CH	5BH	5AH	59H	58H
2AH	57H	56H	55H	54H	53H	52H	51H	50H
29H	4FH	4EH	4DH	4CH	4BH	4AH	49H	48H
28H	47H	46H	45H	44H	43H	42H	41H	40H
27H	3FH	3EH	3DH	3CH	3BH	3AH	39H	38H
26H	37H	36H	35H	34H	33H	32H	31H	30H
25H	2FH	2EH	2DH	2CH	2BH	2AH	29H	28H
24H	27H	26H	25H	24H	23H	22H	21H	20H
23H	lFH	1EH	1DH	1CH	1BH	1AH	19H	18H
22H	17H	16H	15H	14H	13H	12H	11H	10H
21H	0FH	0EH	0DH	0CH	0BH	0AH	09H	08H
20H	07H	06H	05H	04H	03H	02H	01H	00H

4. 特殊功能寄存器FSR

内部RAM的高128个字节（80H～FFH）为特殊功能寄存器FSR区，其中51子系列有21个，52子系列有26个，它们离散地分布在这个区中，分别用于CPU并行口、串行口、中断系统、定时/计数器等功能单元的控制和状态寄存器。这些专用寄存器的地址映像如表2-4所示，除这21个特殊功能寄存器地址之外的其他单元是空闲的，不能被访问，使用时应注意。

表2-4 特殊功能寄存器地址及功能表

名称	符号	字节地址	位功能标记/位地址							
B寄存器	B	F0H	B.7/F7	B.6/F6	B.5/F5	B.4/F4	B.3/F3	B.2/F2	B.1/F1	B.0/F0
累加器	A	E0H	ACC.7/E7	ACC.6/E6	ACC.5/E5	ACC.4/E4	ACC.3/E3	ACC.2/E2	ACC.1/E1	ACC.0/E0
程序状态字寄存器	PSW	D0H	CY/D7	AC/D6	F0/D5	RS1/D4	RS2/D3	OV/D2	X/D1	P/D0
中断优先级寄存器	IP	B8H	—	—	—	PS/BC	PT1/BB	PX1/BA	PT0/B9	PX0/B8
P3端口寄存器	P3	B0H	P3.7/B7	P3.6/B6	P3.5/B5	P3.4/B4	P3.3/B3	P3.2/B2	P3.1/B1	P3.0/B0
中断允许寄存器	IE	A8H	EA/AF	—	—	ES/AC	ET1/AB	EX1/AA	ET0/A9	EX0/A8

续表

名称	符号	字节地址	位功能标记/位地址							
P2 端口寄存器	P2	A0H	P2.7 /A7	P2.6 /A6	P2.5 /A5	P2.4 /A4	P2.3 /A3	P2.2 /A2	P2.1 /A1	P2.0 /A0
串行口控制寄存器	SCON	98H	SM0 /9F	SM1 /9E	SM2 /9D	REN /9C	TB8 /9B	RB8 /9A	TI /99	RI /98
PI 端口寄存器	P1	90H	P1.7 /97	P1.6 /96	P1.5 /95	P1.4 /94	P1.3 /93	P1.2 /92	P1.1 /91	P1.0 /90
定时控制寄存器	TCON	88H	TF1 /8F	TR1 /8E	TF0 /8D	TR0 /8C	IE1 /8B	IT1 /8A	IE0 /89	IT0 /88
P0 端口寄存器	P0	80H	P0.7 /87	P0.6 /86	P0.5 /85	P0.4 /84	P0.3 /83	P0.2 /82	P0.1 /81	P0.0 /80
串行数据寄存器	SBUF	99H	—	—	—	—	—	—	—	—
定时器 1 的高 8 位	TH1	8DH	—	—	—	—	—	—	—	—
定时器 0 的高 8 位	TH0	8CH	—	—	—	—	—	—	—	—
定时器 1 的低 8 位	TL1	8BH	—	—	—	—	—	—	—	—
定时器 0 的低 8 位	TL0	8AH	—	—	—	—	—	—	—	—
定时器方式选择	TMOD	89H	—	—	—	—	—	—	—	—
电源及波特率选择	PCON	87H	—	—	—	—	—	—	—	—
数据高 8 位指针	DPH	83H	—	—	—	—	—	—	—	—
数据低 8 位指针	DPL	82H	—	—	—	—	—	—	—	—
堆栈指针	SP	81H	—	—	—	—	—	—	—	—

注：—表示该位地址无效。

由表 2–4 可见，在特殊功能寄存器中，也有字节地址和位地址两套编址方式。它们在地址空间上都是 80H～FFH，但对字节地址而言只有 21 个字节有效，对位地址有 83 个是有效的（凡字节地址可被 8 整除的 SFR 可位寻址）。

SFR 分别属于以下各个功能单元。

（1）CPU：ACC，B，PSW，SP，DPTR（DPH 和 DPL 组成），PCON。

（2）并行口：P0，P1，P2，P3。

（3）中断系统：IE，IP。

（4）定时/计数器：TMOD，TCON，T0（由 TH0 和 TL0 组成），T1（由 TH1 和 TL1 组成）。

（5）串行口：SCON，SBUF。

在这 21 个特殊功能寄存器中，与 CPU 相关的 7 个 SFR 已在上一节作了介绍，这里不再赘述。其他的特殊功能寄存器由于其功能的特殊性，将在有关章节中进行详细介绍。下面只简单地让读者有一个初步的了解。

（1）I/O 端口 P0～P3。特殊功能寄存器组中的 P0、P1、P2、P3 分别为 I/O 端口的锁存器，用于 I/O 端口的读写操作。

（2）串行口数据缓冲器 SBUF。串行数据缓冲器 SBUF 用于存放欲发送或已接收的数据，实际上在 SBUF 中有两个独立的寄存器，一个是发送缓冲器，另一个是接收缓冲器。当数据写入 SBUF 时，就被送到发送缓冲器中准备发送，而从 SBUF 读出数据时，数据一定取自接收缓冲器。

（3）定时器寄存器。芯片中两个 16 位定时/计数器 T0 和 T1，各自由两个独立的 8 位寄存器组成，分别是 TH0、TL0 和 TH1、TL1。

（4）控制寄存器。特殊功能寄存器组中还包含有多个控制寄存器 IP、IE、TMOD、TCON、SCON 和 PCON，它们分别用于中断系统、定时/计数器、串行通信的控制及工作方式控制。

5. 外部 RAM

外部数据存储器又称外部 RAM，当片内 RAM 不能满足数量上的要求时，可通过总线端口和其他 I/O 口扩展外部数据 RAM，其最大容量可达 64 KB，其结构如图 2-5（c）所示。外部数据存储器和内部数据存储器的功能基本相同，但前者不能用于堆栈操作。

必须注意，由于数据存储器与程序存储器地址重叠，且数据存储器的片内外的低字节地址重叠。所以，对片内、片外数据存储器的操作使用了不同的指令。对片内 RAM 读写数据时，无读写信号（$\overline{RD}$ 和 $\overline{WR}$）产生；对片外 RAM 读写数据时，有读写信号产生。同样，对程序存储器和数据存储器的操作也是靠不同的控制信号 $\overline{PSEN}$、$\overline{RD}$ 或 $\overline{WR}$ 来区分的。

另外，在片外数据存储器中，数据区和扩展的 I/O 口是统一编址，使用的指令也完全相同，因此用户在应用系统设计时，必须合理地进行外部 RAM 和 I/O 端口的地址分配，并保证译码的唯一性。

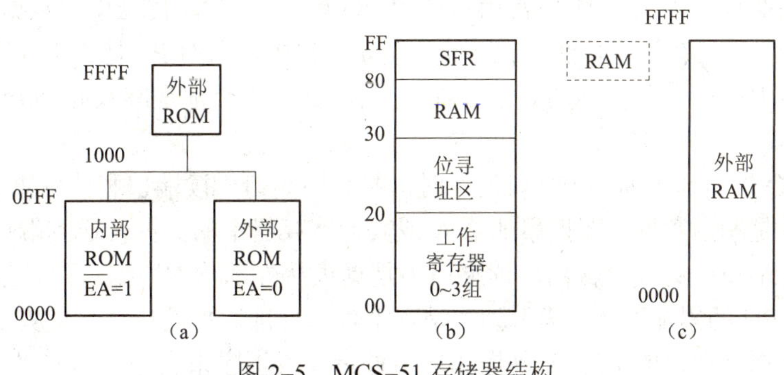

图 2-5　MCS-51 存储器结构

（a）程序存储区；（b）内部数据存储区；（c）外部数据存储区

2.2.3 定时/计数器

8051 内部有两个 16 位可编程的定时/计数器，命名为 T0 和 T1。T0 由两个 8 位寄存器 TH0（高 8 位）和 TL0（低 8 位）拼装而成，T1 由 TH1（高 8 位）和 TL1（低 8 位）拼装而成。TH0、TL0、TH1 和 TL1 均为 SFR 中的一个，用户可以通过指令对它们存取数据。因此，T0 和 T1 的最大计数模值为 $2^{16}-1$，即需要 65 535 个脉冲才能把它们从全“0”变为全“1”。

T0 和 T1 有定时器和计数器两种工作模式，每种模式下又分为若干工作方式。在定时器模式下，T0 和 T1 的计数脉冲可以由单片机时钟脉冲经 12 分频后提供，故定时时间和单片机时钟频率有关。在计数器模式下，T0 和 T1 的计数脉冲可以从 P3.4 和 P3.5 引脚输入。对 T0 和 T1 的控制由两个 8 位特殊功能寄存器完成：一个称为定时器方式选择寄存器 TMOD，用于确定处于定时器还是计数器工作模式；另一个叫做定时器控制寄存器 TCON，可以决定定时器或计数器的启停及进行中断控制。TMOD 和 TCON 也是 21 个特殊功能寄存器中的两个，用户可以通过指令确定它们的状态。

2.2.4 I/O 端口

I/O 端口又称 I/O 接口或 I/O 通道。I/O 端口是 MCS–51 单片机对外部实现控制和信息交换的必经之路，是一个过渡的集成电路，用于信息传递过程中的速度匹配和增强它的负载能力。I/O 端口有串行和并行之分，串行 I/O 端口一次只能传送 1 位二进制信息，并行 I/O 端口一次可以传送一组二进制信息（一般 8 位）。

1. 并行 I/O 端口

8051 有 4 个并行 I/O 端口，分别命名为 P0、P1、P2 和 P3，在这 4 个并行 I/O 端口中，每个端口都有双向输入/输出功能。每个 I/O 端口内部都有一个 8 位数据输出锁存器和一个 8 位数据输入缓冲器，4 个数据输出锁存器和端口号 P0～P3 同名，都与特殊功能寄存器 SFR 中的一个相对应。因此，CPU 数据从并行 I/O 端口输出时可以得到锁存，数据输入时可以得到缓冲。

4 个并行 I/O 端口在结构上不尽相同，因此它们在功能和用途上的差异较大。P0 和 P2 口内部均有一个受控制器控制的二选一的选择电路，故它们除了可以用作通用 I/O 口外，还具有特殊功能。其中，P0 口可以输出片外存储器的低 8 位地址码和读写数据，P2 口可以输出片外存储器的高 8 位地址码。P1 口常用作通用 I/O 口，为 CPU 传送用户数据；P3 口除了作为通用 I/O 口外，还具有第二功能。在 4 个并行 I/O 口中，只有 P0 是真正的双向 I/O 口，具有较大的负载能力，最多可以推动 8 个 LSTTL 门，其余 3 个都是准双向 I/O 口，只能推动 4 个 LSTTL 门。

4 个并行 I/O 端口作为通用 I/O 口使用时，共有写端口、读端口和读引脚 3 种操作方式。写端口实际上就是输出数据，即把累加器 A 或其他寄存器中的数据传送到端口锁存器中，然后由端口自动从端口引脚线上输出。读端口不是真正从外部输入数据，而是把端口锁存器中输出数据读到 CPU 的累加器 A。读引脚才是真正输入外部数据的操作，是从端口引脚线上读入外部的输入数据。端口的上述 3 种操作均通过指令或程序来实现，这些操作将在并行 I/O 接口章节详细介绍。

2. 串行 I/O 端口

8051 有一个全双工的可编程串行 I/O 端口。这个串行 I/O 端口既可以在程序控制下把 CPU 的 8 位并行数据变成串行数据逐位从发送数据线 TXD 发送出去，也可以把 RXD 线上串行接收到的数据变成 8 位并行数据送给 CPU，而且这种串行发送和串行接收可以单独进行，也可以同步进行。

8051 串行发送和接收利用了 P3 口的第二功能，即利用 P3.1 引脚作为串行数据的发送线 TXD 和 P3.0 引脚作为串行数据的接收线 RXD，如表 2–5 所示。串行 I/O 口的电路结构还包括串行口控制寄存器 SCON、电源及波特率选择寄存器 PCON 和串行数据缓冲器 SBUF 等，它们都属于特殊功能寄存器。其中，PCON 和 SCON 用于设置串行口工作方式和确定数据的发送和接收波特率，SBUF 实际上由两个 8 位寄存器组成，一个用于存放欲发送的数据，另一个用于存放接收到的数据，起数据缓冲作用，这些将在串行通信章节详细介绍。

表 2-5 P3 口各位的第二功能

P3 口的位	第二功能	描述
P3.0	RXD	串行数据接收口
P3.1	TXD	串行数据发送口
P3.2	$\overline{\text{INT0}}$	外中断 0 输入
P3.3	$\overline{\text{INT1}}$	外中断 1 输入
P3.4	T0	计数器 0 计数输入
P3.5	T1	计数器 1 计数输入
P3.6	$\overline{\text{WR}}$	外部 RAM 写选通信号
P3.7	$\overline{\text{RD}}$	外部 RAM 读选通信号

2.2.5 中断系统

计算机中的中断是指 CPU 暂停原程序的执行转而为外部设备服务(执行中断服务程序)，并在服务完后回到原程序执行的过程。中断系统是指能够处理上述中断过程所需要的电路。

中断源是指产生中断请求信号的源泉。8051 共可处理 5 个中断源发出的中断请求，可以对 5 个中断请求信号进行排队和控制，并响应其中优先权最高的中断请求。8051 的 5 个中断源有内部和外部之分：外部中断源有 2 个，通常由外部设备产生；内部中断源有 3 个，包括 2 个定时/计数器中断源和 1 个串行口中断源。外部中断源产生的中断请求信号可以从 P3.2 和 P3.3（即 $\overline{\text{INT0}}$ 和 $\overline{\text{INT1}}$ ）引脚上输入，有电平或边沿两种引起中断的触发方式。内部中断源 T0 和 T1 的两个中断是在它们从全“1”变为全“0”溢出时自动向中断系统提出的，内部串行口中断源的中断请求是在串行口每发送完一个 8 位二进制数据或接收到一组输入数据（8 位）后自动向中断系统提出的。

8051 的中断系统主要由中断允许控制器 IE（Interrupt Enable）和中断优先级控制器 IP 等电路组成。其中，IE 用于控制 5 个中断源中哪些中断请求被允许向 CPU 提出，那些中断源的中断请求被禁止；IP 用于控制 5 个中断源中哪个中断请求的优先级最高，从而被 CPU 优先处理。IE 和 IP 也属于 21 个 SFR 中的一个，其状态也可以由用户通过指令设定。这些将在后续章节中详细介绍。

2.3 MCS-51 单片机引脚功能

2.3.1 MCS-51 系列单片机引脚及功能

MCS-51 系列各类单片机是相互兼容的，只是引脚功能略有差异。根据单片机型号不同，

MCS–51 单片机引脚数也不尽相同。在器件引脚封装上，MCS–51 系列单片机通常有两种封装形式：一种是双列直插式封装，常为 HMOS 型器件所用；另一种是方形封装，大多数在 CHMOS 型器件中使用。

其中，40 脚 DIP 和 44 脚方形封装为基本封装形式，如图 2–6 所示。8051、8031、8052AH、8032AH、8752BH、8051AH、8031AH、8751AH、80C51BH、80C31BH、87C51 等都属于这两种封装形式。这两种封装形式的引脚完全一样，所不同的是排列不一样，方形封装芯片的 4 个边的中心位置为空脚（依次为 1 脚、12 脚、23 脚和 34 脚），左上角为标志脚，上方中心位置为 1 脚，其他引脚逆时针依次排列。

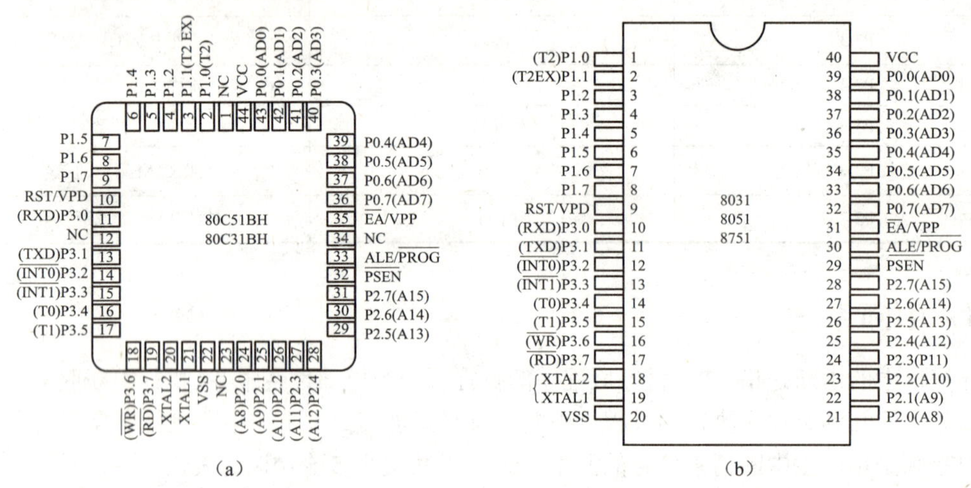

图 2–6 MCS–51 封装和引脚分配图

（a）方形封装；（b）双列直插式封装

图 2–6 所示的 MCS–51 系列单片机中有 40 条有效引脚（含 DIP40 和 44 脚方形封装），共分为电源线（2 条）、端口线（32 条）和控制线（6 条）3 类，下面分别叙述其功能，其中的引脚号以 DIP40 为例。

1. 电源线（2 条）

VCC（40 脚）：电源端，接+5 V。

VSS（20 脚）：接+5 V 电源的地。

2. 端口线（P0～P3, 4×8=32 条）

8051 共有 4 个并行 I/O 端口，每个端口都有 8 条端口线，用于传送数据/地址。由于每个端口的结构各不相同，因此它们在功能和用途上的差别颇大。关于 4 个端口的详细介绍参见后面相关章节，此处分别综述如下。

（1）P0 口（P0.0～P0.7 共 8 条引脚，32～39 脚）：这 8 条引脚共有两种不同的功能，分别用于两种不同情况。第一种情况是 8051 不带片外存储器时，P0 口可以作为通用 I/O 口使用，用于传送 CPU 的输入/输出数据。此时，输出数据可以得到锁存，不需外接专用锁存器，输入数据可以得到缓冲，从而增强数据输入的可靠性。第二种情况是 8051 带片外存储器时，此时 P0 口分时用作低 8 位地址总线和 8 位双向数据总线。在 EPROM 编程时，它输入指令字节，在验证程序时，则输出指令字节。P0 口能驱动 8 个 LSTTL 输入。

（2）P1 口（P1.0～P1.7 共 8 条引脚，1～8 引脚）：是 8 位准双向静态 I/O 端口，用于传送 CPU 的输入/输出数据。对于 52 子系列，P1.0 和 P1.1 还有第二功能：P1.0 可用作定时/计数器 2 的计数脉冲输入端 T2；P1.1 可用作定时/计数器 2 的外部控制端 T2EX。

（3）P2 口（P2.0～P2.7 共 8 条引脚，21～28 引脚）：P2 口是一个带有内部上拉电阻的 8 位双向 I/O 口。其第二功能和 P0 口的第二功能配合，用于输出片外存储器的高 8 位地址，共同选中片外存储单元。在对 EPROM 编程和校验时，它接收高 8 位地址，能驱动 4 个 LSTTL 输入。

（4）P3 口（P3.0～P3.7 共 8 条引脚，10～17 引脚）：P3 口是一个带内部上拉电阻的 8 位双向 I/O 口，在 MCS−51 单片机中，这 8 个引脚都有各自的第二功能，在实际应用中，大多数情况下都使用 P3 口的第二功能，P3 口的第二功能描述如表 2−5 所示。

3. 控制线（6 条）

（1）ALE/$\overline{\text{PROG}}$（30 脚）：当访问外部存储器时，MCS−51 系列单片机的 P0 口既作为低 8 位地址输出口，又作为数据输入/输出口。为了使地址与数据不至于混淆，通常先送地址再传送数据。ALE（允许地址锁存）将 P0 口输出的低 8 位地址锁存，从而实现低位地址与数据的分离。即使不访问外部存储器，ALE 端仍以不变的频率周期性地出现正脉冲信号，此频率为振荡器频率的 1/6。因此，它可以用做对外输出的时钟，或用于定时目的。要注意的是：每当访问外部数据存储器时，将跳过一个 ALE 脉冲。ALE 端可以驱动（吸收或输出电流）8 个 LSTTL（标准 TTL 电平）输入。在对 8751 片内 EPROM 编程（固化）时，此引脚用于输入编程脉冲 $\overline{\text{PROG}}$。

（2）RESET/VPD（9 脚）：复位/备用电源线，当振荡器运行时，在此引脚上出现两个机器周期以上的高电平，将使单片机复位；VCC 掉电期间，此引脚可接备用电源，以保持内部 RAM 的数据不丢失；当 VCC 低于规定水平，而 VPD 在其规定的电压范围（5±0.5）V 内，VPD 向内部 RAM 提供备用电源。

（3）$\overline{\text{PSEN}}$（29 脚）：是外部程序存储器的读选通信号。在外部程序存储器取指令（或常数）期间，每一个机器周期两次有效。每当访问外部数据存储器时，这两次有效的 $\overline{\text{PSEN}}$ 信号将不出现。$\overline{\text{PSEN}}$ 同样可以驱动 8 个 LSTTL 输入。

（4）$\overline{\text{EA}}$/VPP（31 脚）：当 $\overline{\text{EA}}$ 端保持高电平时，访问内部程序存储器，但在 PC（程序计数器）值超过 0FFFH（对于 8051/8751/80C51）或 1FFFH（对于 8052）时，将自动转向访问外部存储器。当 $\overline{\text{EA}}$ 端保持低电平时，不管是否有内部程序存储器，则只访问外部程序存储器。在对 8751 片内 EPROM 编程（固化）时，此引脚用于施加 21 V 的编程电源（VPP）。

（5）XTAL1（19 脚）：接外部晶体的一端。在单片机内部，它是一个反向放大器的输入端，这个放大器构成了片内振荡器。当采用外部振荡器时，对于 HMOS 单片机，此引脚应接地；对于 CHMOS 单片机，此引脚作为驱动端。

（6）XTAL2（18 脚）：接外部晶体的另一端。在单片机内部，接至上述反向放大器的输出端。当采用外部振荡器时，对 HMOS 单片机，此引脚接收振荡器的信号，即把此信号直接接到内部时钟发生器的输入端；对 CHMOS 单片机，此引脚应悬浮。

2.3.2　三总线结构

单片机的引脚除了电源、复位、时钟接入和用户 I/O 口外，其余引脚都是为了实现系统扩展而设置的。这些引脚构成了如下三总线结构。

（1）地址总线（AB）：地址总线宽度为 16 位，因此外部存储器直接寻址范围为 64 KB。16 位地址总线由 P0 口经地址锁存器提供低 8 位地址（A0～A7），P2 口直接提供高 8 位地址（A8～A15）。

（2）数据总线（DB）：数据总线宽度为 8 位，由 P0 口提供。

（3）控制总线（CB）：由 P3 口的第二功能状态和 4 根独立控制线 RESET，$\overline{\text{EA}}$，$\overline{\text{PSEN}}$，ALE 组成。

2.4 MCS–51 单片机工作方式

单片机的工作方式是进行系统设计的基础，也是单片机应用工作者必须熟悉的问题。MCS–51 系列单片机的工作方式包括复位方式、程序执行方式、节电方式及 EPROM 的编程和校验方式 4 种。

2.4.1 复位方式

单片机在开机时都需要复位，以便中央处理器 CPU 及其他功能部件都处于一个确定的初始状态，并从这个状态开始工作。MCS–51 的 RESET 引脚是复位信号的输入端，该引脚持续两个机器周期以上的高电平会引起单片机复位。例如，若 MCS–51 单片机时钟频率为 12 MHz，则复位脉冲宽度至少应为 2 μs。单片机复位后，其片内各寄存器状态如表 2–6 所列。这时，堆栈指针 SP 为 07H，ALE、$\overline{\text{PSEN}}$、P0、P1、P2 和 P3 口各引脚均为高电平，片内 RAM 中内容不变。

表 2–6 复位后内部寄存器的状态

特殊功能寄存器	初始状态	特殊功能寄存器	初始状态
A	00H	TMOD	00H
B	00H	TCON	00H
PSW	00H	TH0	00H
SP	07H	TL0	00H
DPL	00H	TH1	00H
DPH	00H	TL1	00H
P0～P3	FFH	SBUF	××××××××B
IP	×××00000B	SCON	00H
IE	0××00000B	PCON	0×××××××B

注：表中×为随机值。

单片机的复位一般由复位电路完成。复位电路包括片内、片外两部分。片外复位信号通过引脚 RESET 加到内部复位电路上。内部复位电路在每个机器周期 S5P2 对片外复位信号采样一次，当 RESET 引脚上出现连续两个机器周期的高电平时，单片机就能完成一次复位。

外部复位电路就是为内部复位电路提供两个机器周期以上的高电平而设计的。MCS–51

单片机通常采用上电自动复位和按键手动复位两种方式。

图 2-7（a）是上电自动复位电路。在通电瞬间，在 RC 电路充电过程中，RESET 端出现正脉冲，从而使单片机复位。由于单片机内等效电阻的作用，不用图中的电阻 R 也能达到上电复位的目的。

按键手动复位又分为按键电平复位和按键脉冲复位，按键电平复位是将复位端通过电阻与 VCC 相连，按键脉冲复位是利用 RC 微分电路产生正脉冲来达到复位目的。图 2-7（b）、（c）分别是按键电平复位和按键脉冲复位的电路图。

在上述几种简单的复位电路中，干扰易窜入复位端，在大多数情况下不会造成单片机的错误复位，但会引起内部某些寄存器错误复位，这里可在复位端引脚上接一个去耦电容。需要说明的是，如复位电路中 R、C 的值选择不当，使复位时间过长，单片机将处于循环复位状态。

在实际应用系统中，除上述几种常见电路外，现在有很多应用系统采用将上电复位、按键复位、看门狗电路及电压监控集于一身的专用集成芯片，如 IMP705/706 等，大大简化了硬件电路，性价比很高。

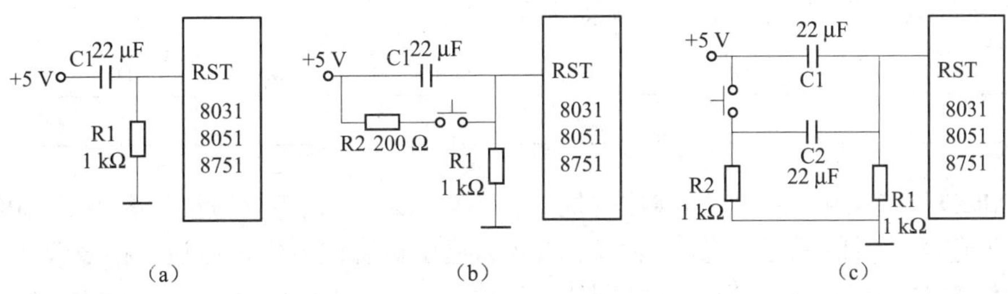

图 2-7 几种复位电路

（a）上电复位电路；（b）按键电平复位电路；（c）按键脉冲复位电路

2.4.2 程序执行方式

程序执行方式是单片机的基本工作方式，通常可以分为单步执行和连续执行两种工作方式。

1. 单步执行方式

单步执行方式是指单片机在控制面板上某个按钮（即单步执行键）的控制下一条一条执行用户程序中指令的方式，即按一次单步执行键就执行一条用户指令的方式。单步执行方式常用于用户程序的调试。

单步执行方式是利用单片机外部中断功能实现的。单步执行键相当于外部中断的中断源，当它被按下时相应电路就产生一个负脉冲（即中断请求信号）送到单片机的 $\overline{\text{INT0}}$（或 $\overline{\text{INT1}}$）引脚。MCS-51 单片机在 $\overline{\text{INT0}}$ 负脉冲作用下便能自动执行预先安排在中断服务程序中的如下两条指令。

```
LOOP1: JNB  P3.2, LOOP1   ; 若INT0=0，则不往下执行
LOOP2: JB   P3.2, LOOP2   ; 若INT0=1，则不往下执行
       RETI
```

上面两条指令执行完毕后返回用户程序中执行一条用户指令。这条用户指令执行完后，单片机又自动回到上述中断服务程序执行，并等待用户再次按下单步执行键。

2. 连续执行方式

连续执行方式是所有单片机都需要的一种工作方式，被执行程序可以放在片内或片外ROM 中。由于单片机复位后程序计数器 PC=0000H，因此机器在加电或按钮复位后总是到0000H 处执行程序。但为了避开中断入口地址被占用，一般应用程序都不从 0000H 开始存放，而是预先在 0000H 处放一条转移指令，以便跳转到 0000H～FFFFH 中的任何地方执行程序。

2.4.3 节电工作方式

节电方式是一种能减少单片机功耗的工作方式，通常可以分为空闲（等待）方式和掉电（停机）方式两种。只有 CHMOS 型器件才有这两种工作方式，而 HMOS 型单片机只有掉电方式。CHMOS 型单片机是一种低功耗器件，正常工作时消耗 11～20 mA 电流，空闲状态时消耗 1.7～5 mA 电流，掉电方式为 5～50 μA。因此，CHMOS 型单片机特别适用于低功耗应用场合。

CHMOS 型单片机（如 80C51）的节电方式是由特殊功能寄存器 PCON 控制的，有掉电和空闲两种节电方式。PCON 各位定义如下：

D7	D6	D5	D4	D3	D2	D1	D0
SMOD	—	—	—	GF1	GF0	PD	IDL

其中，SMOD 为串行口波特率倍增控制位。若 SMOD=1，则串行口波特率倍增；PCON.6～PCON.4 无定义，用户不可使用。GF1 和 GF0 为通用标志位，用户可通过指令改变它们的状态。PD 为掉电控制位，IDL 为空闲控制位。复位后 PCON 的值为 0×××0000B，单片机处于正常工作状态。要想使单片机进入待机或掉电工作方式，只要执行一条能使 IDL 或 PD 位为 1 的指令即可。若 PD=1，则进入掉电方式；若 IDL=1，则进入空闲方式。若 PD 和 IDL 同时为 1，则进入掉电工作方式。

PD 和 IDL 的片内控制电路如图 2–8 所示。图中 $\overline{PD}$ 和 $\overline{IDL}$ 为 PCON 中 PD 和 IDL 触发器的相应输出端。

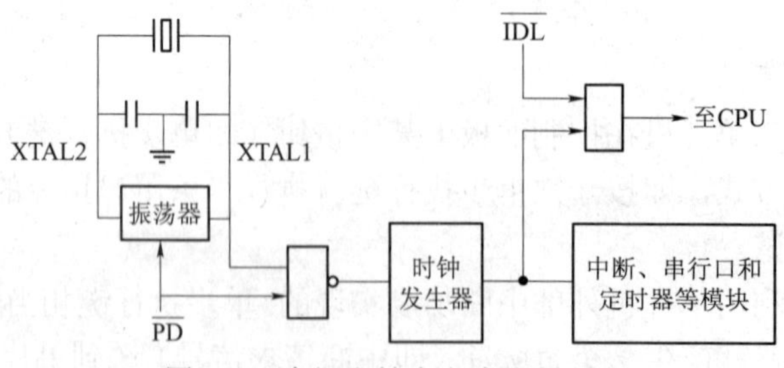

图 2–8　空闲和掉电方式控制电路

1. 掉电方式

80C31 执行如下指令后便可进入掉电方式：

```
MOV  PCON, #02H  ; PD←1
```

由图 2–8 可见，上述指令执行后 $\overline{PD}$ 端变为低电平，振荡器因此停振，片内所有功能部件停止工作，但片内 RAM 和特殊功能寄存器 SFR 中的内容保持不变，ALE 和 $\overline{\text{PSEN}}$ 的输出为逻辑低电平。在掉电期间，VCC 电源可以降为 2 V（可由干电池供电）。只有等待 VCC 恢复+5 V 电压后经过一段时间才允许 80C31 退出掉电模式。

80C31 从掉电状态退出的唯一方法是硬件复位，即给 RESET 引脚上外加一个足够宽的复位正脉冲。复位以后 SFR 重新被初始化，但 RAM 中的内容保持不变。因此，若要使 80C31 在掉电后继续执行掉电前的程序，那就必须在掉电前预先把 SFR 中的内容保护到片内 RAM，并在掉电方式退出后为 SFR 恢复掉电前的状态。

2. 空闲方式

80C31 执行如下指令后可以进入空闲方式：

```
MOV  PCON，#01H  ；IDL←1
```

由图 2–8 可见，上述指令执行后 $\overline{\text{IDL}}$ 端变为低电平，与门无输出，CPU 停止工作，但中断、串行口和定时/计数器可以继续工作。此时，CPU 现场（即 SP、PC、PSW 和 ACC 等）、片内 RAM 和 SFR 中其他寄存器内容均维持不变，ALE 和 $\overline{\text{PSEN}}$ 变为高电平。总之，CPU 进入空闲状态后是不工作的，但各功能部件保持了进入空闲状态前的内容，且消耗功耗很少。因此，在程序执行过程中，用户在 CPU 无事可做或不希望它执行有用程序时应让它进入空闲状态，一旦需要继续工作就让它退出空闲状态。

CHMOS 型器件退出空闲状态有两种方法：一种是让被允许中断的中断源发出中断请求（例如，定时器 T0 定时 1 ms 时间已到），中断系统收到这个中断请求后片内硬件电路会自动使 IDL=0，致使图 2–8 中的与门重新打开，CPU 便可从激活空闲方式指令的下一条指令开始继续执行程序。另一种使 CPU 退出空闲状态的方法是硬件复位，即在 80C51 的 RESET 引脚上送一个连续两个机器周期的高电平。此时，PCON 中的 IDL 被硬件自动清 0，CPU 便可继续执行进入空闲状态前的用户程序。

2.4.4　编程和校验方式

这里的编程是指利用特殊手段对单片机片内 EPROM 进行写入的过程，校验则是对刚刚写入的程序代码进行读出验证的过程。因此，单片机的编程和校验方式只有 EPROM 型器件才有，如 8751H 这样的器件。

8751H 和 8051 类似，只是 8751H 片内的 4 KB 程序存储器是 EPROM 型的，不是像 8051 那样是 ROM 型的。8751H 片内 EPROM 有编程、校验和保密编程等 3 种工作方式。在每种工作方式下，8751 各引脚的输入电平是不相同的，如表 2–7 所示。

表 2–7　8751H EPROM 的操作方式

方式	RST	$\overline{\text{PSEN}}$	EA/V_{PP}	ALE/$\overline{\text{PROG}}$	P2.7	P2.6	P2.5	P2.1
编程	1	0	V_{PP}	0	1	0	×	×
停止	1	0	×	1	1	0	×	×
校验	1	0	1	1	0	0	×	×
保密	1	0	V_{PP}	0	1	1	×	×

注：1 表示逻辑高电平，0 表示逻辑低电平，×表示任意逻辑电平，V_{PP} 为 21 V±0.5 V，$\overline{\text{PROG}}$ 的编程脉冲为 50 ms 负脉冲。

注意：$\overline{EA}/V_{PP}$上的编程电源电压不能大于 21.5 V，即使是一个小小的尖脉冲也会引起器件的永久性损坏。

1. EPROM 编程方式

8751H 的 EPROM 编程方式要求它的引脚按表 2–7 所示的相应状态连接，如图 2–9 所示。图中，875lH 振荡器的频率应为 4～6 MHz，CPU 应处于工作状态。8751H 片内 EPROM 的编程是在另一台单片机控制下进行的，片内 EPROM 的 12 位地址加在 P2.3～P2.0 和 Pl.7～P1.0 引脚上，被写入的程序代码由 P0 口输入，ALE/$\overline{PROG}$ 线上应输入一个 50 ms 宽的负脉冲，以完成一个存储单元的程序代码写入。因此，若为每个负脉冲再外加 5 ms 的余量，则 8751H 完成片内 4 KB EPROM 编程至少需要 55 ms×4 096=3.75 分钟。在编程时，12 位 EPROM 地址码、被写入的编程代码和 ALE/$\overline{PROG}$ 上的负脉冲必须彼此间符合一定的时间关系，符合这种时间关系的波形称为编程波形。8751H 的编程波形可参见有关资料，由于编程/校验通常可以在专门的 EPROM 编程器上完成，读者仅需了解相应操作就行了。

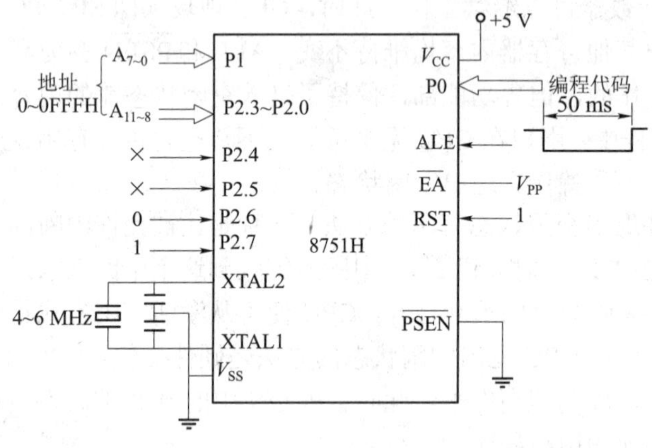

图 2–9 8751 编程时的引脚连接

2. EPROM 的校验方式

8751H EPROM 的校验方式要求它的引脚按表 2–7 中的相应状态连接，如图 2–10 所示。和编程时类似，EPROM 校验也是在另一台主单片机控制下进行的。在校验时，主单片机把 12 位地址送入被校验的 8751H 的 P2 和 P1 口，以便读出相应 EPROM 存储单元中内容，经 P0 口送给主单片机。主单片机把读出的代码和编程时写入的编程代码进行比较，若两者相同，则该单元编程正确；若结果不同，则应查明原因重新进行编程，直到正确为止。

3. EPROM 的保密方式

8751H 的保密编程要求它的引脚按表 2–7 中的相应状态连接。它和图 2–9 的唯一差别在于 P2.6 应接逻辑高电平“1”。8751H EPROM 保密编程的过程和 EPROM 编程过程类似，在此不再赘述。

8751H 一旦完成保密编程以后，用户就可以自由让它执行 EPROM 中的程序，但不能以任何形式读出和对它进一步编程，8751H 执行片外 ROM 中程序的功能也随之消失。因此，8751H 的这种保密编程功能对于保护单片机应用系统中软件的版权具有十分重要的意义。

不论是编程还是保密编程，8751H EPROM 中的程序代码均可在专用的 EPROM 擦除器中擦除。一旦 EPROM 中的信息被擦除，读出时均变为全“1”。

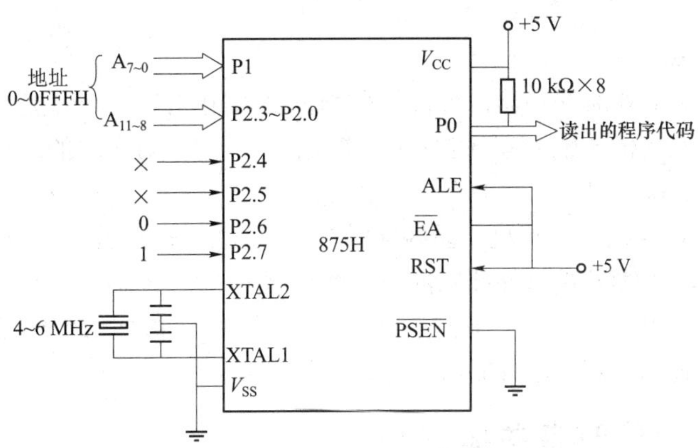

图 2-10　8751 EPROM 校验时的引脚连接

2.5　MCS-51 单片机时钟电路与时序

计算机是在统一的时钟脉冲控制下一拍一拍进行工作的。这个脉冲是由单片机控制器中的时序电路产生的，本节将介绍有关电路和 CPU 时序。

2.5.1　振荡器和时钟电路

时钟电路用于产生单片机工作所需的时钟信号。时钟信号可以由两种方式产生：内部时钟方式和外部时钟方式，下面分别介绍。

1. 内部时钟方式

8051 内部有一个高增益反向放大器，用于构成振荡器，引脚 XTAL1 和 XTAL2 分别是此放大器的输入和输出端。在 XTAL1 和 XTAL2 两端跨接晶体或陶瓷谐振器，就构成了稳定的自激振荡器，其发出的脉冲直接送入内部时钟发生器，见图 2-11（a）。外接晶振时，C_1、C_2 通常为 30 pF 左右；外接陶瓷谐振器时，C_1、C_2 约为 47 pF。C_1、C_2 对频率有微调作用，振荡频率范围是 1.2～12 MHz。为了减少寄生电容，保证振荡器稳定可靠的工作，谐振器和电容应尽可能安装得与单片机芯片靠近。

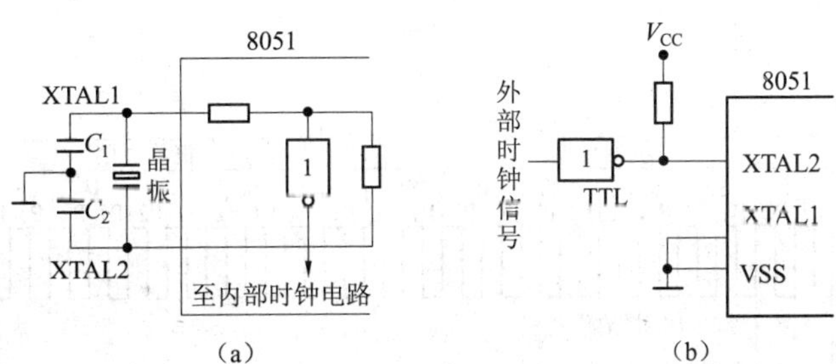

图 2-11　时钟信号产生方式

（a）内部时钟振荡电路；（b）外部时钟脉冲源接法

内部时钟发生器实质上是一个二分频触发器，其输出信号是单片机工作所需的时钟信号。

2. 外部时钟方式

外部时钟方式采用外部振荡器，外部振荡脉冲信号由 XTAL2 端接入后直接送至内部时钟发生器，见图 2–11（b）。输入端 XTAL1 应接地，由于 XTAL2 端的逻辑电平不是 TTL 的，因此需要外接一个上拉电阻。

对于 CHMOS 型 80C51 单片机，因内部时钟发生器的信号取自反向放大器的输入端，故采用外部振荡器时，接线方式为外部脉冲信号接至 XTAL1，XTAL2 悬空。

一般要求，外接的脉冲信号应当是高、低电平的持续时间大于 20 ns，且频率低于 12 MHz 的方波。这种方式适合于多块芯片同时工作，便于同步。

2.5.2 CPU 的时序及有关概念

时序是 CPU 在执行指令时所需控制信号的时间顺序。CPU 实质上是一个复杂的同步时序电路，这个时序电路在时钟脉冲推动下工作。在执行指令时，CPU 首先要到程序存储器中取出需要执行指令的指令码，然后对指令码译码，并由时序部件产生一系列控制信号去完成指令的执行。这些信号在时间上的相互关系就是 CPU 时序。时序是用定时单位来描述的，MCS–51 系列单片机的时序定时单位共有 4 个，从小到大依次是拍、状态、机器周期、指令周期，如图 2–12 所示，下面分别说明。

（1）振荡周期：振荡周期也叫时钟周期，由单片机片内振荡电路 OSC 产生，常定义为时钟脉冲频率的倒数，是时序中最小的时间单位，也称为拍（P）。例如，若某单片机时钟频率为 1 MHz，则它的振荡周期 T 应为 1 μs。因此，振荡周期的时间尺度不是绝对的，而是一个随时钟脉冲频率而变化的参量。

（2）机器周期：机器周期定义为实现特定功能所需的时间，通常由若干振荡周期构成。MCS–51 的机器周期由 12 个振荡周期组成，分为 6 个状态（S1～S6），每个状态又分为 P1 和 P2 两拍。因此，一个机器周期中的 12 个振荡周期可以表示为 S1P1，S1P2，S2P1，S2P2，…，S6P2。

（3）指令周期：指令周期是执行一条指令所需的时间，是时序中的最大时间单位。由于机器执行不同指令所需的时间不同，因此不同指令所包含的机器周期数也不相同。通常包含一个机器周期的指令称为单周期指令，包含两个机器周期的指令称为双周期指令。MCS–51 单片机的指令系统中，除了乘法和除法两条四周期指令外，其余均为单周期和双周期指令。

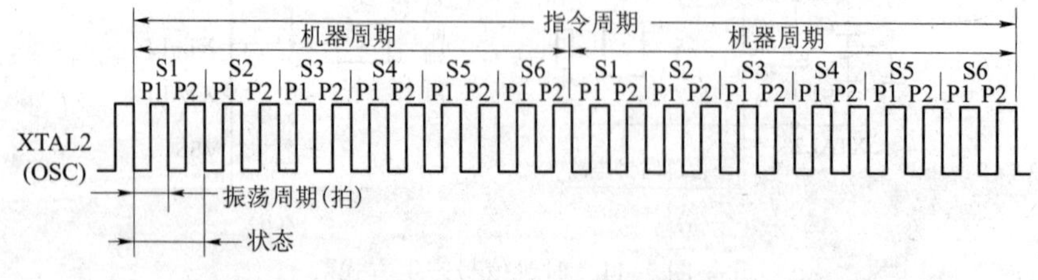

图 2–12　MCS–51 单片机各种周期的相互关系

2.5.3 MCS–51 指令的取指/执行时序

每一条指令的执行都可分为取指令和执行指令两个阶段。在取指令阶段，CPU 从内部或外部 ROM 中取出指令操作码和操作数，然后再执行这条指令。

在 MCS–51 系列单片机中，每一条指令的长度根据其操作的繁简程度，可分为单字节、双字节和三字节指令。执行每条指令所用的时间也不相同，可分为单字节单机器周期指令、单字节双机器周期指令、双字节单机器周期指令、双字节双机器周期指令和三字节双机器周期指令，只有乘除法是单字节四机器周期指令。

图 2–13 给出了 MCS–51 单片机几种典型指令的取指令和执行指令的时序。可以通过观察 XTAL2 和 ALE 引脚信号，分析 CPU 取指时序。由图可知，在每一个机器周期内，地址锁存信号 ALE 出现二次有效信号，即两次高电平信号。第一次出现在 S1P2 和 S2P1 期间，第二次出现在 S4P2 和 S5P1 期间。对于单周期指令，当操作码被送入指令寄存器时，便从 S1P2 开始执行指令，在 S6P2 结束时完成指令操作。

如果是单字节单周期指令，则在同一个周期的 S4P2 期间虽然读操作码，但所读的这个字节操作码被丢掉，程序指针 PC 也不加 1，见图 2–13（a）。如果是双字节单周期指令，则在 S4 期间读指令的第二个字节，见图 2–13（b）。

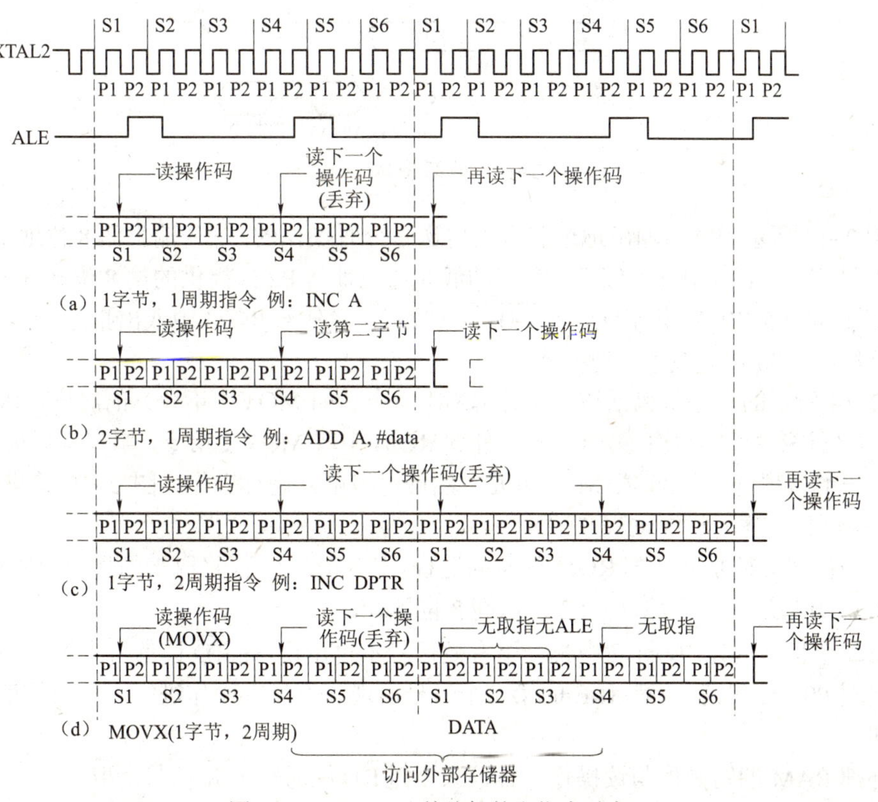

图 2–13 MCS–51 单片机的取指令时序

对于单字节双周期指令，在 2 个机器周期内发生 4 次读操作码的操作，由于是单字节指令，后 3 次读操作都无效，如图 2–13（c）所示。但当访问外部数据存储器指令（如 MOVX）

时，时序有所不同。它也是单字节双周期指令，在第一个机器周期里有 2 次读指令操作，后一次无效，从 S5 开始送出外部数据存储器的地址，紧接着读或写数据，读写数据期间与 ALE 无关，ALE 不产生有效信号，所以第二个周期不产生取指令操作，见图 2–13（d）。此外还应说明，时序图中只表示了取指令操作的有关时序，而没有说明执行指令的时序。实际上每条指令都有具体的数据操作，如算术和逻辑操作一般发生在 P1 期间，片内存储器之间的数据传送操作发生在 P2 期间。

2.5.4　访问片外 ROM/RAM 的指令时序

如果 MCS–51 单片机扩展了外部程序存储器时，就会有访问外部存储器的操作。在访问外部 ROM 时，除了 ALE 外，还需要 $\overline{\text{PSEN}}$ 信号，此外还要用 P0 口作为低 8 位地址，用 P2 口作为高 8 位地址。其时序见图 2–14。

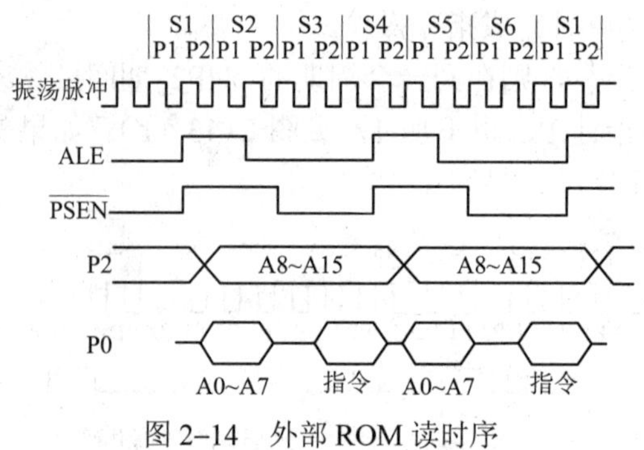

图 2–14　外部 ROM 读时序

如图 2–14 所示，P0 口输出地址和数据传送是分时操作的。它先输出低 8 位地址，在 ALE 信号的作用下，低 8 位地址被锁存，锁存的低 8 位地址与 P2 口提供的高 8 位地址一起，组成 16 位地址指向外部 ROM 某单元，在 $\overline{\text{PSEN}}$ 有效时，从外部 ROM 中取出指令，再通过 P0 口送到单片机中，P0 口完成了分时操作。

图 2–14 所示的时序不包括访问外部 RAM 指令（如 MOVX 指令）的时序，因为访问外部 RAM 时要进行两步操作：第一步先从外部 ROM 中取 MOVX 指令，第二步再根据 MOVX 指令所给出的数据选中外部 RAM 某单元，然后对该单元进行操作。图 2–15 给出了读/写外部 RAM 的操作时序，详细过程介绍如下。

第一个机器周期是从外部 ROM 取指的过程，在 S4P2 之后，将取来的指令中的外部 RAM 地址送出，P0 口送低 8 位地址，P2 口送高 8 位地址。

在第二个机器周期中，ALE 中第一个有效信号不再出现，而 $\overline{\text{RD}}$ 读信号有效，将外部 RAM 的数据送回 P0 口。以后尽管 ALE 的第二个信号出现，但没有操作进行，从而结束了第二个机器周期。

向外部 RAM 的写操作与读操作一样，只不过 $\overline{\text{RD}}$ 信号被 $\overline{\text{WR}}$ 信号所取代。

需要注意的是，在访问外部 RAM 时，ALE 丢失一个周期，所以不能用 ALE 作为精确的时钟输出。

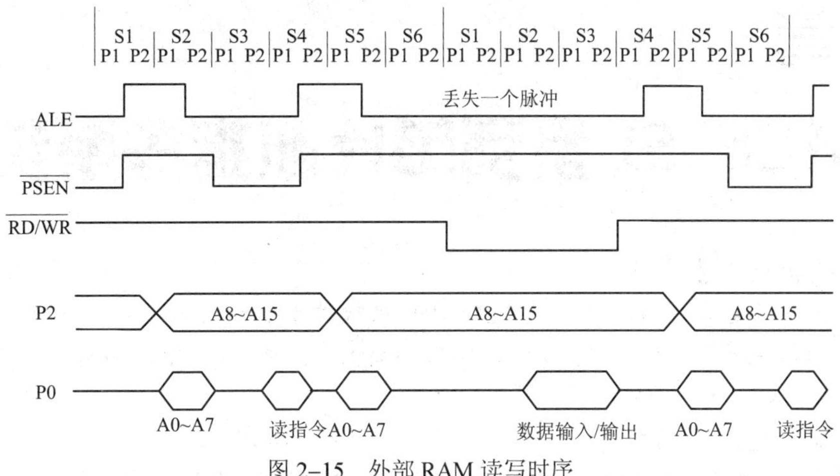

图 2–15 外部 RAM 读写时序

复习参考题

2–1 MCS–51 单片机内部由哪几部分组成，各自的功能是什么？

2–2 MCS–51 单片机的 $\overline{EA}$ 引脚有何功能？使用 8031 时 $\overline{EA}$ 如何接法？

2–3 MCS–51 单片机有哪些信号需要使用引脚的第二功能？

2–4 MCS–51 单片机的内部存储空间是怎样分配的？

2–5 如何从 MCS–51 单片机的 4 个工作寄存器组中选择当前工作寄存器组？

2–6 MCS–51 单片机内部 RAM 的低 128 个单元是如何划分的？

2–7 什么是堆栈？有何作用？为什么在程序初始化时要对 SP 重新赋值？

2–8 DPTR 是什么寄存器？它的作用是什么？它由哪几个寄存器组成？

2–9 试述程序状态字寄存器 PSW 各位的含义。

2–10 P0、P1、P2、P3 口的结构有何不同？使用时要注意什么？各口都有什么用途？

2–11 计算机的三总线包括什么？各自的作用是什么？

2–12 单片机的工作方式包括哪几种？

2–13 单片机的程序执行方式分为哪几种，它们的区别是什么？

2–14 请说出指令周期、机器周期、状态和拍的概念。当晶振频率为 12 MHz、8 MHz 时，单片机的机器周期是多少？

2–15 什么是单片机复位？复位后单片机的状态如何？

2–16 8051 和 80C51 单片机是如何进入掉电保护状态，如何退出该状态？

2–17 如何使 80C31 退出空闲工作方式？

2–18 简述 MCS–51 单片机取指与执行时序。

第3章

MCS–51 系列单片机指令系统

【本章内容概要】

理解和熟练掌握单片机的指令系统是单片机软件系统设计的基础。本章将详细介绍MCS–51 系列单片机指令系统的基本概念与基础知识、7 种寻址方式、指令分类和各类指令的格式及功能。

【本章学习重点与难点】

学习重点是：指令系统的相关概念与基础知识；MCS–51 单片机的 7 种寻址方式；各类指令的格式及功能。

学习难点是：7 种寻址方式的区别及应用；熟练掌握各类指令的格式及应用。

3.1 指令系统基本知识

指令是计算机用于控制各功能部件完成某一指定动作的指示或命令。指令不同，各功能部件完成的动作也不一样，指令的功能也不相同。为了完成某一特定任务选用不同功能的指令组成的有序组合就是程序。计算机执行不同的程序就可以完成不同的运算和控制任务。作为本章后面几节的基础，本节主要介绍指令的表示形式、指令格式、指令分类和指令系统综述几个问题。

3.1.1 指令的 3 种表示形式

指令的表示形式是识别指令的标志，也是人们用来编写和阅读程序的基础。通常，指令有二进制、十六进制和助记符 3 种表示形式，不同形式的指令具有各自的用途，是人们学习、掌握和使用好计算机的主要手段。

能被计算机直接识别、执行的指令是使用二进制编码表示的指令，这种指令被称为机器语言指令。由于采用二进制数表示，机器语言指令难学、难记、不易书写、难以阅读和调试、容易出错而且不易查找错误，程序可维护性差。为了读写方便，人们将二进制的机器语言记作十六进制形式，但该方式仍然不易被人们识别和修改，通常也不用来编写程序，只在某些场合（如实验室）才被用来作为输入程序的一种辅助手段。指令以这种十六进制代码输入机器后，需要由常驻于机器内部的监控程序把它们翻译成二进制形式输入内存后才能被机器识别和执行。为方便人们的记忆和使用，制造厂家对指令系统的每一条指令都给出了助记符，助记符是用英文缩写来描述指令的功能，它便于记忆、理解和交流，常被人们用来进行程序设计，但助记符编写的程序必须通过人工或机器把它们翻译成机器码才能被计算机执行。以助记符表示的指令就是计算机的汇编语言指令，汇编语言指令与机器语言指令具有一一对应的关系。

综上，二进制、十六进制和助记符仅是指令的 3 种不同表示形式，在计算机执行前，都要统一为二进制机器码才能被计算机识别。例如，设累加器 A 中已有一个加数 9，那么，完成 9+7 并把结果送入累加器 A 中的加法指令的二进制形式为 0010010000000111B；该指令的十六进制形式为 2407H；指令的助记符形式为

```
ADD A, #07H      ; A←A+07H
```

其中，ADD 为操作码，指示进行加法操作；逗号右侧为源操作数或第一操作数；逗号左侧的累加器 A 在指令执行前为第二操作数寄存器，在指令执行后为结果操作数寄存器；分号后面为注释，它不是指令的组成部分，只是用来标明相应指令的功能。

3.1.2 指令格式及字节数

指令格式是指指令码的结构形式。通常，指令可分为操作码和操作数两部分。其中，操作码比较简单，操作数则比较复杂，常随计算机的不同有较大差异。MCS-51 系列单片机汇编语言指令采用单地址指令格式，其格式为

操作码	操作数或操作数地址

其中，“操作码”为指令的助记符，规定了指令所能完成的操作功能；“操作数或操作数地址”指出了指令的操作对象，该对象既可以是一个具体的数据，也可以是存放数据的单元地址，还可以是符号常量或符号地址等，在一条指令中可能有多个操作数，操作数与操作数之间用逗号“，”分隔。由指令格式可见，操作码是指令的核心，不可缺少。

在指令的二进制形式中，指令不同，指令的操作码和操作数也不相同。有些指令的操作码和操作数加起来只有 1 个字节，这种指令称为单字节指令；有些指令操作码和操作数各占 1 个字节，称为双字节指令；同理，还有 3 字节和 4 字节指令。按字长划分，MCS-51 系列单片机有单字节、双字节和三字节指令 3 种。

1. 单字节指令（49 条）

单字节指令码只有一个字节，由 8 位二进制数组成。这类指令共有 49 条，占指令总数的 44%。通常，单字节指令又可分为两类：一类是无操作数的单字节指令；另一类是含有操作数寄存器编号的单字节指令。

（1）无操作数的单字节指令。这类指令的指令码只有操作码字段，没有专门指示操作数的字段，操作数是隐含在操作码中的。例如，INC DPTR 指令的二进制形式为

1 0 1 0 0 0 1 1

其中，8 位二进制数码皆为操作码，DPTR 数据指针由操作码隐含。

（2）有操作数寄存器号的单字节指令。这类指令的指令码由操作码字段和专门用来指示操作数所在寄存器号的字段组成。

例如，8 位数据传送指令

```
MOV A,  Rn      ; A←Rn
```

其中，n 的取值范围为 0～7，相应指令码的格式如图 3-1 所示。图中，rrr 3 位为源操作数所在的寄存器号，取值范围是 000B～111B；其余 5 位为操作码，目的操作数寄存器是累加器 A，

由操作码隐含。

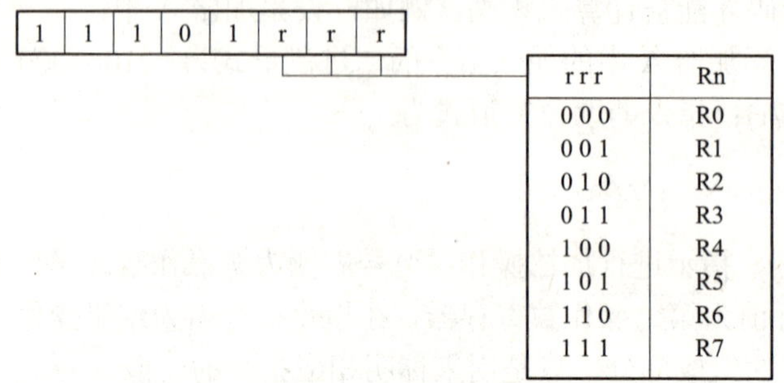

图 3–1　MOV A, Rn 指令的格式

2. 双字节指令（46 条）

双字节指令码包含 2 个字节，可以分别存放在两个存储单元中，操作码字节在前，操作数字节在后。操作数可以是立即数（即指令码中的数），也可以是操作数所在的片内 RAM 地址。

例如，8 位数据传送指令

```
MOV A, #data        ; A←data
```

该指令的含义是将指令码第 2 字节 data 取出来存放到累加器 A 中，其指令码为

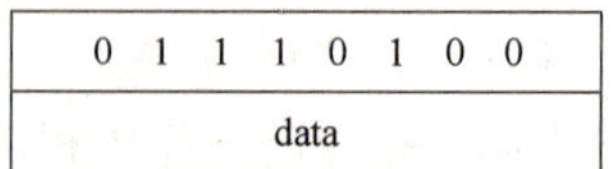

其中，74H 为操作码，占 1 字节；data 为 1 字节的源操作数；累加器 A 为目的操作数寄存器，由操作码隐含。

3. 三字节指令（16 条）

三字节指令码的第 1 字节为操作码，第 2、3 字节为操作数或操作数地址。由于有两个字节的操作数或操作数地址，故三字节指令共有如下 4 类。

操作码
data15～data8
data7～data0

例如，MOV　DPTR,#data16

操作码
direct
data

例如，MOV　direct, #data

操作码
data
Direct(rel)

例如，CJNZ　A，#data，rel

操作码
addr15～addr8
addr7～addr0

例如，LCALL addr16

通常，指令字节数越少，指令执行速度越快，占用存储空间越少。因此，程序设计中应尽可能选用字节数少的指令。

3.1.3 指令的分类

MCS-51系列单片机指令系统共有111条指令，按功能可划分为5类：数据传送类指令、逻辑运算及移位类指令、算术运算类指令、控制转移类指令和位操作类指令。

1. 数据传送类指令（28条）

数据传送类指令主要用于在单片机片内RAM和特殊功能寄存器SFR之间传送数据，也可用于单片机片内和片外存储单元之间传送数据。数据传送指令将源操作数地址中的数据传送到目的地址，执行后源地址中的操作数不被破坏。由于源操作数有8位和16位之分，因此也有8位和16位数据传送指令。交换指令是特殊的一类数据传送指令，它把源操作数和目的操作数两个地址单元中的内容相互交换。

2. 逻辑运算和移位类指令（25条）

该类指令包括逻辑操作和循环移位两类指令。逻辑操作指令用于对两个操作数进行逻辑与、或、非及异或操作，大多需要把其中一个操作数预先放入累加器A，逻辑运算结果也放在累加器A中。循环移位指令可以对累加器A中的数进行带进位位Cy或不带进位位Cy的循环左移或右移操作。

3. 算术运算类指令（24条）

算术运算类指令用于对两个操作数进行加、减、乘、除等算术运算。运算过程中，一个操作数应放在累加器A中，另一个放在某个寄存器或片内RAM中，也可放在指令码的第2和第3字节。执行后的运算结果保存在累加器A中，运算过程中产生的进位标志、奇偶标志和溢出标志等皆保存在程序状态字PSW中。

4. 控制转移类指令（17条）

控制转移类指令分为条件转移、无条件转移、调用和返回指令，它们可以改变程序执行的流向，或使CPU转移到另一处执行，或继续顺序执行。这类指令执行后都以改变程序计数器PC中的值为目标。

5. 位操作类指令（17条）

位操作类指令又称布尔变量操作指令，分为位传送、位置位、位运算和位控制转移指令4类。它们都不以字节而是以字节中某位的内容为操作对象。

3.1.4 指令系统综述

一台计算机所能执行的指令集合称为该计算机的指令系统。指令系统是微型计算机核心部件CPU的重要性能指标，是进行CPU内部电路设计的基础，也是计算机应用工作者共同关心的问题。指令系统是由计算机生产厂商定义的，不同系列的机器其指令系统是不同的。MCS-51系列单片机指令系统共有111条指令，除了按前面的功能划分以外，还可以按照指令的机器周期数来分类，其中，单周期指令有 57 条、双周期指令有 52 条、四周期指令有 2 条。

1. 指令系统中常用符号说明

在 MCS–51 系列单片机的 111 条指令中，经常使用的符号及意义如下。

Rn：当前工作寄存器组中的寄存器 R0～R7 之一，n=0,…,7。

Ri：当前工作寄存器组中可作为地址指针的寄存器 R0、R1，i=0,1。

#data：8 位立即数。

#data16：16 位立即数；

direct：内部 RAM 的 8 位直接地址，既可以是内部 RAM 的低 128 个单元地址，也可以是特殊功能寄存器的单元地址或符号，因此在指令中 direct 表示直接寻址方式。

addr11：11 位目的地址，只限于在 ACALL 和 AJMP 指令中使用。

addr16：16 位目的地址，只限于在 LCALL 和 LJMP 指令中使用。

rel：补码形式表示的 8 位带符号地址偏移量，在相对转移指令中使用。

bit：片内 RAM 位寻址区或可位寻址的特殊功能寄存器的位地址。

@：间接寻址方式中间址寄存器的前缀标志。

@Ri：表示寄存器间接寻址，Ri 只能是 R0 或 R1。

@DPTR：表示以 DPTR 为数据指针的间接寻址，用于对外部 64 K RAM/ROM 寻址。

C：进位标志位，是布尔处理机的累加器，也称为位累加器。

/：加在位地址的前面，表示对该位先求反再参与操作，但不影响该位的值。

(X)：由 X 指定的寄存器或地址单元中的内容。

((X))：由 X 寄存器的内容作为地址的存储单元的内容。

$：本条指令的起始地址。

←：指令操作流程，将箭头右边的内容送到箭头左边的单元中。

2. 指令对标志位的影响

不同的指令对标志位的影响也不相同，一部分 MCS–51 指令执行后会影响到程序状态寄存器 PSW 中某些标志位的状态，即不论指令执行前标志位状态如何，执行时总按标志位的定义形成新的标志状态。各指令对标志位的影响如附录 B 中各表所示，其中，√表示对相应标志位有影响，×表示对相应标志位无影响。

3.2 寻址方式

在指令系统中，操作数是一个重要的组成部分，它指出了参加运算的数或数所在的单元地址。指令执行前，CPU 首先要根据地址寻找参加运算的操作数，然后才能对其进行操作，操作结果还要根据地址存入相应的存储单元或寄存器中。因此，计算机执行程序实际上是不断寻找操作数并进行操作的过程。在计算机中，寻找操作数的方法被称为寻址方式。寻址方式越多，计算机的功能越强，灵活性亦越大，但指令系统也就越复杂。

MCS–51 单片机中，操作数的存放范围很大，可以放在片外 ROM/RAM 中，也可以放在片内 ROM/RAM 及特殊功能寄存器 SFR 中。为了适应这一操作数范围内的寻址，MCS–51

的指令系统共使用了7种寻址方式，下面将分别介绍。

3.2.1 寄存器寻址

寄存器寻址就是以寄存器的内容作为操作数，因此在指令的操作数位置上只需要指定寄存器号即可得到操作数。采用寄存器寻址方式的指令都是单字节的指令，指令码内含有该操作数的寄存器号。例如，

```
MOV A，R0
MOV R2，A
```

以上两条指令都属于寄存器寻址。前一条指令是将R0寄存器的内容传送到累加器A，后一条是把累加器A中的内容传送到寄存器R2中。由于寄存器在CPU内部，所以采用寄存器寻址可以获得较高的运算速度。能实现这种寻址方式的寄存器有R0～R7、累加器A、通用寄存器B和数据指针DPTR。

3.2.2 直接寻址

在指令中直接给出操作数地址，这就是直接寻址方式。此时，指令的操作数部分就是操作数的地址，例如，

```
MOV A，45H          ；  A←(45H)
```

其中，45H就是表示直接地址，其操作示意图如图3-2所示，该指令功能是把内部RAM地址为45H单元中的内容9AH传送给累加器A。

MCS-51单片机中，直接寻址可访问的存储空间包括内部RAM低128个字节单元和特殊功能寄存器SFR（8052片内高128字节只能被间接寻址）。这类寻址方式中，直接地址通常采用direct（或addr11或addr16）表示。对于特殊功能寄存器，其直接地址还可以用特殊功能寄存器的符号名称来表示。应注意，直接寻址是访问特殊功能寄存器的唯一方法。

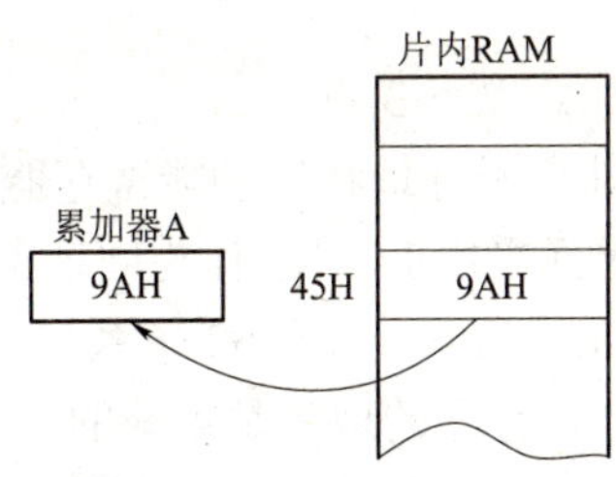

图3-2 直接寻址操作示意图

3.2.3 立即寻址

所谓立即寻址就是操作数在指令中直接给出。通常把出现在指令中的操作数称为立即数，为了与直接寻址指令中的直接地址相区别，在立即数前面加“#”标志。立即数包括8位和16位二进制立即数，处于指令码的第2、3字节，通常用#data或#data16表示。例如，

```
MOV A, #45H          ; A←45H
```

其中，45H 就是立即数，该指令功能是将 45H 这个数本身送入累加器 A 中。此处，应特别注意立即寻址和直接寻址的区别。

3.2.4 寄存器间接寻址

寄存器间接寻址是以寄存器中的内容作为 RAM 地址，该地址中的内容才是操作数。寄存器间接寻址也需在指令中指定某个寄存器，为了区别寄存器寻址和寄存器间接寻址，在寄存器名称前加“@”标志来表示寄存器间接寻址。例如，

```
MOV    A，@R0
```

该指令执行前，R0 寄存器的内容 40H 是操作数地址，内部 RAM 的 40H 单元的内容 77H 才是操作数，并把该操作数传送到累加器 A 中，结果(A)＝77H，其操作示意图如图 3-3 所示。若是寄存器寻址指令

```
MOV    A，R0
```

则执行结果(A)＝40H。对这两类指令的差别和用法，一定要区分清楚。间接寻址理解起来较为复杂，但在编程时是极为有用的一种寻址方式。

MCS-51 系列单片机规定只能用寄存器 R0、R1、DPTR 作为间接寻址的寄存器。间接寻址可以访问的存储空间为内部 RAM 和外部 RAM。

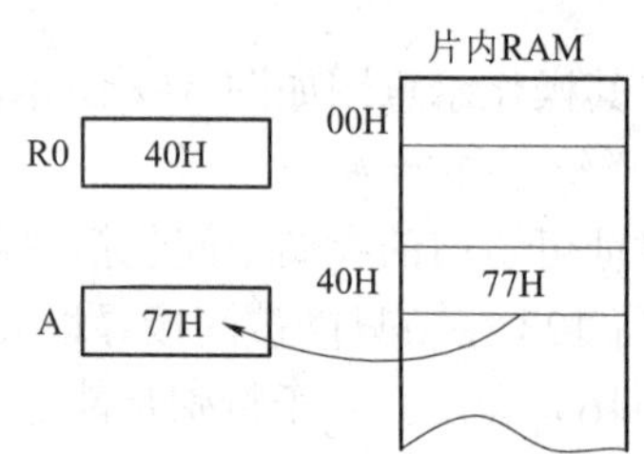

图 3-3 寄存器间接寻址操作示意图

使用寄存器间接寻址时，应注意以下 3 点。

（1）寄存器间接寻址指令不能用于寻址特殊功能寄存器 SFR。

（2）内部 RAM 的低 128 个单元采用 R0、R1 作为间址寄存器，8052 的寻址范围为 00H～FFH，8031/8051 的寻址范围为 00H～7FH。对于 52 子系列的单片机，其内部 RAM 是 256 个字节，其高 128 个字节与特殊功能寄存器的地址是重叠的，两者由不同的寻址方式加以区分，即对 52 子系列的高 128 字节 RAM，必须采用寄存器间接寻址方式访问。

（3）外部 RAM 的寄存器间接寻址有两种形式：一是采用 R0、R1 作为间址寄存器，其寻址范围为 0000H～00FFH，共 256 个单元；二是采用 16 位的 DPTR 作为间址寄存器，可寻址范围为 0000H～FFFFH 整个外部 RAM 64 KB 的地址空间。

3.2.5 变址寻址

变址寻址是以 DPTR 或 PC 作为基址寄存器，以累加器 A 作为变址寄存器（存放地址偏移量），并以两者内容相加形成的 16 位地址作为操作数地址。例如，

```
MOVC    A，@A+DPTR        ; A←((A)+(DPTR))
MOVC    A，@A+PC          ; A←((A)+(PC))
```

第一条指令的功能是将A的内容与DPTR的内容相加形成操作数的地址(即ROM的16位地址)，并把该地址中的内容送入累加器A中，如图3-4所示。第二条指令的功能是将A的内容与PC的内容相加形成操作数的地址（ROM的16位地址），把该地址中的内容送入累加器A中。

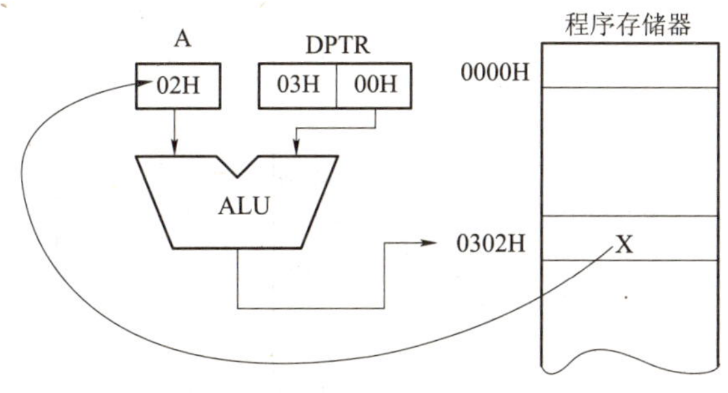

图3-4 变址寻址操作示意图

使用时应注意：

（1）变址寻址指令的变址寻址区只能是程序存储器ROM，不能是数据存储器RAM；

（2）变址寻址是单字节双周期指令，CPU执行该指令前应预先在DPTR或PC中存放操作数的基地址，在累加器A中存放地址偏移量。

【例3.1】 已知外部ROM的0504H单元中保存有一个常数M，现要将其取出放入累加器A中，请编写相应程序。

解 根据变址寻址的特点，基地址取0500H，地址偏移量为04H。相应程序为

```
MOV     DPTR，#0500H       ;DPTR←0500H
MOV     A，#4              ;A←04H
MOVC    A，@A+DPTR         ;A←M
```

上述程序中，第一、二条指令是为第三条变址寻址指令准备初始条件的。第三条指令执行时，CPU先把DPTR中的0500H和累加器A中的04H相加得到0504H，然后从外部ROM的该地址中取出操作数M放入累加器A。因此，累加器A在指令执行前用于存放地址偏移量，指令执行后存放目的操作数M。

3.2.6 相对寻址

相对寻址只在相对转移指令中使用，MCS-51中相对转移指令有两类：一类是短转移指令，另一类是长转移指令。无论哪类转移指令，执行时总是把程序计数器PC的当前值和指令中给出的偏移量rel相加，其结果作为转移地址送入PC中。该寻址方式的操作是修改PC的值，故可用来实现程序的分支转移。

PC当前值是指正在执行指令的下条指令的地址。地址偏移量rel给出了相对于PC当前值的跳转范围，是一个带符号的8位二进制数，取值范围是-128～127。例如，

```
2000H   8054H   SJMP    54H     ; PC←PC+2+54H
```

这是双字节无条件短转移指令，指令代码为 80H、54H，其中 80H是该指令的操作码，54 H是偏移量。现假设该指令所在地址为 2000H，执行此指令时，PC 当前值为 2000H+02H，则跳转的目标地址为 2000H+02H+54H=2056H。故指令执行后，程序跳转到 2056H处执行。其寻址方式如图 3–5 所示。

注意：在程序中，相对地址偏移量常用英文字母构成的符号表示，以便为程序设计提供方便。

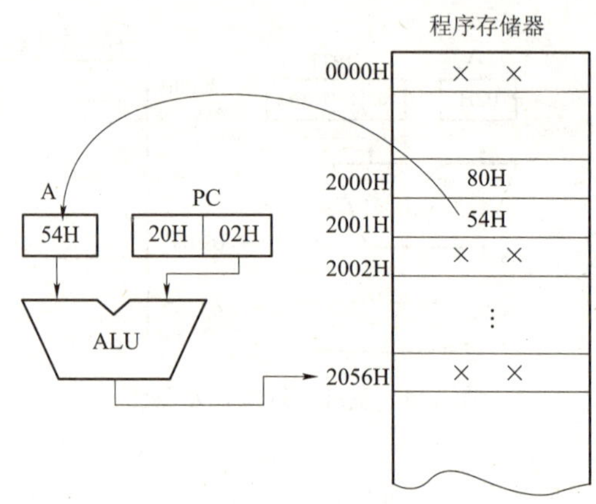

图 3–5　相对寻址操作示意图

3.2.7　位寻址

MCS–51 系列单片机不仅可以按字节为单位进行存取和操作，也可以对 8 位二进制数中的某一位进行存取和操作。当把 8 位二进制数中的某一位作为操作数看待时，这个操作数的地址就称为位地址，对位地址进行寻址简称位寻址。例如，

```
MOV C，30H
```

该指令的功能是把位地址 30H 中的值（0 或 1）传送到位累加器 Cy 中。

位寻址指令在指令码中含有位地址，计算机根据指令码中的位地址可以找到位操作数，完成相应的位操作。位寻址指令中，位地址用 bit 表示，以区别字节地址 direct。MCS–51 单片机中，位寻址区专门安排在片内 RAM 中的两个区域：一是片内 RAM 的位寻址区，字节地址范围是 20H～2FH，共 16 个字节，其中每一位都可以单独作为操作数；二是某些特殊功能寄存器 SFR 的相应位，其特征是它们的物理地址能被 8 整除，共 16 个，分布在 80H～FFH 的字节地址区。

在 MCS–51 系列单片机中，位地址的表示可以采用以下几种方式。

（1）直接使用位地址。例如，

```
MOV     C，7EH       ;Cy←(7EH)
```

其中，7EH 为位地址的物理形式，它表示 2FH 单元中次高位 D6。

（2）用单元地址加位序号表示。例如，上述 7EH 的位地址可以表示为 2FH.6，相应指令为

```
MOV     C，2FH. 6   ;Cy←(7EH)
```

（3）可以位寻址的特殊功能寄存器容许直接采用寄存器名加位数的命名法。如 PSW 中的 D3，又可表示为 PSW.3，又如累加器 A 中最高位可表示为 ACC.7，把 ACC.7 位状态送到进位标志位 Cy 的指令是

```
MOV     C，ACC.7     ;Cy←ACC.7
```

（4）特殊功能寄存器的寻址位通常使用位名称表示其位地址，例如，PSW 中的 D4、D3 的名称分别为 RS1、RS0。

3.3 数据传送类指令

数据传送类指令是最常用、最基本的一类指令。其功能是把源操作数传送到目的操作数，指令执行后，源操作数不变，目的操作数被源操作数所代替。这类指令主要用于数据的传送、保存及交换等场合。

MCS-51 系列单片机的指令系统中，数据传送指令共有 29 条，按操作数的不同分述如下。

3.3.1 内部 RAM 数据传送指令

内部 RAM 的数据传送类指令共 16 条，包括累加器 A、寄存器、特殊功能寄存器和 RAM 单元之间的相互数据传送。

1. 以累加器 A 为目的操作数的数据传送指令

```
MOV     A，#data          ;A←data
MOV     A，direct         ;A←(direct)
MOV     A，Rn             ;A ←(Rn)
MOV     A，@Ri            ;A ←((Ri))
```

这组指令的功能是将源操作数所指定的内容送入累加器 A 中。源操作数可以采用立即寻址、直接寻址、寄存器寻址和寄存器间接寻址 4 种寻址方式。

2. 以寄存器 Rn 为目的操作数的数据传送指令

```
MOV     Rn，A           ; Rn←(A)
MOV     Rn，#data       ; Rn←data
MOV     Rn，direct      ; Rn←(direct)
```

这组指令的功能是将源操作数所指定的内容送到当前工作寄存器组 R0～R7 中的某个寄存器中。源操作数可以采用寄存器寻址、立即寻址和直接寻址。注意，没有“MOV Rn，Rn”和“MOV Rn，@Ri”指令。

【例 3.2】 已知(A)=50H，(R1)=10H，(R2)=20H，(R3)=30H，(30H)=4FH，执行指令

```
MOV     R1，A          ;R1←(A)
MOV     R2，30H        ;R2←(30H)
MOV     R3，#85H       ;R3←85H
```

执行后，(R1)=50H，(R2)=4FH，(R3)=85H。

3. 以直接地址为目的操作数的数据传送指令

```
MOV     direct, A               ; direct←(A)
MOV     direct, #data           ; direct←data
MOV     direct1, direct2        ;direct1←(direct2)
MOV     direct, Rn              ;direct←(Rn)
MOV     direct, @Ri             ;direct←((Ri))
```

这组指令的功能是将源操作数所指定的内容送入由直接地址 direct 所指定的片内存储单元。源操作数可以采用寄存器寻址、立即寻址、直接寻址和寄存器间接寻址。

【例 3.3】 已知(R0)=70H，(70H)=78H，现执行如下指令：

```
MOV     40H, @R0        ;(40H) ←(70H)
```

该指令执行过程与图 3–3 所示类似，执行结果为(40H)=78H。

注意："MOV direct1,direct2"指令在译成机器码时，源地址在前，目的地址在后。

4. 以间接地址@Ri 为目的操作数的数据传送指令

```
MOV     @Ri, A          ;(Ri) ←(A)
MOV     @Ri, #data      ;(Ri) ←data
MOV     @Ri, direct     ;(Ri) ←(direct)
```

这组指令的功能是把源操作数所指定的内容送入以 R0 或 R1 为地址指针的片内 RAM 单元中。源操作数可以采用寄存器寻址、立即寻址和直接寻址 3 种方式。注意，没有"MOV @Ri, Rn"指令。

【例 3.4】 已知(R1)=30H，(A)=25H，执行指令

```
MOV     @R1, A          ;(30H) ←(A)
```

执行指令结果为(30H)=25H。

5. 以 DPTR 为目的操作数的数据传送指令

```
MOV     DPTR, #data16           ;DPTR ← data16
```

这是 MCS–51 系列单片机指令系统唯一的一条 16 位立即数传送指令，其功能是将外部存储器（RAM 或 ROM）某单元地址作为立即数送到 DPTR 中，立即数的高 8 位送 DPH，低 8 位送 DPL。

6. 内部数据传送指令的使用

上面的数据传送指令除了以 DPTR 为目的操作数的指令以外可以总结为图 3–6 所示的传递关系，图中箭头表示数据传送方向。

在使用上述指令时，需注意以下几点。

（1）要区分各种寻址方式的含义，正确传送数据。

【例 3.5】 若(R0)=30H，(30H)=50H 时，注意以下指令的执行结果：

```
MOV     A, R0           ; (A)=30H
MOV     A, @R0          ; (A)=(30H)=50H
MOV     A, 30H          ; (A)=(30H)=50H
```

```
MOV      A, #30H          ; (A)=30H
```

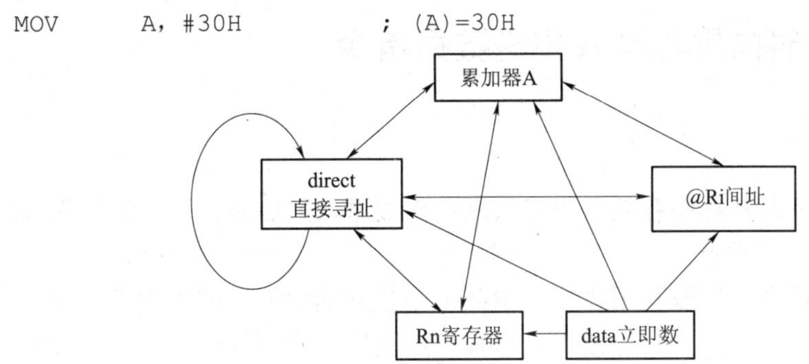

图 3–6 内部数据传输指令的数据传送方式

（2）所有传送指令都不影响标志位，这里所说的标志位是指 Cy、AC 和 OV。涉及累加器 A 的将影响奇偶标志位 P。

（3）估算指令的字节数，凡是指令中既不包含直接地址，又不包含 8 位立即数的指令均为单字节指令；若指令中包含一个直接地址或 8 位立即数，指令字节数为 2；若包含两个这样的操作数，则指令字节数为 3。例如，

```
MOV      A, @R0              ;1 字节
MOV      A, direct           ;2 字节
MOV      direct, #data       ;3 字节
MOV      DPTR, #data16       ;3 字节
```

3.3.2 访问外部 RAM 的数据传送指令

CPU 与外部 RAM 或 I/O 口进行数据传送，必须采用寄存器间接寻址的方法，并通过累加器 A 来传送。这类指令共有 4 条：

```
MOVX     A, @DPTR         ; A ←((DPTR))
MOVX     @DPTR, A         ; (DPTR)←(A)
MOVX     A, @Ri           ; A←((Ri))
MOVX     @Ri, A           ; (Ri) ←(A)
```

前两条指令是以 DPTR 作为间址寄存器，其功能是在 DPTR 所指定的外部 RAM 单元与累加器 A 之间传送数据。由于 DPTR 是 16 位地址指针，因此这两条指令的寻址范围可达片外 RAM 全部 64 KB 空间。后两条指令是以 R0 或 R1 作为间址寄存器，其功能是在 R0 或 R1 所指定的外部 RAM 单元与累加器 A 之间传送数据。由于 R0 或 R1 是 8 位地址指针，因此这两条指令的寻址范围仅限于外部 RAM 的低 256 个字节单元。

【例 3.6】 试编程，将片外 RAM 的 2000H 单元内容送入片外 RAM 的 0200H 单元中。

解 片外 RAM 与片外 RAM 之间不能直接传送，需通过累加器 A 周转，另外，当片外 RAM 地址值大于 0FFH 时，需用 DPTR 作为间址寄存器。编程如下：

```
MOV      DPTR, #2000H        ; 源数据地址送 DPTR
MOVX     A, @DPTR            ; 从外部 RAM 中取数送 A
MOV      DPTR, #0200H        ; 目的地址送 DPTR
MOVX     @DPTR, A            ; A 中内容送外部 RAM
```

3.3.3 程序存储器向累加器A传送数据指令

```
MOVC    A，@A+DPTR        ；A ←((A)+(DPTR))
MOVC    A，@A+PC          ；A ←((A)+(PC))
```

这两条指令的功能是从程序存储器中读取源操作数送入累加器 A 中。源操作数均为变址寻址方式，且都是一字节指令。

这两条指令特别适合于读取利用表格在 ROM 中建立的数据，故称做查表指令。虽然这两条指令的功能完全相同，但在具体使用中却有一点差异。前一条指令是采用 DPTR 作为基址寄存器，在使用前，可以很方便地把一个 16 位地址（表格首地址）送入 DPTR，实现在整个 64 KB ROM 空间向累加器 A 的数据传送。即数据表格可以存放在 64 KB 程序存储器的任意位置，因此第一条指令称为远程查表指令。远程查表指令使用起来比较方便。后一条指令是以 PC 作为基址寄存器。在程序中，执行该查表指令时 PC 值是确定的，为下一条指令的地址，而不是表格首地址，这样基址和实际要读取的数据表格首地址就不一致，使得 A+PC 与实际要访问的单元地址不一致。为此，在使用该查表指令之前，必须用一条加法指令进行地址调整，地址调整只能通过对累加器 A 的内容进行调整，使得 A+PC 和所读 ROM 单元地址保持一致。

【例 3.7】 若在外部 ROM 中 2000H 开始的单元存放 0～9 的平方值 0，1，4，9，…，81，要求根据累加器 A 中的值（0～9），来查找所对应的平方值，并存入 60H 单元中。

解 （1）用 DPTR 作为基址寄存器：

```
MOV     DPTR，#2000H      ；表格首地址送 DPTR
MOVC    A，@A+DPTR        ；由 DPTR 及 A 确定的地址取数送入 A
MOV     60H，A            ；存结果
```

这种情况，(A)+(DPTR)之和就是所查平方值储存的地址。

（2）用 PC 作为基址寄存器，在 MOVC 指令之前应先用一条加法指令进行地址调整，编程如下：

```
(2 字节)  ADD     A，#data          ；(A)+data 作为地址调整
(1 字节)  MOVC    A，@A+PC          ；(A)+data+(PC)确定查表地址，取数送 A
(2 字节)  MOV     60H，A            ；存结果
(1 字节)  RET
2000H: DB   0，1，4，9，16，25，36，…，81
```

执行该查表指令时，PC 已指向下一条指令地址。很显然，PC 的内容不是要查找的表格首地址 2000H，两者之间存在地址差，因此需进行地址调整，使其能指向表格首地址。由于 PC 的内容不能随意改变，所以只能借助于 A 来进行调整。故在 MOVC 指令之前，先执行对 A 的加法操作，其中#data 的值要根据 MOVC 指令后的地址和数据表格首地址之间的地址差确定，也就是由 MOVC 下边的指令与数据表格首地址之间，其他指令所占的字节数之和来确定。本例中，data=03H。

还应注意，累加器 A 中的内容为 8 位无符号数，该查表指令只能查找指令所在地址以后 256 B 范围内的数据，即表格只能放在该指令所在地址之后的 256 个字节范围内，故称之为

近程查表指令。

3.3.4 数据交换指令

数据交换指令共有 5 条，可完成累加器和内部 RAM 单元之间的字节或半字节交换。

1. 整字节交换指令

整字节交换指令有 3 条，完成累加器 A 与内部 RAM 单元内容的整字节交换指令如下：

```
XCH     A, Rn           ; (A)↔(Rn)
XCH     A, direct       ; (A)↔(direct)
XCH     A, @Ri          ; (A)↔((Ri))
```

2. 半字节交换指令

```
XCHD    A, @Ri      ; (A).3~0↔((Ri)).3~0
```

该指令功能是将 A 的低 4 位和 Ri 间接寻址单元的低 4 位交换，而各自的高 4 位内容都保持不变。

3. 累加器高低半字节交换指令

```
SWAP    A   ; (A).7~4↔(A).3~0
```

由于十六进制数或 BCD 码都是以 4 位二进制数表示，因此 SWAP 指令主要用于实现十六进制数或 BCD 码的数位交换。

【例 3.8】 试编程，将外部 RAM 1000H 单元中的数据与内部 RAM 6AH 单元中的数据相互交换。

解 数据交换指令只能完成累加器 A 和内部 RAM 单元之间的数据交换，要完成外部 RAM 与内部 RAM 之间的数据交换，需先把外部 RAM 中的数据取到 A 中，交换后再送回到外部 RAM 中。编程如下：

```
MOV     DPTR, #1000H        ; 外部 RAM 地址送 DPTR
MOVX    A, @DPTR            ; 从外部 RAM 中取数送 A
XCH     A, 6AH              ; A 与 6AH 地址中的内容进行交换
MOVX    @DPTR, A            ; 交换结果送外部 RAM
```

3.3.5 堆栈操作指令

堆栈操作指令可以实现对数据或断点地址的保护，它只有两条指令：

```
PUSH    direct          ; SP←(SP)+1, (SP) ←(direct)
POP     direct          ; direct←((SP)), SP←(SP)-1
```

前一条指令是进栈指令，其功能是先将栈指针 SP 的内容加 1，使它指向栈顶空单元，然后将直接地址 direct 单元的内容送入栈顶空单元。后一条指令是出栈指令，其功能是将 SP 所指单元的内容送入直接地址所指出的单元，然后将栈指针 SP 的内容减 1，使之指向新的栈顶单元。

注意，进栈、出栈指令只能以直接寻址方式来取得操作数，不能以累加器或寄存器 Rn

作为操作数。例如，把累加器 A 的内容送入堆栈，应使用指令：

```
PUSH    ACC
```

这里 ACC 表示累加器 A 的直接地址 E0H。利用堆栈操作指令也可以完成数据的传送。

3.4 算术运算类指令

MCS–51 系列单片机的算术运算类指令共有 24 条，可以完成加、减、乘、除等各种操作，全部指令都是 8 位数运算指令。如果需要做 16 位数的运算则需编写程序来实现。算术运算类指令大多数要影响到程序状态字寄存器 PSW 中的溢出标志 OV、进位（借位）标志 Cy、辅助进位标志 AC 和奇偶标志位 P。利用进位（借位）标志 Cy，可进行多字节无符号整数的加、减运算，利用溢出标志可对带符号数进行补码运算，辅助进位标志则用于 BCD 码运算的调整。

3.4.1 加法指令

```
ADD     A，#data        ; A ←(A)+data
ADD     A，direct       ; A←(A)+(direct)
ADD     A，Rn           ; A←(A)+(Rn)
ADD     A，@Ri          ; A←(A)+((Ri))
```

这组指令的功能是把源操作数所指出的内容与累加器 A 的内容相加，其结果存放在 A 中。源操作数的寻址方式分别为立即寻址、直接寻址、寄存器寻址和寄存器间接寻址。运算结果对程序状态字 PSW 中的 Cy、AC、OV 和 P 的影响情况如下。

进位标志 Cy：在加法运算中，如果 D7 位向上有进位，则 Cy=1；否则，Cy=0。

半进位标志 AC：在加法运算中，如果 D3 位向上有进位，则 AC=1；否则，AC=0。

溢出标志 OV：在加法运算中，如果 D7、D6 位只有一个向上有进位时，OV=1；如果 D7、D6 位同时有进位或同时无进位时，OV=0。

奇偶标志 P：当 A 中“1”的个数为奇数时，P=1；为偶数时，P=0。

【例 3.9】 设(A)=A3H，(38H)=7EH，执行指令 ADD A，38H，操作如下：

$$\begin{array}{r} 10100011 \\ +\ 01111110 \\ \hline 100100001 \end{array}$$

结果(A)＝21H，(Cy)=1，(AC)=1，(OV)=0，(P)=0。参加运算的两个数，可以是无符号数（0～255），也可以是有符号数（–128～127）。用户可以根据标志位 Cy 或 OV 来确定运算结果或判断结果是否正确。无符号数用 Cy 位表示溢出（不考虑 OV 位），有符号数用 OV 位表示溢出（不考虑 Cy 位）。

上例中，若把 A3H、7EH 看做无符号数相加，结果中 Cy=1，表示运算结果发生了溢出（结果超出了 8 位），此时溢出的含义是向高位产生进位，所以确定结果时不能只看累加器 A 中的内容，而应该把 Cy 的值加到高位上，才能得到正确结果，即 121H。若把 A3H、7EH

看做有符号数（补码表示的），结果中 OV＝0，它表示运算结果没有发生溢出，A 中的值是个正确的结果。若两个负数相加，结果却为正数，其结果显然是错误的。两个正数相加或两个负数相加时，若发生溢出，将改变结果的符号位，所得结果都是错误的，OV=1 正好指出了这一类错误。

无论编程人员把参加运算的两个数看做是无符号数还是有符号数，计算机在每次运算后，都会按规则自动设置标志位 Cy、OV、AC 和 P，编程人员应能根据这些标志来了解当前运算结果所处的状态，以确定程序走向。

3.4.2 带进位加法指令

```
ADDC    A, #data        ; A←(A)+data+(Cy)
ADDC    A, direct       ; A←(A)+(direct)+(Cy)
ADDC    A, Rn           ; A←(A)+(Rn)+(Cy)
ADDC    A, @Ri          ; A←(A)+((Ri))+(Cy)
```

这组指令的功能是把源操作数所指出的内容与累加器 A 的内容相加、再加上进位标志 Cy 的值，其结果存放在 A 中。源操作数的寻址方式分别为立即寻址、直接寻址、寄存器寻址和寄存器间接寻址。运算结果对 PSW 标志位的影响与 ADD 指令相同。

需要说明的是，进位标志 Cy 的值是在该指令执行之前已经存在的进位标志值，而不是执行该指令过程中产生的进位标志值。

【例 3.10】 设(A)=CEH，(R1)=74H，(Cy)=1，执行指令 ADDC A,R1，操作如下：

```
      1 1 0 0 1 1 1 0
      0 1 1 1 0 1 0 0
+          (Cy) →1
--------------------
    1 0 1 0 0 0 0 1 1
```

结果(A)=43H，(Cy)=1，(OV)=0，(AC)=1，(P)=1。带进位加法指令主要用于多字节数的加法运算。因低位字节相加时可能产生进位，而在进行高位字节相加时，要考虑低位字节向高位字节的进位，因此必须使用带进位的加法指令。

【例 3.11】 设有两个无符号 16 位二进制数，分别存放在 50H、51H 单元和 60H、61H 单元中（低 8 位先存），写出两个 16 位数的加法程序，将和存入 70H、71H 单元（设和不超过 16 位）。

解 由于不存在 16 位数的加法指令，所以只能先加低 8 位，后加高 8 位，而在加高 8 位时要连低 8 位相加的进位一起相加，编程如下：

```
MOV     A, 50H      ; 取一个加数的低字节送 A 中
ADD     A, 60H      ; 两个低字节数相加
MOV     70H, A      ; 结果送 70H 单元
MOV     A, 51H      ; 取一个加数的高字节送 A 中
ADDC    A, 61H      ; 高字节数相加，同时加低字节产生的进位
MOV     71H, A      ; 结果送 71H 单元
```

3.4.3 带借位减法指令

```
SUBB    A, #data        ; A←(A)-data-(Cy)
```

```
SUBB    A, direct        ; A←(A)-(direct)-(Cy)
SUBB    A, Rn            ; A←(A)-(Rn)-(Cy)
SUBB    A, @Ri           ; A←(A)-((Ri))-(Cy)
```

这组指令的功能是将累加器 A 中的数减去源操作数所指出的数和进位位 Cy，其结果存放在累加器 A 中。源操作数的寻址方式分别为立即寻址、直接寻址、寄存器寻址和寄存器间接寻址。运算结果对程序状态字 PSW 中各标志位的影响情况如下。

借位标志 Cy：在减法运算中，如果 D7 位向上需借位，则 Cy=1；否则，Cy=0。

半借位标志 AC：在减法运算中，如果 D3 位向上需借位，则 AC=1；否则，AC=0。

溢出标志 OV：在减法运算中，如果 D7、D6 位只有一个向上需借位时，OV=1；如果 D7、D6 位同时需借位或同时无借位时，OV=0。

奇偶标志 P：当 A 中“1”的个数为奇数时，P=1；为偶数时，P=0。

减法运算只有带借位减法指令，而没有不带借位的减法指令。若要进行不带借位的减法运算，只要先将 Cy 清零后再执行 SUBB 指令即可。需要强调的一点是，减法运算在计算机中实际上是变成补码相加，下面举例说明。

【例 3.12】 设(A)=ECH，(R4)=79H，(Cy)=1，执行指令 SUBB A，R4，则操作如下：

```
   11101100(ECH)          11101100
-  01111001(79H)          10000111(-79 的补码)
-         1(Cy)       +)  11111111(-1 的补码)
------------------    ------------------------
   01110010              101110010
```

常规减法变补码相加，结果(A)=72H，(Cy)=0，(AC)=0，(OV)=1。由上述两式可见两种算法的最终结果是一样的。在此例中，若 ECH 和 79H 是两个无符号数，则结果 72H 是正确的；反之，若为两个带符号数，则由于产生溢出（OV=1），使得结果是错误的，因为负数减正数其结果不可能是正数，OV=1，就指出了这一错误。

3.4.4 加 1 指令

```
INC     A          ; A←(A)+1
INC     direct     ; direct←(direct)+1
INC     Rn         ; Rn←(Rn)+1
INC     @Ri        ; Ri←((Ri))+1
INC     DPTR       ; DPTR←(DPTR)+1
```

这组指令的功能是将操作数所指定单元的内容加 1。本组指令除“INC A”指令影响 P 标志外，其余指令均不影响 PSW 标志。加 1 指令常用来修改操作数的地址，以便于使用间接寻址方式。

3.4.5 减 1 指令

```
DEC     A          ; A←(A)-1
DEC     direct     ; direct←(direct)-1
DEC     Rn         ; Rn←(Rn)-1
DEC     @Ri        ; Ri←((Ri))-1
```

这组指令的功能是将操作数所指定单元的内容减1。除“DEC A”指令影响P标志外，其余指令均不影响PSW标志。

3.4.6 乘、除法指令

MCS-51系列单片机有乘、除法指令各一条，它们都是一字节指令，执行时需4个机器周期。

1. 乘法指令

```
MUL     AB        ; BA←(A)×(B)
```

这条指令的功能是把累加器A和寄存器B中的两个8位无符号数相乘，所得16位乘积的低8位放在A中，高8位放在B中。乘法指令执行后会影响3个标志：若乘积小于FFH（即B的内容为零），则OV=0，否则OV=1。Cy总是被清零，奇偶标志P仍按A中1的奇偶性来确定。

【例3.13】 已知(A)=60H，(B)=33H，执行指令MUL A B，结果(A)=20H，(B)=13H，OV=1，Cy=0，P=1。

2. 除法指令

DIV AB ；A←(A)/(B)之商，B←(A)/(B)之余数。这条指令的功能是对两个8位无符号数进行除法运算。其中被除数存放在累加器A中，除数存放在寄存器B中。指令执行后，商存于累加器A中，余数存于寄存器B中。除法指令执行后也影响3个标志：若除数为零（B=0）时，OV=1，表示除法没有意义；若除数不为零，则OV=0，表示除法正常进行。Cy总是被清零，奇偶标志P仍按A中1的奇偶性来确定。

【例3.14】 已知(A)=EEH(238D)，(B)=0BH(11D)，执行指令DIV A B的结果(A)=15H，(B)=07H，OV=0，Cy=0，P=1。

3.4.7 十进制调整指令

```
DA  A
```

该指令的功能是对A中刚进行的两个BCD码的加法结果进行修正。该指令只影响进位标志Cy。有时希望计算机能存储十进制数，而且能进行十进制数的运算，这时就要用BCD码来表示十进制数。

所谓BCD码就是采用4位二进制编码表示的十进制数。4位二进制数共有16个编码，BCD码是取它前10个的编码（0000～1001）来代表十进制数的0～9，这种编码称为8421 BCD码，简称BCD码。一个字节可以存放2位BCD码（称为压缩的BCD码）。如果两个BCD码数相加，结果也是BCD码，则该加法运算称为BCD码加法。在MCS-51系列单片机中没有专门的BCD码加法指令，要进行BCD码加法运算，也要用加法指令ADD或ADDC，然而计算机在执行上述加法运算时，是按照二进制规则进行的，对于4位二进制数是按逢16进1；而BCD码是逢10进1，两者存在进位差。因此，用ADD或ADDC指令进行BCD码相加时，可能会出现错误。例如，

```
(a) 3 + 5 = 8        (b) 6 + 7 = 13        (c) 8 + 9 = 17
     0011                 0110                  1000
   + 0101               + 0111                + 1001
   ------               ------                ------
     1000                 1101                 10001
```

在上述 3 组运算中，（a）的运算结果是正确的，因为 8 的 BCD 码就是 1000；（b）的运算结果是错误的，因为 13 的 BCD 码应是 00010011，但运算结果却是 1101，BCD 码中没有这个编码；（c）的运算结果也是错误的，因为 17 的 BCD 码应是 00010111，而运算结果是 00010001。由此可知，当运算结果大于 16 或在 10～16 之间时，都将出现错误结果，因此要对结果进行修正，这就是所谓的十进制调整问题。

使用 DA A 指令可修正这种错误，它能对运算结果自动进行调整。实际上，计算机在遇到十进制调整指令时，中间结果的修正是由 ALU 硬件中的十进制调整电路自动进行的。因此，用户不必考虑它是怎样调整的。使用时只需在上述加法指令后面紧跟一条 DA A 指令即可。

在执行 DA A 指令之后，若 Cy=1，则表明相加后的和已等于或大于十进制数 100。

【例 3.15】 试编写程序，实现 87 + 59 的 BCD 码加法，并将结果存入 50H、51H 单元。

```
MOV     A，#87H      ；87 的 BCD 码数送 A 中
ADD     A，#59H      ；A 与 59 的 BCD 码相加，结果存在 A 中
DA      A            ；对相加结果进行十进制调整
MOV     50H，A       ；A 中的和（十位、个位的 BCD 码）存入 50H
MOV     A，#00H      ；A 清零
ADDC    A，#00H      ；加进位（百位的 BCD 码）
DA      A            ；BCD 码相加之后，必须使用调整指令
MOV     51H，A       ；存进位
```

第一次执行 DA A 指令的结果：(A)=46H，Cy=1，AC=1，最终结果(51H)=01H，(50H)=46H。需要指出的是，DA A 指令只能用在加法指令的后面。如果要进行 BCD 码减法运算，也应该进行调整，但在 MCS–51 系列单片机中没有十进制减法调整指令，也不像有的微处理器有加减标志，因此要用适当的方法来进行十进制减法运算。

为了进行十进制减法运算，可用加减数的补数来进行，两位十进制数是对 100 取补的，例如，减法 60–30=30，也可以改为补数相加为 60+(100–30)=130 丢掉进位后，就得到正确的结果。在实际运算时，不可能用 9 位二进制数来表示十进制数 100，因为 CPU 是 8 位的。为此，可用 8 位二进制数 10011010(9AH)来代替。因为这个二进制数经过十进制调整后就是 100000000。因此，十进制无符号数的减法运算可按以下步骤进行。

（1）求减数的补数，即 9AH–减数。

（2）被减数与减数的补数相加。

（3）对第二步的和进行十进制调整，得到所求的十进制减法运算结果。这里用“补数”而不是“补码”，是为了和带有符号位的补码相区别。由于现在操作数都是正数，没有必要再加符号位，故称“补数”更为合适一些。

【例 3.16】 编写程序实现十进制减法，计算 97–32。

```
CLR     C            ；减法之前，先清 Cy 位，即 Cy=0
MOV     A，#9AH      ；9AH 送 A 中
SUBB    A，#32H      ；做减法，计算 32 的补数送 A 中
ADD     A，#97H      ；32 的补数与 97 做加法
```

```
        DA        A                    ；对相加结果进行调整
```

分析： 减数求补数　　　　　　与被减数相加　　　　　十进制调整

```
  10011010(9AH)        01101000(32H补数)    11111111
 -00110010(32H)       +10010111(97H)       +01100110
 01101000 →            11111111           →101100101
```

丢掉进位，取调整结果的低8位，即十进制数65，该结果正确。

3.5 逻辑运算及移位类指令

逻辑运算的特点是按位进行。逻辑运算包括与、或、异或3类，每类都有6条指令。此外还有移位指令及对累加器A清零和求反指令，逻辑运算及移位类指令共有24条。

3.5.1 逻辑与运算指令

```
ANL     A，#data          ；A←(A) ∧data
ANL     A，direct         ；A←(A) ∧(direct)
ANL     A，Rn             ；A←(A) ∧(Rn)
ANL     A，@Ri            ；A←(A) ∧((Ri))
ANL     direct，A         ；direct←(direct)∧(A)
ANL     direct，#data     ；direct←(direct)∧data
```

这组指令中前4条指令是将累加器A的内容和源操作数所指出的内容按位相与，结果存放在A中。后两条指令是将直接地址单元中的内容和源操作数所指出的内容按位相与，结果存入直接地址所指定的单元中。

逻辑与运算指令常用于将某些位屏蔽（即使之为零）。方法是将要屏蔽的位和“0”相与，要保留的位同“1”相与。

3.5.2 逻辑或运算指令

```
ORL     A，#data          ；A←(A) ∨data
ORL     A，direct         ；A←(A) ∨(direct)
ORL     A，Rn             ；A←(A) ∨(Rn)
ORL     A，@Ri            ；A←(A) ∨((Ri))
ORL     direct，A         ；direct←(direct) ∨(A)
ORL     direct，#data     ；direct←(direct) ∨data
```

这组指令中前4条指令是将累加器A的内容与源操作数所指出的内容按位相或，结果存放在A中。后两条指令是将直接地址单元中的内容与源操作数所指出的内容按位相或，结果存入直接地址所指定的单元中。

逻辑或运算指令常用于将某些位置位（即使之为1）。方法是将要置位的位和“1”相或，要保留的位同“0”相或。

【例3.17】 将累加器A的高3位送到P3口的高3位输出，而P3的低5位保持不变。

解 这种操作不能简单地用MOV指令实现，而可以借助与、或逻辑运算。程序如下：

```
ANL     A，#0E0H          ；屏蔽A的低5位，保留高3位
ANL     P3，#1FH          ；屏蔽P3的高3位，保留低5位
ORL     P3，A             ；通过或运算，完成所需操作
```

3.5.3 逻辑异或运算指令

```
XRL     A，#data              ；A←(A) ⊕data
XRL     A，direct             ；A←(A) ⊕(direct)
XRL     A，Rn                 ；A←(A) ⊕(Rn)
XRL     A，@Ri                ；A←(A) ⊕((Ri))
XRL     direct，A             ；direct←(direct) ⊕(A)
XRL     direct，#data         ；direct←(direct) ⊕data
```

这组指令中前4条指令是将累加器A的内容和源操作数的内容按位异或，结果存放在A中。后两条指令是将直接地址单元中的内容和源操作数的内容按位异或，结果存入直接地址所指定的单元中。

逻辑异或运算指令常用于将某些位取反。方法是将需要求反的位同“1”异或，要保留的位同“0”异或。

【例3.18】 试编程，使内部RAM 55H单元中的低2位置1，高2位清零，其余4位取反。

解

```
ORL     55H，#03H         ；55H单元中低2位置1
ANL     55H，#3FH         ；55H单元中高2位清零
XRL     55H，#3CH         ；55H单元中中间4位变反
```

3.5.4 累加器清零、取反指令

累加器清零指令1条：

```
CLR     A    ；A←0
```

累加器按位取反指令1条：

```
CPL     A    ；A←(Ā)
```

清零和取反指令只有累加器A才有，它们都是一字节指令，如果用其他方式来达到清零或取反的目的，则都为二字节的指令。MCS-51系列单片机只有对A的取反指令，没有求补指令。若要进行求补操作，可按“求反加1”来进行。

以上所有的逻辑运算指令，对Cy、AC和OV标志都没有影响，只在涉及累加器A时，才会影响奇偶标志P。

3.5.5 循环移位指令

MCS-51系列单片机的移位指令只能对累加器A进行移位，共有循环左移、循环右移、带进位的循环左移和右移4种：

```
循环左移        RL    A      ；ACC.(i+1)←ACC.i，ACC.0←ACC.7
循环右移        RR    A      ；ACC.i←ACC.(i+1)，ACC.7←ACC.0
```

```
带进位循环左移    RLC  A     ; ACC.0←Cy, ACC.(i+1)←ACC.i,
                               Cy←ACC.7
带进位循环右移    RRC  A     ; ACC.7←Cy, ACC.i←ACC.(i+1),
                               Cy←ACC.0
```

前两条指令的功能分别是将累加器 A 的内容循环左移或右移一位，执行后不影响 PSW 中的标志位；后两条指令的功能分别是将累加器 A 的内容带进位位 Cy 一起循环左移或右移一位，执行后影响 PSW 中的进位位 Cy 和奇偶标志位 P。

以上移位指令，可用图形表示，如图 3-7 所示。

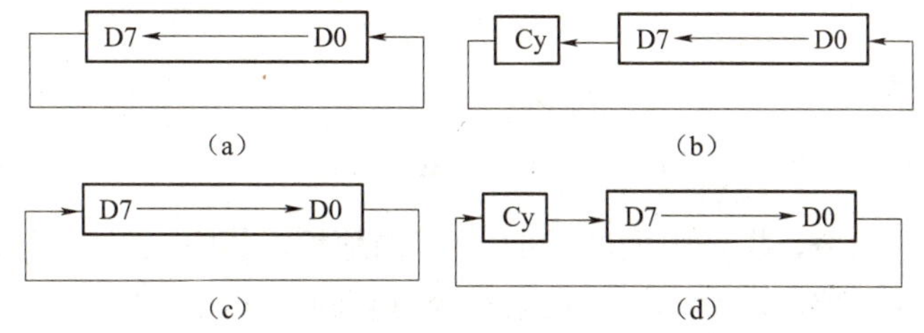

图 3-7 移位指令示意图

(a) 循环左移；(b) 带进位的循环左移；(c) 循环右移；(d) 带进位的循环右移

【例 3.19】 设(A)= 10H，试分析下面程序执行结果。

```
(1) RR  A      ; A的内容右移一位，结果(A)=08H
    RR  A      ; A的内容右移一位，结果(A)=04H
    RR  A      ; A的内容右移一位，结果(A)=02H
```

即右移一位相当于原数除 2（原数为偶数时）。

```
(2) RL  A      ; A的内容左移一位，结果(A)=20H
    RL  A      ; A的内容左移一位，结果(A)=40H
    RL  A      ; A的内容左移一位，结果(A)=80H
```

即左移一位相当于原数乘 2（原数小于 80H 时）。

3.6 控制转移类指令

通常情况下，程序的执行是按顺序进行的，这是由 PC 自动加 1 实现的。有时因任务要求，需要改变程序的执行顺序，这时就需要改变程序计数器 PC 中的内容，这种情况称作程序转移。控制转移类指令都能改变程序计数器 PC 的内容。

MCS-51 系列单片机共有 34 条控制转移指令，包括无条件转移指令、条件转移指令和子程序调用及返回指令，这类指令一般不影响标志位。

3.6.1 无条件转移指令

MCS-51 系列单片机有 4 条无条件转移指令，提供了不同的转移范围和方式，可使程序无条件地转到指令所提供的地址上去。

1. 长转移指令

```
LJMP    addr16  ; PC←addr16
```

该指令在操作数位置上提供了 16 位目的地址 addr16，其功能是把指令码中目的地址 addr16 送入程序计数器 PC，使程序无条件转移到 addr16 处执行。16 位地址可以寻址 0000H～FFFFH 共 64 KB 的地址空间，所以用这条指令可转移到 64 KB 程序存储器的任何位置，故称为“长转移”。长转移指令是三字节指令，依次是操作码、高 8 位地址和低 8 位地址。

2. 绝对转移指令

```
AJMP    addr11  ; PC←(PC)+2, (PC).10～0←addr11
```

这是一条两字节指令，指令中提供了 11 位目的地址，其中 a7～a0 在第二字节，a10～a8 则占据第一字节的高 3 位，而 00001 是这条指令特有的操作码，占据第一字节的低 5 位。绝对转移指令的执行分为两步。

第一步，取指令。此时 PC 加 2 指向下一条指令的起始地址（称为 PC 当前值）。

第二步，用指令中给出的 11 位地址替换 PC 当前值的低 11 位，PC 高 5 位保持不变，形成新的 PC 地址——转移的目的地址。

11 位地址的范围为 0～7FFH，即可转移的范围是 2 K。转移可以向前也可以向后，如图 3–8 所示。但要注意转移到的位置是要与 PC+2 的地址在同一个 2 K 区域，而不一定与 AJMP 指令的地址在同一个 2 K 区域。例如，AJMP 指令地址为 1FFFH，加 2 以后为 2001H，因此可以转移的区域为 2000H～27FFH 的区域。

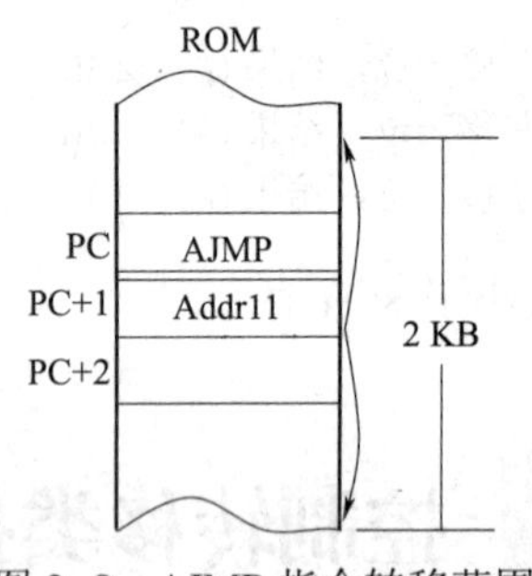

图 3–8　AJMP 指令转移范围

【例 3.20】　分析下面绝对转移指令的执行情况。

```
1446H:  AJMP    0692H
```

解　在指令执行前，(PC)=1446H；取出该指令后，(PC)+2 形成 PC 当前值，它等于 1448H，指令执行过程就是用指令给出的 11 位地址 692H 替换 PC 当前值的低 11 位。即新的 PC 值为 1692H，所以指令执行结果就是转移到 1692H 处执行程序。

应注意：只有转移的目的地址在 2 K 范围之内时，才可使用 AJMP 指令，超出 2 K 范围，应使用长转移指令 LJMP。

3. 短转移指令

```
SJMP    rel      ; PC←(PC)+2, PC←(PC)+rel
```

SJMP 是无条件相对转移指令，该指令为双字节，rel 是相对转移的偏移量。指令的执行分两步完成。

第一步，取指令。此时 PC 自身加 2 形成 PC 的当前值。

第二步，将 PC 当前值与偏移量 rel 相加形成转移的目的地址。即

目的地址＝(PC)+2+rel

rel 是一个带符号的相对偏移量，其范围为−128～127，实际转移范围是−126～129，负数表示向前转移，正数表示向后转移。

这条指令的优点是：指令给出的是相对转移地址，不具体指出地址值。这样，当程序地址发生变化时，只要相对地址不发生变化，该指令就不需要做任何改动。通常，在用汇编语言编写程序时，在 rel 位置上直接以符号地址形式给出转移的目的地址，而由汇编程序在汇编过程中自动计算和填入偏移量，从而省去人工计算偏移量的工作。

4. 变址寻址转移指令（又称散转指令、间接转移指令）

```
JMP     @A+DPTR ; PC← (A)+(DPTR)
```

指令采用的是变址寻址方式，该指令的功能是把累加器 A 中的 8 位无符号数与基址寄存器 DPTR 中的 16 位地址相加，所得的和作为目的地址送入 PC。指令执行后不改变 A 和 DPTR 中的内容，也不影响任何标志位。这条指令的特点是转移地址可以在程序运行中加以改变。例如，在 DPTR 中装入多分支转移指令表的首地址，而由累加器 A 中的内容来动态选择该时刻应转向哪一条分支，实现由一条指令完成多分支转移的功能。

【例 3.21】 已知累加器 A 中存有待处理的命令，编号为 0～3，相应的处理程序分别存放在 KPRG0、KPRG1、KPRG2、KPRG3 处，试编写程序，根据累加器 A 的值，转入相应的处理程序。

解

```
        MOV DPTR, #JPTAB        ; 转移指令表首地址送入 DPTR
        RL      A               ; (A)×2，因 AJMP 指令占 2 个字节
        JMP     @A+DPTR         ; JPTAB+2×(A)，和送 PC 中，则程序就
                                  转移到表中某一位置去执行指令
JPTAB:
        AJMP    KPRG0
        AJMP    KPRG1
        AJMP    KPRG2
        AJMP    KPRG3
KPRG0:

KPRG1:

KPRG2:

KPRG3:
```

3.6.2　条件转移指令

条件转移指令是指当某种条件满足时，转移才进行；而条件不满足时，程序就按顺序往下执行。条件转移指令共有 8 条，其共同特点如下。

（1）所有的条件转移指令都属于相对转移指令，转移范围相同，都在以 PC 当前值为基准的 256 B 范围内（–128～127）。

（2）计算转移地址的方法相同，即转移地址＝PC 当前值+rel。

条件转移指令包括累加器判零转移指令、比较条件转移指令和减 1 条件转移指令。

1. 累加器判零转移指令

```
JZ      rel     ；若(A)=0，则转移，PC←(PC)+2+rel；若(A)≠0，按顺序执行，PC←(PC)+2
JNZ     rel     ；若(A) ≠0，则转移，PC←(PC)+2+rel；若(A)=0，按顺序执行，PC←(PC)+2
```

这是一组以累加器 A 的内容是否为零作为判断条件的转移指令。JZ 指令的功能是：累加器（A）=0 则转移；否则就按顺序执行。JNZ 指令的操作正好与之相反。

这两条指令都是两字节的相对转移指令，rel 为相对转移偏移量。与短转移指令中的 rel 一样，在编写源程序时，经常用标号来代替，只是在翻译成机器码时，才由汇编程序换算成 8 位相对地址。

2. 比较条件转移指令

比较条件转移指令共有 4 条，其差别只在于操作数的寻址方式不同。

```
CJNE    A，#data，rel    ；若(A)=data，则 PC←(PC)+3，Cy←0
                           若(A)>data，则 PC←(PC)+3+rel，Cy←0;
                           若(A)<data，则 PC←(PC)+3+rel，Cy←1;
CJNE    A，direct，rel   ；若(A)=(direct)，则 PC←(PC)+3，Cy←0
                           若(A)>(direct)，则 PC←(PC)+3+rel，Cy←0;
                           若(A)<(direct)，则 PC←(PC)+3+rel，Cy←1;
CJNE    Rn，#data，rel   ；若(Rn)=data，则 PC←(PC)+3，Cy←0
                           若(Rn)>data，则 PC←(PC)+3+rel，Cy←0;
                           若(Rn)<data，则 PC←(PC)+3+rel，Cy←1;
CJNE    @Ri，#data，rel  ；若((Ri))=data，则 PC←(PC)+3，Cy←0
                           若((Ri))>data，则 PC←(PC)+3+rel，Cy←0;
                           若((Ri))<data，则 PC←(PC)+3+rel，Cy←1;
```

该组指令在执行时首先对两个规定的操作数进行比较，然后根据比较的结果来决定是否转移：若两个操作数相等，程序按顺序往下执行；若两个操作数不相等，则进行转移。指令执行时，还要根据两个操作数的大小来设置进位标志 Cy：若目的操作数大于、等于源操作数，则 Cy=0；若目的操作数小于源操作数，则 Cy=1，为进一步的分支创造条件。通常在该组指令之后，选用以 Cy 为条件的转移指令，则可以判别两个数的大小。在使用 CJNE 指令时应注意以下几点。

（1）比较条件转移指令都是三字节指令，因此 PC 当前值＝PC+3（PC 是该指令所在地址），转移的目的地址应是 PC 加 3 以后再加偏移量 rel。

（2）比较操作实际就是做减法操作，只是不保存减法所得到的差（即不改变两个操作数本身），而将结果反映在标志位 Cy 上。

（3）CJNE 指令将参与比较的两个操作数当做无符号数看待、处理并影响 Cy 标志。因此，CJNE 指令不能直接用于有符号数大小的比较。若进行两个有符号数大小的比较，则应依据符号位和 Cy 位进行判别比较。

3. 减 1 条件转移指令

这是一组把减 1 与条件转移两种功能结合在一起的指令。这组指令共有 2 条：

```
DJNZ    Rn，rel       ；Rn←(Rn)-1
                        若(Rn)≠0，则转移，PC←(PC)+2+rel
                        若(Rn)=0，则顺序执行，PC←(PC)+2
DJNZ    direct，rel   ；direct←(direct)-1
                        若(direct)≠0，则转移，PC←(PC)+3+rel
                        若(direct)=0，则顺序执行，PC←(PC)+3
```

这组指令的操作是先将操作数（Rn 或 direct）内容减 1，并保存结果，如果减 1 以后操作数不为零，则进行转移；如果减 1 以后操作数为零，则程序按顺序执行。

注意：第一条为二字节指令，第二条为三字节指令，这两条指令与 DEC 指令一样，不影响 PSW 中的标志位。这两条指令对于构成循环程序十分有用，可以指定任何一个工作寄存器或者内部 RAM 单元为计数器。对计数器赋以初值以后，就可以利用上述指令，若对计数器减 1 后不为零就进行循环操作，为零就结束循环，从而构成循环程序。

【例 3.22】 试编写程序，将内部 RAM 以 TABLE 为起始地址的 20 个单元中的数据求和，并将结果送入 SUM 单元。设和不大于 255。

解 对一组连续存放的数据进行操作时，一般都采用间接寻址，使用 INC 指令修改地址，可使编程简单，利用减 1 条件转移指令很容易编成循环程序来完成 20 个数相加。

```
        MOV     R0，#TABLE      ；数据块首地址送入间址寄存器 R0
        MOV     R7，#20         ；计数器 R7 送入计数初值
        CLR     A               ；累加器 A 存放累加和，先清零
LOOP:   ADD     A，@R0          ；加一个数
        INC     R0              ；地址加 1，指向下一个地址单元
        DJNZ    R7，LOOP        ；计数值减 1 不为零循环
        MOV     SUM，A          ；累加和存入指定单元
        SJMP    $               ；结束
```

【例 3.23】 将外部 RAM 的一个数据块传送到内部 RAM，两者的首地址分别为 BLOCK1 和 BLOCK2，遇到传送的数据为“#”字符，停止传送。

解 外部 RAM 向内部 RAM 的数据传送不能直接传送，一定要以累加器 A 作为桥梁，将数据先取入 A 中，与“#”的 ASCII 码比较，不相等，进行传送；相等，终止传送。

```
        MOV     DPTR，#BLOCK1     ；外部数据块首地址送 DPTR
        MOV     R1，#BLOCK2       ；内部数据块首地址送 R1
LOOP:   MOVX    A，@DPTR          ；从外部 RAM 取数送入 A
        CJNE    A，#23H，LOOP1    ；与#的 ASC II 码比较，不相等转
```

```
                                        移到 LOOP1
         SJMP        LOOP2             ；相等，转移 LOOP2
LOOP1：MOV           @R1，A            ；不是#字符，执行传送
         INC         DPTR              ；修改源地址指针
         INC         R1                ；修改目的地址指针
         SJMP    LOOP                  ；转传送下一个数据
LOOP2：  SJMP    $                     ；结束
```

以上介绍了 MCS–51 系列单片机中的各种条件转移指令。这些条件转移指令都是相对转移指令，因此转移的范围是很有限的。若要在大范围内实现条件转移，可将条件转移指令和长转移指令 LJMP 结合起来加以实现。例如，根据 A 和立即数 80H 比较的结果转移到标号 NEXT1，其转移的距离已超过了 256 B，则可用以下指令来实现：

```
         CJNE    A，#80H，NEXT         ；不相等，则转移
                                       ；相等，按顺序执行
         SJMP    NEXT2                 ；执行完，跳到 NEXT2
NEXT：   LJMP    NEXT1                 ；长转移至 NEXT1
```

CJNE 与 LJMP 这两条指令的结合，可以实现在 64 KB 范围内的条件转移。其中的 SJMP NEXT2 指令是在执行完两数相等的处理后，转移到继续执行的位置，以免也要去执行 LJMP 指令，造成程序逻辑上的混乱。

3.6.3 子程序调用及返回指令

在程序设计中，常常出现几个地方都需要进行功能完全相同的处理，如果重复编写这样的程序段，会使程序变得冗长而杂乱。对此，可以采用子程序，即把具有一定功能的程序段编写成子程序，通过主程序调用来使用它，这样不但减少了编程工作量，而且也缩短了程序的长度。

调用子程序的程序称之为主程序，被调用的程序称为子程序。主程序调用子程序时要中断原有指令的执行顺序，转移到子程序的入口地址去执行子程序。与转移指令不同的是：子程序执行完毕后，要返回到原有程序被中断的位置，继续往下执行。因此，子程序调用指令必须要将程序中断位置的地址保存起来，一般都是放在堆栈中保存。堆栈的先入后出的存取方式正好适合于存放断点地址，特别适合于子程序嵌套时断点地址的存放。

如果在子程序中还调用其他子程序，称为子程序嵌套；二层子程序嵌套过程如图 3–9（a）所示。图 3–9（b）为二层子程序调用后堆栈中断点地址存放的情况。先存入断点地址 1，程序转去执行子程序 1，执行过程中又要调用子程序 2，于是在堆栈中又存入断点地址 2。存放时，先存地址低 8 位，后存地址高 8 位。从子程序返回时，先取出断点地址 2，接着执行子程序 1，然后取出断点地址 1，继续执行主程序。

调用和返回构成了子程序调用的完整过程。为了实现这一过程，必须有子程序调用指令和返回指令。调用指令在主程序中使用，而返回指令则是子程序中的最后一条指令。

1. 子程序调用指令

MCS–51 系列单片机共有两条子程序调用指令：

```
LCALL    addr16           ；PC←(PC)+3
```

```
                          SP←(SP)+1, (SP)←(PC).(7～0)
                          SP←(SP)+1, (SP)←(PC).(15～8)
                          PC←addr16
ACALL   addr11          ; PC←(PC)+2
                          SP←(SP)+1, (SP)←(PC).(7～0)
                          SP←(SP)+1, (SP)←(PC).(15～8)
                          PC.(10～0)←addr11
```

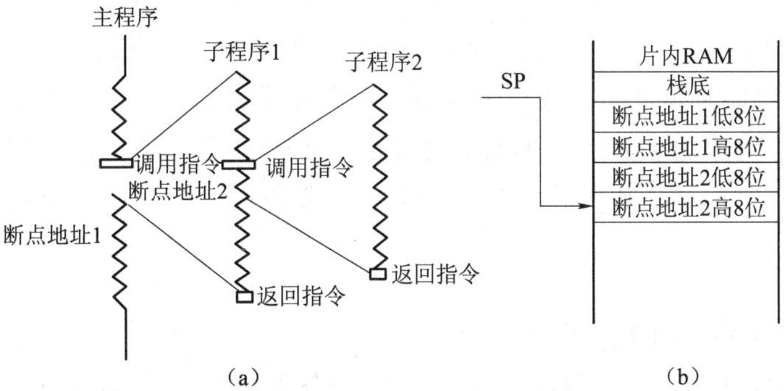

图 3-9　二级子程序嵌套及断点地址存放

(a) 二级子程序嵌套示意图；(b) 转入子程序 2 时的堆栈

LCALL 指令称为长调用指令，是三字节指令。指令的操作数部分给出了子程序的 16 位地址。该指令功能是：先将 PC 加 3，指向下条指令地址（即断点地址），然后将断点地址压入堆栈，再把指令中的 16 位子程序入口地址装入 PC，以使程序转到子程序入口处。

长调用指令可调用存放在 64 KB 程序存储器任意位置的子程序，即调用范围为 64 KB。

ACALL 指令称为绝对调用指令，是两字节指令。其指令格式为：

a10　a9　a8　1　0　0　0　1	a7　a6　a5　a4　a3　a2　a1　a0

指令的操作数部分提供了子程序的低 11 位入口地址，其中 a7～a0 在第二字节，a10～a8 则占据第一字节的高 3 位，而 10001 是这条指令特有的操作码，占据第一字节的低 5 位。

绝对调用指令的功能是：先将 PC 加 2，指向下条指令地址（即断点地址），然后将断点地址压入堆栈，再把指令中提供的子程序低 11 位入口地址装入 PC 的低 11 位上，PC 的高 5 位保持不变。使程序转移到对应的子程序入口处。

ACALL 指令的子程序调用地址是由子程序的低 11 位地址与 PC 的高 5 位合并组成，调用范围为 2 K。

使用时应注意：ACALL 指令所调用的子程序的入口地址必须在 ACALL 指令之后的 2 KB 区域内。若把 64 KB 内存空间以 2 KB 字节为一页，共可分为 32 个页面，所调用的子程序应该与 ACALL 下面的指令在同一个页面之内，即它们的地址高 5 位 a15～a11 应该相同。也就是说，在执行 ACALL 指令时，子程序入口地址的高 5 位是不能任意设定的，只能由 ACALL 下面指令所在的位置来决定。因此，要注意 ACALL 指令和所调用的子程序的入口地址不能相距太远，否则就不能实现正确的调用。例如，当 ACALL 指令所在地址为 2300H 时，其高

5 位是 00100，因此可调用的范围是 2300H～27FFH。

2. 返回指令

返回指令也有两条：

```
RET                 ; PC.(15～8)←((SP)), SP←(SP)-1
                      PC.(7～0)←((SP)), SP←(SP)-1
RETI                ; PC.(15～8)←((SP)), SP←(SP)-1
                      PC.(7～0)←((SP)), SP←(SP)-1
```

RET 指令被称为子程序返回指令，放在子程序的末尾。其功能是从堆栈中自动取出断点地址送入程序计数器 PC，使程序返回到主程序断点处继续往下执行。

RETI 指令是中断返回指令，放在中断服务子程序的末尾。其功能也是从堆栈中自动取出断点地址送入 PC，使程序返回到主程序断点处继续往下执行。同时还清除中断响应时被置位的优先级状态触发器，以告知中断系统已结束中断服务程序的执行，恢复中断逻辑以便接受新的中断请求。

以下请注意：

（1）RET 和 RETI 不能互换使用；

（2）在子程序或中断服务子程序中，PUSH 指令和 POP 指令必须成对使用，否则，不能正确返回主程序断点位置。

3.6.4 空操作指令

```
NOP      ; PC←PC+1
```

这是一条单字节指令。该指令不产生任何操作，只是使 PC 的内容加 1，然后继续执行下一条指令，它又是一条单周期指令，执行时在时间上消耗一个机器周期，因此 NOP 指令常用来实现等待或延时。

3.7 位操作类指令

MCS-51 系列单片机的特色之一就是具有丰富的布尔变量处理功能。所谓布尔变量即开关变量，是以位（bit）为单位来进行运算和操作的，也称为位变量。在硬件方面它有一个布尔处理器，实际上是一个一位微处理器，它以进位标志 Cy 作为位累加器，以内部 RAM 位寻址区中的各位作为位存储器；在软件方面它有一个专门处理布尔变量的指令子集，可以完成布尔变量的传送、逻辑运算、控制转移等操作。这些指令通常称之为位操作指令。

位操作类指令的操作对象：一是内部 RAM 中的位寻址区，即 20H～2FH 中的 128 位（位地址 00H～7FH）；二是特殊功能寄存器中可以进行位寻址的各位。位地址在指令中都用 bit 表示，有 4 种表示形式：一是采用直接位地址表示，二是采用字节地址加位序号表示，三是采用位名称表示，四是采用特殊功能寄存器加位序号表示。

进位标志 Cy 在位操作指令中直接用 C 表示，以便于书写，位操作指令共有 17 条。

3.7.1 位变量传送指令

```
MOV     C，bit       ；Cy←(bit)
MOV     bit，C       ；bit←(Cy)
```

这两条指令的功能是在以bit表示的位和位累加器Cy之间进行数据传送，不影响其他标志。

注意：两个可寻址位之间没有直接的传送指令。若要完成这种传送，可以通过 Cy 作为中间媒介来进行。

【例 3.24】 将 48H 位的内容传送到 24H 位。

解 传送通过 Cy 来进行，但要注意保持原有 Cy 的值不被破坏。

```
MOV     10H，C        ；暂存 Cy 内容
MOV     C，48H        ；48H 位的值送 Cy
MOV     24H，C        ；Cy 的值送 24H 位
MOV     C，10H        ；恢复 Cy 内容
```

上述指令均属位操作指令（因 Cy 作为累加器），指令中的地址都是位地址，而不是存储单元的地址。

3.7.2 位置位、清零指令

```
CLR     C      ；Cy←0
CLR     bit    ；bit←0
SETB    C      ；Cy←1
SETB    bit    ；bit←1
```

上述指令的功能是对 Cy 及可寻址位进行清零或置位操作，不影响其他标志。

3.7.3 位逻辑运算指令

位运算都是逻辑运算，有与、或、非 3 种，共 6 条指令。

ANL C，bit ；$Cy \leftarrow (Cy) \wedge (bit)$
ANL C，/bit ；$Cy \leftarrow (Cy) \wedge (\overline{bit})$
ORL C，bit ；$Cy \leftarrow (Cy) \vee (bit)$
ORL C，/bit ；$Cy \leftarrow (Cy) \vee (\overline{bit})$
CPL C ；$Cy \leftarrow (\overline{Cy})$
CPL bit ；$bit \leftarrow (\overline{bit})$

前 4 条指令的功能是将位累加器 Cy 的内容与位地址中的内容（或取反后的内容）进行逻辑与、或操作，结果送入 Cy 中。斜杠“/”表示将该位值取出，先求反后再参加运算，不改变位地址中原来的值。后两条指令的功能是把位累加器 Cy 或位地址中的内容取反。

在位操作指令中，没有位的异或运算，如果需要，可通过上述位操作指令实现。

【例 3.25】 设 E，F，G 都代表位地址，试编写程序完成 E、F 内容的异或操作，并将结果存入 G 中。

解 可直接按 $G=\overline{E}F+E\overline{F}$ 来编写。

```
MOV    C，F        ；从位地址中取数送 Cy
ANL    C，/E       ；Cy←(F)∧(Ē)
MOV    G，C        ；暂存
MOV    C，E        ；取另一个操作数
ANL    C，/F       ；Cy←(E)∧(F̄)
ORL    C，G        ；进行 G=ĒF+EF̄ 运算
MOV    G，C        ；操作结果存 G 位
```

利用位逻辑运算指令，可以对各种组合逻辑电路进行模拟，即用软件方法来获得组合逻辑电路的功能。

3.7.4 位控制转移指令

位控制转移指令都是条件转移指令，它以 Cy 或位地址 bit 的内容作为转移的判断条件。

1. 以 Cy 为条件的转移指令

```
JC     rel    ；若(Cy)=1，则转移，PC←(PC)+2+rel
                若(Cy)≠1，按顺序执行，PC←(PC)+2
JNC    rel    ；若(Cy)=0，则转移，PC←(PC)+2+rel
                若(Cy)≠0，按顺序执行，PC←(PC)+2
```

这两条指令的功能是进位位 Cy 为 1 或为 0 则转移，否则按顺序执行，指令均为双字节指令。

2. 以位状态为条件的转移指令

```
JB     bit，rel     ；若(bit)=1，则转移，PC←(PC)+3+rel
                      若(bit)≠1，按顺序执行，PC←(PC)+3
JNB    bit，rel     ；若(bit)=0，则转移，PC←(PC)+3+rel
                      若(bit)≠0，按顺序执行，PC←(PC)+3
JBC    bit，rel     ；若(bit)=1，则转移，PC←(PC)+3+rel，同时 bit←0
                      若(bit)≠1，按顺序执行，PC←(PC)+3
```

这组指令的功能是直接寻址位 bit 为 1 或为 0 则转移，否则按顺序执行。指令均为三字节指令，所以 PC 要加 3。

JB 和 JBC 指令的区别在于：两者转移的条件相同，所不同的是 JBC 指令在转移的同时，还能将直接寻址位 bit 清零，即一条 JBC 指令相当于两条指令的功能。

使用位操作指令可以使程序设计变得更加方便和灵活。在许多情况下可以避免字节屏蔽、测试和转移的操作，使程序更加简洁。

【例 3.26】 试编程在 80C51 的 P1.0 位输出一个方波，方波周期为 8 个机器周期。

解

```
SETB    P1.0      ；使 P1.0 位输出“1”电平
NOP
NOP
```

```
NOP                 ；延时 3 个机器周期
CLR     P1.0        ；使 P1.0 位输出“0”电平
NOP
NOP
NOP                 ；延时 3 个机器周期
SETB    P1.0        ；使 P1.7 位输出“1”电平
SJMP    $           ；暂停
```

复习参考题

3-1 指令和程序的概念是什么？

3-2 指令的 3 种表示形式是什么？

3-3 何为指令系统、机器语言和汇编语言？

3-4 按字长划分，MCS-51 单片机的指令可以划分为哪几种？

3-5 按功能划分，MCS-51 单片机的指令可以分为哪几类？

3-6 按周期划分，MCS-51 单片机的指令可以分为哪几种？

3-7 什么是指令系统？

3-8 MCS-51 系列单片机有哪几种寻址方式？各种寻址方式所对应的寄存器或存储器寻址空间如何？

3-9 MCS-51 系列单片机中，位地址可以采用哪几种方式表示？

3-10 简述 MCS-51 系列单片机指令的格式。

3-11 若访问特殊功能寄存器，可使用哪些寻址方式？

3-12 若访问外部 RAM 单元，可使用哪些寻址方式？

3-13 若访问内部 RAM 单元，可使用哪些寻址方式？

3-14 若访问内外程序存储器，可使用哪些寻址方式？

3-15 对于 8052 单片机，内部 RAM 还存在高 128 B，应采用何种寻址方式进行访问？

3-16 外部数据传送指令有几条？试比较下面每一组中两条指令的区别。

```
（1）MOVX  A,@R1           MOVX  A,@DPTR
（2）MOVX  A,@DPTR         MOVX  @DPTR,A
（3）MOV   @R0,A           MOVX  @R0,A
（4）MOVC  A,@A+DPTR       MOVX  A,@DPTR
```

3-17 已知(30H)=50H，(50H)=20H，(20H)=45H，(P1)=CDH，试写出执行以下程序段后有关单元的内容：

```
MOV    R0，#30H
MOV    A，@R0
MOV    R1，A
MOV    B，@R1
MOV    @R1，P1
MOV    P2，P1
```

```
MOV    20H，#40H
MOV    30H，#12H
```

3–18 试写出完成以下数据传送的指令序列：

（1）R1 的内容传送 R0；

（2）片外 RAM 65H 单元的内容送入 R0；

（3）片外 RAM 65H 单元的内容送入片内 RAM 30H 单元；

（4）片外 RAM 2000H 单元的内容送入片外 RAM 30H 单元；

（5）ROM 1200H 单元的内容送入 R2；

（6）ROM 2000H 单元的内容送入片内 RAM 40H 单元；

（7）ROM 2000H 单元的内容送入片外 RAM 0200H 单元。

3–19 已知 ROM 以 DAT 为起始地址的区域存放着 0 ~ 9 这 10 个数的平方值，请编写程序查找寄存器 R3 中数据的平方值（已知 R3 中存放的是 0 ~ 9 之间的数）。

3–20 试编程，将外部 RAM 2000H 单元中的数据与内部 RAM 40H 单元中的数据相互交换。

3–21 编程计算 4567H–6789H，并将差值存入 50H 和 51H 单元中（51H 存放结果的高 8 位）。

3–22 已知(A)=59H，(R0)=35H，(35H)=86H，请写出执行下列程序段后 A 的内容：

```
ANL     A，#23H
ORL     35H，A
XRL     A，@R0
CPL     A
```

3–23 编程完成下述操作：

（1）将外部 RAM 4000H 单元的所有位取反；

（2）将外部 RAM 45H 单元的最高位清零，最低位取反，其余位保持不变。

3–24 DA A 指令有什么作用？怎样使用？

3–25 已知外部 RAM 2000H 单元和 4000H 单元分别存放着一个 8 位无符号二进制数 E 与 F，试编程计算 9E+12F，并把结果存入内部 RAM 40H、41H 单元（41H 单元存放高 8 位）。

3–26 编程将外部 RAM 从 DATA1 开始存放的 30 个数据传送到内部 RAM 以 DATA2 开始的地址单元中去。

3–27 试用位操作指令实现逻辑操作：P1.7=(20H∨P1.7)∧(21H∨Cy)。

3–28 已知组合逻辑关系式为 E=AB+C，请编写模拟其功能的程序。设 A、B、C、E 均代表位地址。

3–29 如图 3–10 所示，这是由 8751 构建的最小系统，外部连接了 4 个按键 S1 ~ S4 及 4 个发光二极管 LED1 ~ LED4，P1 口的高 4 位用于接收按键的输入状态，而低 4 位用于驱动发光二极管。请结合图示，编写程序，完成以下要求。

（1）若 S1 闭合，则发光二极管 LED1 点亮；若 S2 闭合，则发光二极管 LED2 点亮……以此类推，即发光二极管实时反映按键状态。

（2）用 4 个发光二极管实现对按键键值的 BCD 编码显示。即若 S1 闭合，键值为 1，编码为 0001，LED1 点亮；若 S2 闭合，键值为 2，编码为 0010，LED2 点亮；若 S3 闭合，键值为 3，编码为 0011，LED1、LED2 同时点亮；若 S4 闭合，键值为 4，编码为 0100，LED3 点亮。

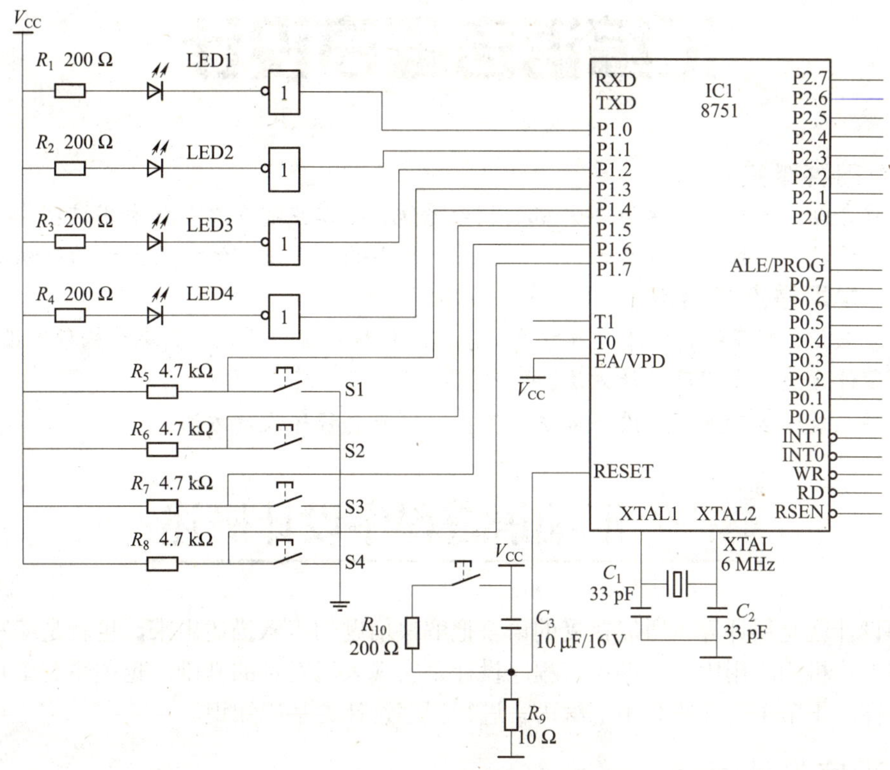

图 3-10 8751 单片机最小系统图

第4章

汇编语言程序设计

【本章内容概要】

上一章介绍了MCS–51系列单片机的指令系统，本章主要介绍如何利用这些指令进行汇编语言程序设计，包括汇编语言的格式与组成、常用的程序设计结构及大量的编程实例。

【本章学习重点与难点】

学习重点是：顺序结构程序设计方法；分支结构程序设计方法；循环结构程序设计方法；查表程序设计方法；子程序设计方法。

学习难点是：多分支程序设计方法；多重循环嵌套程序设计方法。

4.1 汇编语言程序设计概述

程序设计就是用计算机所能接受的语言把解决问题的步骤描述出来，也就是编写计算机程序。在单片机的应用中，汇编语言程序设计是实现人机对话的基础，也关系到单片机系统的控制特性。本节主要介绍利用汇编语言进行程序设计的基础知识。

4.1.1 程序设计语言

程序设计语言是指计算机能够理解和执行的语言，计算机程序设计语言很多，但通常分为机器语言、汇编语言和高级语言3类，其性能如下。

1. 机器语言

机器语言是一种能为计算机直接识别和执行的机器级语言，通常用二进制（可缩写为十六进制）代码来表示指令和数据。机器语言执行效率最高，速度最快，但由于指令的二进制代码很难记忆和辨识，给程序编写、阅读和修改带来很多困难，因此几乎没有人直接使用机器语言进行程序设计。

2. 汇编语言

汇编语言是人们用一些英语单词和字符等作为助记符来描述每一条机器语言指令的功能，由助记符、保留字和伪指令等组成。用汇编语言编写程序，每条指令的意义一目了然，给程序的编写、阅读和修改带来很大方便。

汇编语言也有它的缺点：缺乏通用性，程序不易移植，是一种面向机器的低级语言。即在使用汇编语言编写程序时，必须熟悉机器的指令系统、寻址方式、寄存器的设置和使用方法，不同计算机的汇编语言之间不能通用。

3. 高级语言

高级语言是面向过程和问题并能独立于机器的通用程序设计语言，是一种采用接近人类自然语言和常用数学表达式来描述算法、过程和对象的计算机语言。高级语言语句直观、易学、通用性强，人们在编程时可以不考虑机器内部结构而把主要精力集中于掌握语言的语法规则和程序的结构设计方面。采用高级语言编写的程序通常不能被机器直接执行，但可以被常驻内存或磁盘上的解释程序和编译程序等编译，编译成目标代码才能被CPU执行。随着计算技术的飞速发展，高级语言在功能上越来越接近于人类的自然语言。常用的高级语言有BASIC、FORTRAN、PASCAL、VB、VC和Java等。

4.1.2 汇编语言格式

汇编语言源程序由一系列语句组成，一般每条语句一行。语句的主体是各种指令，语句通常分为4部分：标号、操作码、操作数和注释。格式如下：

[标号:] <操作码助记符> [操作数] [；注释]

书写时，各部分之间可添加空格，使上下各语句相同部分对齐。

1. 标号

标号是语句地址的标志符号，代表该语句指令代码在内存中第一个字节的地址。一般情况下，只有被其他语句（如转移、调用等）访问的语句才使用标号，不使用标号的语句，标号区空白。标号的构成规定如下：

（1）标号由1～8个ASCII码字符组成，但第一个字符必须是字母；

（2）不能使用汇编语言中已经定义的符号，如助记符、寄存器符号、“+”、“–”运算符等；

（3）一个标号在同一程序中只能定义一次，不能重复。

例如，AB1、NEXT、LOOP–1等是合法的，而2A、TA+TB、ADD、AB、ORG等是非法的。

标号字段后面必须加“：”，用于指示标号字段的结束。

2. 操作码助记符

这是语句中唯一不可缺少的部分，也是语句的核心，表示该语句进行何种操作，汇编程序根据这一字段生成目标代码。

3. 操作数

操作数是指令的操作对象，用于存放指令的操作数或操作数地址。操作数个数因指令不同存在差别，通常有单操作数、双操作数和无操作数。当有多个操作数时，中间用逗号隔开。

在MCS–51单片机中，操作数通常有以下5种合法的表示方法。

（1）操作数的二进制、十进制和十六进制形式。在大多数情况下，操作数或操作数地址总是采用十六进制形式表示，但也可以采用二进制或十进制形式。若操作数采用二进制形式，则需加后缀“B”；若采用十进制形式，需要加后缀“D”；若采用十六进制形式，则需加后缀“H”。若十六进制的操作数以字符A～F中的一个开头，则还需在它前面加上一个前缀“0”，以便机器把它和字母A～F区分开来。例如，下列程序中的语句都是合法的：

```
ORG     0200H
MOV     A, #01001001B        ; A←73
SUBB    A, #30D              ; A←73-30
MOV     R2, #30H             ; R2←48
```

```
MOV     R4，#0A3H    ；R4←163
SJMP    $
END
```

（2）工作寄存器和特殊功能寄存器。当操作数在某个工作寄存器或特殊功能寄存器中时，操作数字段允许采用工作寄存器或特殊功能寄存器的代号表示。例如，前面例子中的A和工作寄存器R0～R7。

（3）操作数地址。为了便于记忆和编程方便，操作数地址也可以采用经过定义的标号地址来表示。例如，若地址N中有一个操作数Z，且N已在某处作过定义，则下面指令是合法的：

```
MOV  A，N
```

（4）带加减算符的表达式。在上例中，若N已在某处作过定义，则N+2和N–1都可以作为直接地址来使用。

```
MOV     A，N+2
ADD     A，N-3
```

（5）$符。美元符$常在转移类指令的操作数字段中使用，表示该转移指令操作码所在的内存地址。例如，以下指令：

```
JB      ACC.0，$
```

其含义是：若累加器A的最低位为1，则机器总执行该指令，即原地等待；只有累加器的最低位等于0时才继续往下执行程序。

4. 注释

注释是为方便程序的阅读和交流而书写的说明解释性文字，它既不产生代码，对汇编过程也不起作用。注释字段是任选项，但使用时必须以“；”开头，一行写不下需另起一行时也必须以分号“；”开头。

4.1.3 伪指令

在汇编语言源程序中，除了指令语句外，还有伪指令语句。伪指令是在机器汇编中告诉汇编程序如何汇编、对汇编过程进行控制的命令。

人工汇编中，指令的存放单元可由程序员直接确定。而在机器汇编中，我们也必须把程序的存放首址、程序到什么地方结束，以及程序中的一些标号是何意义等信息告诉给计算机的汇编程序，这些都是由伪指令实现的。伪指令与汇编语言指令不同，只在源程序中出现，不产生任何机器代码，在程序的运行过程中不起作用，故称为“伪指令”。不同的汇编程序，有各自的伪指令，下面介绍MCS–51系列单片机常用的伪指令。

1. 汇编起始地址伪指令ORG（Origin）

格式：

```
[标号:] ORG <addr16>
```

功能：规定目标程序式和数据块的起始地址。

说明：总放在源程序段的开头或数据块之前。

2. 汇编结束指令 END

格式：

```
[标号:] END
```

功能：告诉汇编程序，源程序到此结束，汇编到此截止。

说明：一个程序只能有一条 END 命令，且位于程序的最后。汇编程序对 END 以后的语句不进行汇编。

例如，

```
        ORG     0200H
START:  MOV     R1, #50H
LOOP:   NOP
        NOP
        DJNZ    R1, LOOP
        SETB    P1.7
        CLRB    P1.0
        MOV     A, #85H
        END
```

ORG 伪指令规定了 START 代表地址 0200H，目标程序从该单元开始存放。END 表示该程序结束。

3. 字节定义伪指令 DB（DefineByte）

格式：

```
[标号:] DB  <字节数据>
```

功能：从标号指定的地址单元开始，存入规定好的 8 位数（字节数据）。

说明：① 存储地址单元可由前一条指令确定或由 ORG 命令指定；

② 当存储多个数时，中间用“,”隔开。

例如，

```
        ORG     4500H
        MOV     A, 40H
TAB:    DB      60H, 1001B, 96, ……
```

表示从 4502 H 单元开始分别存放 60H，09H，60H。

例：

```
        ORG     3000H
        DB      "How are you"
```

则把字符串中的字符按 ASCII 码连续存放在 3000H～300AH 这 11 个单元中(包括两个空格)。

注意：DB　0FA2H 是非法的，因 0FA2H 不是字节。

4. 字定义伪指令 DW（DefineWord）

格式：

```
[标号:] DW    <字数据>
```

功能：从标号指定的地址开始，存入十六位数据（字数据）。

说明：存入数据时高位在前，低位在后，即高 8 位存入低地址单元，低 8 位存入高地址单元。

```
例：ORG      1200H
    DW       789AH，84H，“AB”
```

则 1200H～1205H 单元依次存放 78H，9AH，00H，84H，41H，42H。

注意：① DW 语句中，84H 是 8 位数，按 16 位数 0084H 存放；

② DW“ABC”及 DW“How are you”是非法的，而 DB“ABC”及 DB“How are you”则是合法的。

5. 空间定义伪指令 DS（Define Storage）

格式：

```
[标号:] DS  <数或表达式>
```

功能：从指令的地址单元开始，保留指定数目的字节单元作为备用空间。

```
例：      ORG      3000H
          DS       20
START:    MOV      A，#00H
```

则汇编后，从 3000H 开始，保留 20 个单元作他用，第三条指令的标号 START 的地址应为 3014H。

注意：MCS-51 系列单片机，DB、DW、DS 伪指令只能用于程序存储器，不能对数据存储器使用。

6. 赋值伪指令 EQU（Equate）

格式：

```
<字符名称>     EQU     <数或表达式>
```

功能：将右边的值赋给左边用户定义的字符。

说明：（1）赋值后的字符既可作为地址使用，也可以作为立即数使用；

（2）一经使用 EQU 赋值，整个程序有效；

（3）所赋值可以是 8 位（字节）或 16 位（字）；

（4）该伪指令一般放在程序的开始段；

（5）字符名称构成的规定和地址标号一样，但不是标号，其后无“:”。

例如，程序段：

```
      ORG      3000H
      AA       EQU 20H              ；AA=20H
      ABC      EQU AA+10H           ；ABC=30H
      MOV      A，ABC               ；A←（30H）
  BS: ADD      A    #AA             ；A←（A）+20H
```

说明：程序中，AA、ABC 是字符名称，BS 是标号。

7. 位定义伪指令 BIT

格式：

<字符名称>　BIT　<位地址>

功能：把位地址赋给指定的字符名称。

例如：

```
A1  BIT    P1.0
A2  BIT    20H
```

说明：赋值命令和位定义命令仅为方便编程和阅读理解程序使用。

8. 数据地址赋值伪指令 DATA

格式：

<字符名称>　DATA　<表达式>

功能：与 EQU 类似，把 DATA 右边表达式的值赋给左边的“字符名称”。

说明：（1）这里的表达式可以是一个数据或地址，也可以是一个包含所定义“字符名称”在内的表达式，但不可以是一个汇编符号（如 R0～R7）；

（2）DATA 伪指令和 EQU 的区别是：EQU 定义的“字符名称”必须先定义后使用，而 DATA 定义的“字符名称”没有这种限制，故 DATA 通常用在源程序的开头或末尾。

（3）DATA 伪指令一般用来定义程序中所用的 8 位或 16 位数据或地址，但也有些汇编程序只允许 DATA 定义 8 位的数据或地址，16 位的地址需要用 XDATA 伪指令进行定义。例如，

```
        ORG     0200H
   AA   DATA    40H
DELAY   XDATA   0A356H
        MOV     A, AA            ; A←(40H)
        …
        LCALL   DELAY            ; 调用 A356H 子程序
        …
        END
```

在上述程序中，DATA 语句也可以放在程序的其他位置上，EQU 则没有这种灵活性。

4.1.4 汇编语言程序设计与汇编

在单片机应用中，绝大部分实用程序都采用汇编语言编写。汇编语言程序设计不仅关系到单片机控制系统的特性和效率，而且还与控制系统本身的硬件结构有关。为了提高应用程序的质量，设计者一方面要正确理解程序设计的目的和步骤，另一方面还要掌握汇编语言程序设计的汇编原理和方法，下面就这两个问题作一概述。

1. 汇编语言程序设计步骤

根据任务要求，采用汇编语句指令编制程序的过程称为汇编语言程序设计。一个应用程序的设计一般可以分为以下 6 步。

（1）拟定设计任务书。设计任务书应包括程序功能、技术指标、精度等级、实施方案、工程进度、所需设备、研制费用及人员分工等。

（2）建立数学模型。在任务书的基础上，把控制系统的计算任务和控制对象的物理过程抽象并归纳为数学模型。

（3）确定计算方法。把数学模型演化为计算机可以处理的运算步骤和顺序，并从可能的多种算法中找出切合实际的最佳算法。

（4）绘制程序流程图。对于一个复杂的设计任务，应根据实际情况确定程序的结构设计方法（如模块化程序设计、自顶向下的程序设计等），把总任务划分为若干个子任务，并分别绘制相应的流程图。流程图不仅可以体现程序的设计思想，还能将复杂问题简单化。

（5）编制汇编语言程序。根据流程图进行汇编语言程序设计，编程时应注意程序的可读性和正确性，在适当位置加上注释。

（6）上机运行调试。上机调试可以检验程序的正确性，发现并纠正程序编写过程中的缺点和错误。

在进行程序设计时，必须根据实际问题和所使用计算机的特点来确定算法，然后按尽可能节省数据存放单元、缩短程序长度和程序运行时间 3 个原则编写程序。程序设计的基本方法一般分为以下几种。

（1）自顶向下设计方法，也称作分层设计。就是先考虑整体任务，然后把整个任务划分成若干子任务，每个子任务再划分成若干子任务，这样一层层地分下去直到最底层。

（2）模块化的设计方法。就是把整个程序分成若干较小的独立性很强的程序段（模块）后，分别进行设计和调试，最后再把它们连接起来。

（3）结构化的程序设计方法。任何复杂的程序都可由顺序结构、分支结构、循环结构这 3 种规范化的基本程序结构来组成。整个程序都用这 3 种基本结构设计的方法被称为结构化设计方法。

2. 汇编语言程序的汇编

前面已经提到，机器语言是计算机能够直接识别并执行的唯一语言，汇编语言程序在上机调试前必须翻译成目标机器码才能被 CPU 执行。这种能把汇编语言源程序翻译成目标代码的过程称为汇编，通常包括人工汇编和机器汇编两种方法。

人工汇编是指人工根据指令码表直接把汇编语言源程序翻译成机器码的过程。人工汇编效率低，出错率高，它通常只作为机器汇编的补充。机器汇编是一种用机器代替人脑自动把汇编语言源程序翻译成目标代码的过程。通常，由编程人员将源程序输入机器，完成这一翻译工作的机器称为系统机，完成翻译工作的软件称为“汇编程序”。“汇编程序”是一种系统软件，有时也称为工具软件，因机器而异，通常由计算机厂家提供。机器汇编实际上是通过执行“汇编程序”来对源程序进行汇编的过程。

4.2 顺序程序设计

顺序程序，顾名思义，就是一种按照先后顺序依次执行，既无分支又无循环的程序结构，也称无分支程序或直线程序。这类程序结构简单，但能完成一定的功能，是构成复杂程序的基础。

【例 4.1】 设计程序实现 Y=X1+X2+X3 的运算，X1、X2、X3 均为 8 位无符号数，分别存放在内部 RAM 40H、41H 和 42H 中，计算结果存入 60H、61H 单元（高位在前）。

解 该运算结果可能超过一个字节，但不会超过两个字节，其程序流程图如图 4-1 所示。

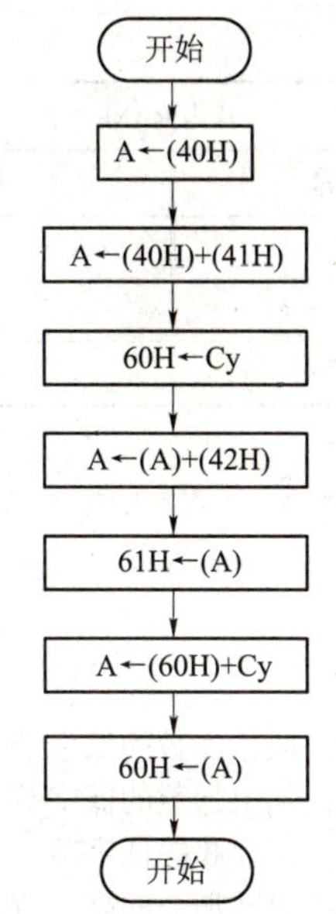

图 4-1　例 4.1 程序流程图

编制程序如下：

```
        ORG     00H
        AJMP    MAIN
        ORG     30H
MAIN:   MOV     A, 40H
        ADD     A, 41H
        MOV     61H, A
        CLR     A
        ADDC    A, #00H
        MOV     60H, A
        MOV     A, 61H
        ADD     A, 42H
        MOV     61H, A
        MOV     A, 60H
        ADDC    A, #00H
        MOV     60H, A
        SJMP    $
        END
```

【例 4.2】　设双字节数 X 存放在片内 RAM 60H、61H 单元中，Y 存放在 62H、63H 单元中，编程求 Z=X+Y，并存入片内 RAM 64H、65H、66H 单元中。

分析：被加数、加数及它们的和在片内 RAM 的空间分配见表 4-1 所示。

表 4-1　RAM 的空间分配表

片内 RAM			
地　址	内　容	地　址	内　容
66H	Z_H	65H	Z_M

续表

片内 RAM			
地　址	内　容	地　址	内　容
64H	Z_L	61H	X_H
63H	Y_H	60H	X_L
62H	Y_L		

编程如下：

```
        ORG     00H
        AJMP    MAIN
        ORG     30H
MAIN:   MOV     A，60H      ；取被加数的低字节
        ADD     A，62H      ；加上加数的低字节
        MOV     64H，A      ；保存和的低字节
        MOV     A，61H      ；取被加数的高字节
        ADDC    A，63H      ；加上加数的高字节
        MOV     65H，A      ；保存和的高字节
        CLR     A           ；求高字节进位
        ADDC    A，#0
        MOV     66H，A      ；保存进位位到最高字节
        SJMP    $
        END
```

4.3 分支程序设计

在一个实际的应用程序中，程序不可能一直是顺序执行的。要使计算机解决问题，就需要计算机能够作出判断并根据判断作出不同的处理。通常会根据实际问题中给定的条件，判断条件满足与否，从而产生一个或多个分支，以确定程序的流向。因此，条件转移指令形成的分支结构程序能够充分体现计算机的智能。

1. 利用测试转移指令实现程序分支

用于判断分支的测试转移指令有 JZ、JNZ、JC、JNC、JB、JNB、JBC、CJNE、JMP @A+DPTR 等。在这类分支程序设计中，要设置好判断测试对象、程序转移方向及转移的标志地址。

【例 4.3】 求 R1 寄存器和 R2 寄存器中两个无符号数之差的绝对值，结果存放在片内 RAM 40H 单元中。

分析：

（1）题目：R1 和 R2 寄存器中的数是未知的。对两个不知大小的数相减并求绝对值，显然应该先弄清楚哪一个值稍大些，然后再用大数减小数的方法，才可求得绝对值。

（2）利用指令系统中的减法指令来判断两数的大小，求绝对值程序流程图如图 4-2 所示。

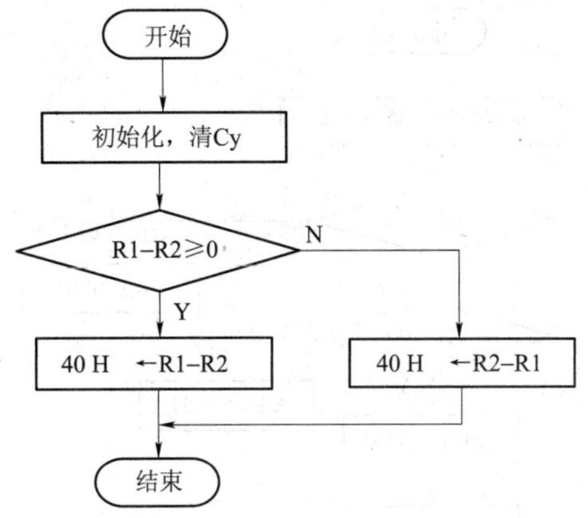

图 4–2　求绝对值程序流程图

（3）根据流程图编程如下：

```
        ORG     00H
        AJMP    MAIN
        ORG     30H
MAIN:   CLR     C               ；清进位标志
        MOV     A，R1           ；A←R1
        SUBB    A，R2           ；(R1) - (R2) →A
        JC      LL              ；(R1) < (R2)，跳到标号 LL 处
        MOV     40H，A          ；(R1) ≥ (R2)，存放两者的绝对值
        SJMP    JIE
LL:     MOV     A，R2           ；(R1) < (R2)
        SUBB    A，R1           ；(R2) - (R1) →A
        MOV     40H，A          ；存放两者的绝对值
JIE:    SJMP    $
        END
```

【例 4.4】　编制一程序，从 P0 口中读取一个数 x，判断其值是否在 100～200 之间，即 100≤x≤200。如果 x≥200，则片内 RAM 30H 单元存放 0FFH；如果 x<100 则片内 RAM 30H 单元存放 00H；如果 100≤x<200，则片内 RAM 30H 单元存放 88H。

分析：

（1）根据题意，这是一个需要两次判断 x 大小的问题，可以先判断 x 是否大于 100，再判断 x 是否大于 200。

（2）根据解题的思路，画出程序流程图，如图 4–3 所示。

（3）编程如下：

```
        ORG     00H
        AJMP    MAIN
        ORG     30H
MAIN:   MOV     A，P0           ；从 P0 口读一数据 x，并存放在 A 中
        MOV     R1，A           ；将该数据 x 保存到 R1 中
        CLR     C               ；清进位标志 Cy
```

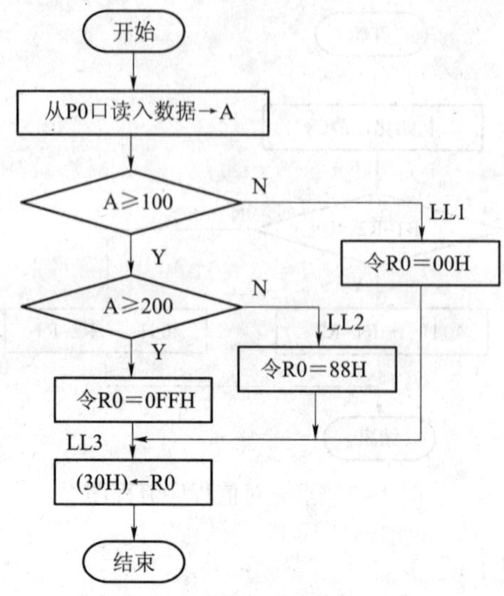

图 4-3　判断 x 的两分支流程图

```
        SUBB    A，#100      ；(A)-100→A
        JC      LL1          ；如果(A)<100，跳到 LL1 处
        MOV     A，R1        ；(A)←R1，该数大于等于 100
        SUBB    A，#200      ；(A)-200→A
        JC      LL2          ；如果(A)<200，跳到 LL2 处
        MOV     R0，#0FFH    ；(R0)←0FFH，该数大于 200
        SJMP    HAV
LL1:    MOV     R0，#00H     ；(R0)←00H，该数小于 100
        SJMP    HAV
LL2:    MOV     R0，#88H     ；(R0)←88H，100≤x<200
HAV:    MOV     30H，R0
        SJMP    $
        END
```

在遇到这种两次判断的问题时，应注意其次序，否则，有可能出现重复式矛盾。

【例 4.5】　设片内 RAM 30H 单元存放的是一元二次方程 $ax^2+bx+c=0$ 根的判别式 $\Delta=b^2-4ac$ 的值。若$\Delta>0$，则方程式有两个不同的实根；若$\Delta=0$，则方程式有两个相同的实根；若$\Delta<0$，则方程无实根。试根据片内 RAM 30H 单元中的值，编写程序判断方程根的 3 种情况，在片内 RAM 50H 中存放“0”表示无实根，存放“1”表示有相同的实根，存放“2”表示有两个不同的实根。

分析：

(1) Δ值为有符号数，有 3 种情况，即大于零、等于零、小于零。可以用两个条件转移指令来判断，首先判断其符号位，若 ACC.7 = 1，则为负数；若 ACC.7 = 0，则 $\Delta\geqslant0$，再判断 Δ是否为零。

(2) 根据解题思路，画出程序流程图，如图 4-4 所示。

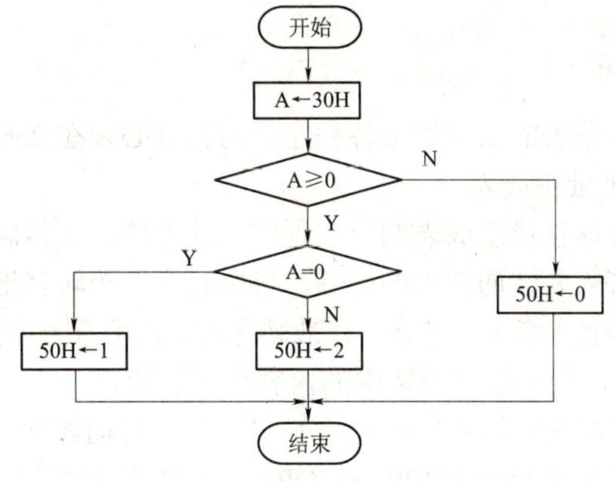

图4-4 程序流程图

（3）编程如下：

```
        ORG     00H
        AJMP    MAIN
        ORG     30H
MAIN:   MOV     A，30H              ；值送入A
        JNB     ACC.7，ABZ          ；如果Δ=0，转移到标号ABZ处
        MOV     50H，#0             ；(50H) ←0，Δ<0，无实根
        SJMP    FINISH
ABZ:    JNZ     TWO                 ；如果Δ>0，转移标号TWO
        MOV     50H，#1             ；(50H) ←1，Δ=0，有相同的实根
        SJMP    FINISH
TWO:    MOV     50H，#2             ；(50H) ←2，Δ>0，有两个不同的实根
FINISH: SJMP    $
        END
```

2. 利用地址偏移量组成表

如果分支序号较少，所有分支程序均在256 B之内时，可以使用地址偏移量组成表。

【例4.6】 编程根据寄存器R3中的内容，转向相应的操作程序，设（R3)=0～4。

解 程序如下：

```
        ORG     0030H
JMP2:   MOV     DPTR，#TAB2         ；表首地址送数据指针DPTR
        MOV     A，R3               ；分支序号送A
        MOVC    A，@A+DPTR          ；根据序号查表，取地址偏移量
        JMP     @A+DPTR             ；表首地址＋偏移量形成目标地址
TAB2:   DB      OPR0-TAB2           ；分支入口与表首的偏移量定义表
        DB      OPR1-TAB2
        DB      OPR2-TAB2
        DB      OPR3-TAB2
        DB      OPR4-TAB2
OPR0:   操作程序0
OPR1:   操作程序1
OPR2:   操作程序2
```

```
OPR3:    操作程序 3
OPR4:    操作程序 4
```

使用这种方法，偏移量表的长度加上各程序段的长度必须在 256 B 之内。

3. 采用各分支入口地址组成表

前面讨论了采用地址偏移量组成表的分支程序设计方法，其转向范围在 256 B 之内，在使用时受到较大限制。若需要转向较大的范围，可以建立一个转移地址表，即将所要转移的各分支入口地址（16 位地址）组成一个表。在散转之前，先用查表方法获得表中的转移地址，然后将该地址装入 DPTR，最后按 DPTR 中的内容进行散转。

【例 4.7】 试编程根据 R7 中的内容（即分支序号），转向相应的操作程序。

设各分支转移入口地址为 OPR0,OPR1,…,OPRn，编写的程序如下：

```
        ORG     0030H
JMP3:   MOV     DPTR，#TAB3      ；表首地址送 DPTR
        MOV     A，R7            ；取分支序号送 A
        ADD     A，R7            ；序号×2（转移地址占 2 字节）
DADD:   MOV     R3，A            ；暂存 2 倍序号
        MOVC    A，@A+DPTR       ；根据序号查表，地址高 8 位送 A
        XCH     A，R3            ；地址高 8 位与 R3 互换
        INC     A                ；2 倍序号 +1 送 A
        MOVC    A，@A+DPTR       ；查表，取地址低 8 位
        MOV     DPL，A           ；转移地址低 8 位送 DPL
        MOV     DPH，R3          ；转移地址高 8 位送 DPH
        CLR     A                ；A 清零
        JMP     @A+DPTR          ；按 DPTR 中的地址进行转移
TAB3:   DW      OPR0             ；将各分支入口地址定义到表中
        DW      OPR1
                …
        DW      OPRn
```

这种方法可以实现 64 KB 地址空间的转移，分支数最大为 128。

4.4 循环程序设计

在程序设计中，常需要反复执行一段程序，这种有规律又反复处理的问题可以利用循环结构来解决。这有助于缩短程序，减少内存占用。循环结构重复的次数越多，运行效率越高。循环程序一般由 4 部分组成：初始化、循环体、循环控制和循环结束处理，其程序结构流程如图 4-5 所示。

（1）初始化：它完成建立循环次数计数器，设定变量和存放数据的内存地址指针（常用间接寻址方式）的初值，装入暂存单元的初值等。

（2）循环体：这部分重复执行，它是最主要的部分，真正的计算是通过它的执行而得到的。

（3）循环控制：它包括修改变量和指针，为下一次循环作准备，以及修改循环计数器，判断循环次数到了没有。若循环次数到了，则结束循环；若循环次数不到，则继续循环。

（4）结束处理：它主要用来分析和存放程序的结果。

循环程序分为单循环和多重循环，两重及以上的循环称为多重循环，如图 4–6 所示。

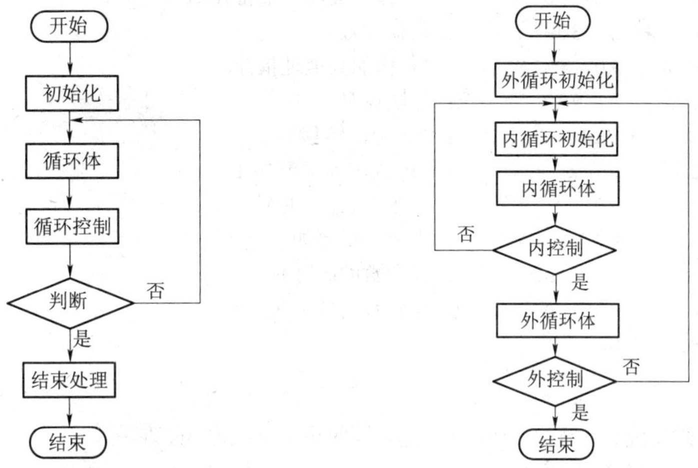

图 4–5　循环程序基本结构流程图　　　图 4–6　双重循环程序结构流程图

循环有多种控制方法，如计数控制、条件控制和状态控制等。计数控制事先已知循环次数，每次循环加或减计数器，并进行总数判定以控制循环；条件控制事先不知循环次数，执行循环时通过判定某种条件真假来达到控制循环的目的；状态控制可事先设定控制位的状态，或由外界干预，如测试得到的开关状态，决定循环与否。计数控制较为常用，后两种一般用于控制程序中。

【例 4.8】　在片内 RAM 30H～3FH 连续 16 个单元中存放单字节无符号数，求 16 个无符号数之和（假定和不超过 2 个字节）并存入片内 RAM 41H、40H 单元中（41H 存高字节）。

分析：这是重复相加问题。设 R0 作加数地址指针，R7 作循环次数计数器，R2 作和数高字节寄存器，则程序流程如图 4–7 所示。编程如下。

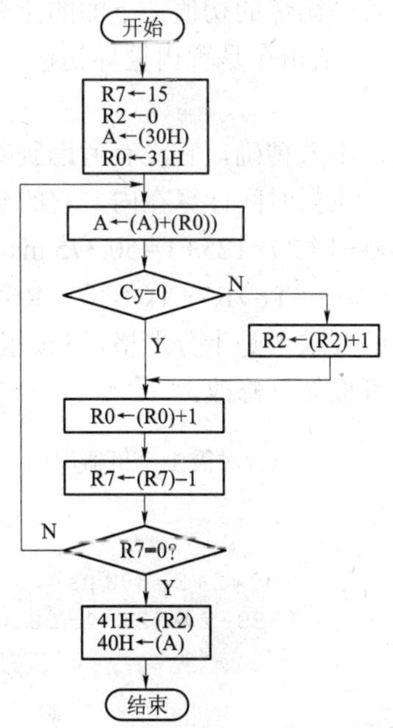

图 4–7　多字节求和程序流程

```
        ORG     0030H
MAIN:   MOV     R7，#15      ；R7 作循环次数计数器
        MOV     R2，#0       ；R2 作和数高字节寄存器
        MOV     A，30H       ；取被加数
        MOV     R0，#31H     ；R0 作加数地址指针
LOOP:   ADD     A，@R0       ；加法运算
        JNC     NEXT         ；Cy=0，转移
        INC     R2           ；Cy=1，高字节加 1
NEXT:   INC     R0           ；修改 R0 地址指针
        DJNE    R7，LOOP     ；未完，重复加
        MOV     41H，R2      ；存和数的高 8 位
        MOV     40H，A       ；存和数的低 8 位
        SJMP    $
        END
```

【例 4.9】 要求设计一软件延时程序，延时时间约 50 ms 左右。

分析：软件延时程序一般都是由 DJNZ Rn，rel 指令构成。执行一条 DJNZ 指令需要两个机器周期。由此可知，软件延时程序的延时时间主要与机器周期和延时程序中的循环次数有关，在使用 12 MHz 晶振时，一个机器周期为 1 μs，执行一条 DJNZ 指令需要两个机器周期，即 2 μs。延时 50 ms 需要采用双重循环，源程序如下。

```
DEL:    MOV     R7，#125     ；执行时需 1 个机器周期
DEL1:   MOV     R6，#200
DEL2:   DJNZ    R6，DEL2     ；200×2=400 μs（内循环时间）
        DJNZ    R7，DEL1     ；0.4 ms×125=50 ms（外循环时间）
        RET
```

该延时程序的第一条指令是置外循环的初值，下面的指令为循环体，指令“DJNZ R7，DEL1”为外循环的控制部分；第二条指令是置内循环初值，“DNNZ R6，DEL2”既是内循环体，也是内循环的控制部分。

以上延时时间是粗略的计算，不太精确，它没有考虑到除 DJNZ R6，DEL2 指令外其他指令的执行时间，如把其他指令的执行时间计算在内，它的延时时间为

$$(400+1+2)\times 125+1=50.375\ \text{ms},$$

$$\text{延时时间}=（2T_M\times R6+3T_M）R7+T_M\approx（2\times R6\times R7+3R7）T_M。$$

如果应用系统中对延时时间的要求不是十分严格，可按粗略计算的方法进行计算和编程，如果系统要求比较精确的延时，可按如下修改。

```
DEL:    MOV     R7，#125     ；执行时需 1 个机器周期
DEL1:   MOV     R6，#198
        NOP
DEL2:   DJNZ    R6，DEL2     ；198×2+2=398 μs
        DJNZ    R7，DEL1     ；(398+2)×125+1=50.001 ms
        RET
```

上述程序延时时间为 50.001 ms。

注意：用软件实现延时程序时，不允许有中断，否则将严重地影响定时的准确性。对需要延时更长的时间，可采用多重循环。

【例 4.10】　把片内 RAM 中 40H～5FH 单元中的 32 个补码数逐一取出，若为正数则放回原单元，若为负数则求补后放回原单元。

分析：本题是求机器数的真值。补码定义：正数的补码是其本身，负数的补码是其反码加 1。求机器数的真值流程图如图 4-8 所示。编程如下。

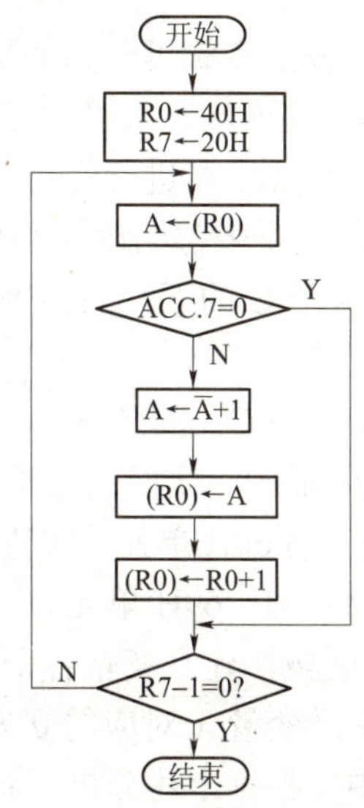

图 4-8　求机器数真值流程图

```
        ORG     30H
MAIN:   MOV     R0, #40H        ; 设置数据指针
        MOV     R7, #20H        ; 设置循环控制数
LOOP:   MOV     A, @R0          ; 取数
        JNB     ACC.7, NEXT     ; 判断该数是否为负数
        CPL     A               ; 是负数，求反
        INC     A               ; 该数求反后，再加 1，求出其真值
        MOV     @R0, A          ; 把该数的真值放回原处
NEXT:   INC     R0              ; 修改数据指针，指向下一个数
        DJNE    R7, LOOP        ; 所有数转换完否？没有，则继续
        SJMP    $               ; 转换完，停止
        END
```

4.5 查表程序设计

在许多情况下，本来通过计算才能解决的问题也可以改用查表方法解决，而且要简便许多。因此，在实际单片机应用中，常常需要编制查表程序以缩短程序长度并提高程序执行效率。

所谓查表是根据存放在 ROM 中数据表格的项数来查找与它对应的表中值。采用 MCS-51

汇编语言进行查表非常方便，它有两条专门的查表指令：

```
MOVC    A, @A+DPTR
MOVC    A, @A+PC
```

第一条查表指令采用 DPTR 存放数据表格的起始地址，其查表过程比较简单。查表前把数据表格起始地址存入 DPTR，然后把所查表的项数送入累加器 A，最后使用 MOVC A，@A+DPTR 完成查表。

使用 MOVC A，@A+PC 指令查表的步骤可分为如下 3 步。

（1）使用传送指令把所查数据表格的项数送入累加器 A。

（2）使用 ADD A，#data 指令对累加器 A 进行修正，data 值由下式确定：

PC+data=数据表起始地址 DTAB。

式中，PC 是查表指令 MOVC A，@A+PC 的下一条指令码的起始地址。因此，data 值实际上等于查表指令和数据表格之间的字节数。

（3）采用查表指令 MOVC A，@A+PC 完成查表。

查表程序主要用于代码转换、代码显示、实时值的查表计算和按命令号实现转移等。

【例 4.11】 设变量 *X* 放在片内 RAM 60H 单元，取值范围为 0～9。请编制查表程序，查出变量的立方值，并存放入片内 RAM 68H、69H 单元。

分析：在程序存储器的一片连续区域，建立变量各个取值的立方表，该表中的每个数占两个字节。设该表的首地址为 TABLE，变量 *X* 对应的立方值在 TABLE+2*X* 单元中，查出的结果送入片内 RAM 69H、68H 单元中。根据上述分析可画出如图 4-9 流程图。

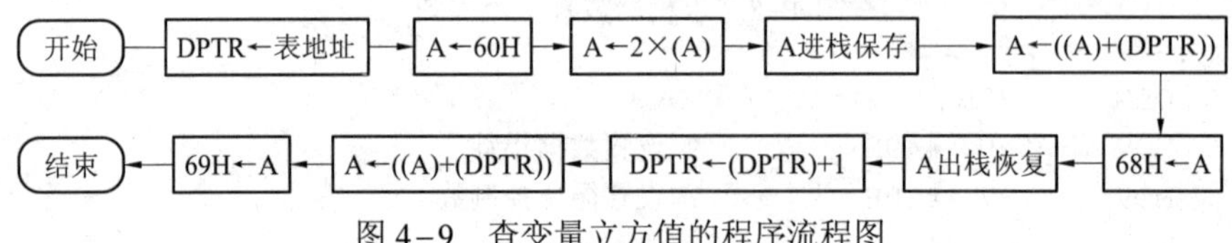

图 4-9 查变量立方值的程序流程图

根据流程图编程如下：

```
        ORG     00H
        AJMP    MAIN
        ORG     30H
MAIN:   MOV     SP, #60H        ; 设置堆栈指针
        MOV     DPTR, #TABLE    ; DPTR 指向表的首址
        MOV     A, 60H          ; 取要转换的数
        RL      A               ; 该数乘以 2
        PUSH    A
        MOVC    A, @A+DPTR      ; 查表得出立方值的低 8 位，存于 A
        MOV     68H, A          ; 保存该数立方值的低 8 位
        POP     A
        INC     DPTR
        MOVC    A, @A+DPTR      ; 查表得出立方值的高 8 位，存于 A
        MOV     69H, A          ; 保存该数立方值的高 8 位
        SJMP    $
```

```
TABLE:  DW      0000H, 0001H, 0008H, 001BH
        DW      0040H, 007DH, 00D8H, 0157H
        DW      0200H, 02D9H
        END
```

【例 4.12】 已知 R5 低 4 位有一个十六进制数（0～F 中的一个），请编程把它转换成相应的 ASCII 码并送入寄存器 R5。

解 本题有多种求解方法，此处给出两种：一种是计算求解；一种是查表求解，可比较其优劣。

（1）计算求解：由 ASCII 码字符表可知数字 0～9 的 ASCII 码为 30H～39H，A～F 的 ASCII 码为 41H～46H。因此，计算求解的思路是：若 R5≤9，则 R5 的内容加上 30H；若 R5>9，则 R5 的内容加上 37H。程序设计如下。

```
        ORG     0200H
        MOV     A, R5           ; 取转换值到 A
        ANL     A, #0FH         ; 取 A 的低 4 位
        CJNE    A, #10, NEXT1   ; A 和 10 比较
NEXT1:  JNC     NEXT2           ; 若 A>9，转至 NEXT2
        ADD     A, #30H         ; 若 A<10，则 A←A+30H
        SJMP    DONE            ; 转 DONE
NEXT2:  ADD     A, #37H         ; A←A+37H
DONE:   MOV     R5, A           ; 存结果
        SJMP    $
        END
```

（2）查表求解：查表求解时，两条查表指令均可使用。现以 MOVC A,@A+PC 指令为例给出相应程序。

```
        ORG     0200H
        MOV     A, R5           ; 取转换值到 A
        ANL     A, #0FH         ; 取 A 的低 4 位
        ADD     A, #03H         ; 地址调整
        MOVC    A, @A+PC        ; 查表
        MOV     R5, A           ; 存结果
        SJMP    $
ASCTAB: DB      '0', '1', '2', '3', '4'
        DB      '5', '6', '7', '8', '9'
        DB      'A', 'B', 'C', 'D', 'E', 'F'
        END
```

4.6 子程序设计

1. 子程序及调用

在程序设计过程中，经常会遇到在不同的程序或同一程序的不同地方要求实现某些相同

的功能，如代码转移、检索与排序、函数计算，以及对某些外设的实时控制等。为简化程序设计，缩短程序设计的周期及程序长度，便于软件交流实现资源共享，常把那些频繁使用的基本操作编成相对独立的程序段。这些能够完成确定任务并能为其他程序反复调用的程序段称为子程序。调用子程序的程序叫做主程序或调用程序。

由于子程序的存在，使得主程序中可以只安排程序的主要线索。在需要调用某个子程序时采用 LCALL 或 ACALL 调用指令，便可从主程序转入相应子程序执行。CPU 执行到子程序末尾的 RET 返回指令，即可从子程序返回主程序断点处继续执行。子程序调用过程示意图如图 4-10（a）所示。子程序中也可以调用其他子程序，称为子程序嵌套，如图 4-10（b）所示。

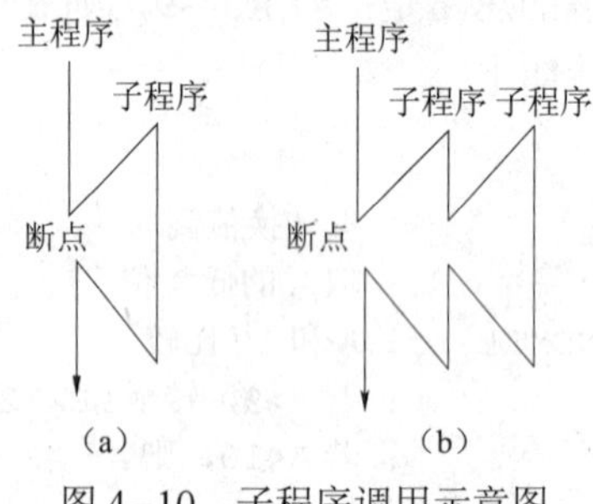

图 4-10　子程序调用示意图

主程序对子程序的调用是通过调用指令实现的，调用指令为 LCALL、ACALL。子程序的首址必须有地址标号以供调用指令调用寻址。子程序执行结束以后必须返回主程序，返回指令为 RET。

2. 现场保护

不论是在主程序还是在子程序中，不可避免地都要用到 A、Rn、DPTR、PC 等寄存器和其他一些存储单元，影响着 PSW 的状态。调用主程序时，这些寄存器可能存放着主程序的中间结果，如若不采取相应措施，当子程序执行完返回时，主程序原来的一些信息就会改变或丢失，造成运行出错。所以，子程序执行时，必须先将两段程序都用到的寄存器或存储单元保存起来，称为现场保护。在子程序返回前，再将保存起来的内容恢复到原处，返回后继续执行程序，这个过程称为恢复现场。

对于 PC 值的现场保护和恢复是由计算机在执行 LCALL、ACALL 和 RET 时自动完成的。执行 LCALL、ACALL 指令时，计算机将 PC 压入堆栈，执行 RET 指令时又弹出堆栈。对于其他需要保护的存储单元，由程序员在子程序的开头和结尾编程实现（现场保护和恢复也可在主程序中调用子程序前后进行，但这种做法应用较少）。现场保护一般是用栈操作指令完成的，使用时要注意“先入后出”的原则。另外，也可以通过修改 RS1、RS0 而改变当前工作区的方法实现现场保护。

3. 主程序与子程序的参数传递

为了使子程序具有通用性，子程序处理过程中的数据多以变量的形式出现，其具体的取值由主程序决定。主程序在调用子程序时必须将具体的数据传递给子程序中相应的变量（寄存器等），这些数据称为入口参数。另一方面，子程序执行结束后也必须将运行结果传递给主程序供主程序使用，这些结果数据称为出口参数。参数的传递一般采用以下几种方法。

（1）累加器和通用寄存器传送。

在调用子程序之前，入口参数送入寄存器导入子程序；或者返回时由寄存器将结果带回。该方法程序简单、速度快，但传递参数不能太多。

（2）指针寄存器传送。

当要传送的数据较多时，一般将要传送的数据存放在 RAM 单元中，此时设置 Ri 或 DPTR 为指针寄存器，主程序与子程序只要通过 Ri 或 DPTR 传送存放这些数据的地址，即可通过间接寻址的方式传送数据。

（3）堆栈传送。

该方法与现场保护类似，但注意不要与现场保护的内容发生冲突。

（4）利用位地址传送。

如果子程序的入口参数是字节中的某些位，那么利用本方法传送入口参数和出口参数也有方便之处，传递参数的过程与前面类似。

子程序参数的上述传递方法也适用于中断服务子程序的编制。

4. 子程序设计举例

【例 4.13】 设内部 RAM 中存放长度为 20H 的 ASCII 字符串，首址为 30H。试将该字符中每一个字符中加偶校验位。要求先编写 ASCII 字符的偶校验子程序，通过子程序调用完成上述任务。

说明：奇偶校验是简便地检查数据传输是否正确的手段。偶校验即是保证所传送的字符中 1 的个数为偶数，对于 ASCII 字符，最高位设校验位，若低 7 位 1 的个数为奇数，则校验位为 1；若低 7 位 1 的个数为偶数，则校验位为 0。奇校验则相反。数据传送后，接收方根据事先定好的奇偶校验方法（是奇校验或是偶校验）检查字符中 1 的个数是否满足检验要求，若满足，认为数据传送正确，本次传输有效；否则认为数据传送出错，所接收数据无效，并进行相应的处理。

解 该例中，入口参数仅有一个 ASCII 码，出口数据也只有一个加校验位的 ASCII 字符，可只用累加器 A 进行参数传递。

子程序编写如下：

```
        ORG     0200H
CHK:    ADD     A，#00H            ；由A中1的个数产生PSW奇偶标志位P
        JNB     P，DONE            ；判A中1的个数是否为偶数
        ORL     A，#80H            ；为奇，置标志位1
DONE:   RET
```

主程序如下：

```
        ORG     0100H
MAIN:   MOV     R1，#30H
        MOV     R7，#20H
NEXT:   MOV     A，@R1      ；取数
        ACALL   CHK         ；调用子程序置校验位
        MOV     @R1, A      ；存已加校验位的ASCII字符
        INC     R1          ；修改指针，指向下一单元
```

```
        DJNZ    R7, NEXT      ；计数器减 1 判 0
        END
```

上例中，可以将主程序设计为子程序，以子程序嵌套的方式实现功能。这样的程序，更具有普遍性，适用于存放在任何单元的、长度可变的 ASCII 字符校验位的添加。

程序清单如下：

```
        ORG     0180H
MAIN:   MOV     R1, #30H
        MOV     R7, #20H
        ACALL   CHK1
        SJMP    $
        ORG     0200H
CHK1:   MOV     A, @R1
        ACALL   CHK2
        MOV     @R1, A
        INC     R1
        DJNZ    R7, CHK1
        RET
        ORG     0240H
CHK2:   ADD     A, #00H
        JNB     P, DONE
        ORL     A, #80H
DONE:   RET
        END
```

说明：

（1）完成后的程序清单一般按地址顺序列出。

（2）每段程序前以 ORG 伪指令确定该程序段位置。恰当使用 ORG 指令，可方便程序书写，层次清楚，又能节省资源。ORG 后的地址可在完整程序编写结束后再定，既要与前一段程序留出一定单元，以便程序修改，留出的单元又不要太多，以免浪费。

（3）每个子程序的首址必须有标号作为主程序调用的入口地址。

（4）每个子程序的结束必须有 RET 指令以返回主程序。

（5）END 伪指令必须在全部程序之后，而不一定是在主程序之后。

（6）地址标号、变量等尽量取有意义的合法字符，以便阅读。

【例 4.14】 ① 编写子程序，实现以下功能：计算内部 RAM 中 N 个字节无符号数之和（N 小于 256）。② 编写一程序，调用①中子程序实现以下功能：求内部 RAM 20H～3FH 中存放的字节无符号数之和，并存入 40H、41H 单元中（高位在前），若和大于 256、62H 单元置 0FFH，否则 62H 清零。

解　该例中需要传递的参数有 3 类：

（1）参与运算的字节无符号数个数 N，用寄存器 R3 传递；

（2）参与运算的数据在 RAM 单元中，以 R0 为指针寄存器，通过间接寻址传送；

（3）运算结果共两个，用 R1 间接寻址传送。

编写的程序包括子程序和主程序，分别如下：

（1）子程序如下：

```
        ORG     1000H
SUB:    PUSH    PSW            ；保护现场
        MOV     @R1，#0        ；目的单元清零
        INC     R1
        MOV     @R1，#0
LOOP:   MOV     A，@R0         ；取数
        ADD     A，@R1         ；求和
        MOV     @R1，A         ；存和的低字节数
        DEC     R1             ；修改指针，指向和的高位地址
        CLR     A
        ADDC    A，@R1         ；取进位位
        MOV     @R1，A         ；存和的高字节数
        INC     R1             ；修改指针，指向和的低位地址
        INC     R0             ；修改指针，指向下一个单元
        DJNZ    R3，LOOP
        POP     PSW            ；恢复现场
        RET
```

（2）主程序如下：

```
        ORG     0100H
MAIN:   MOV     R0，#20H       ；设置R0为入口指针寄存器
        MOV     R1，#40H       ；设置R1为出口指针寄存器
        MOV     R3，#20H       ；设置R3传递字节数
        ACALL   SUB
        MOV     62H，#0FFH     ；预置62H单元为0FFH
        MOV     A，41H         ；判总和高位是否为0
        JNZ     TOEND
        MOV     62H，#00H      ；小于100H，62H改为00H
TOEND:  END
```

复习参考题

4-1 什么是程序设计，什么是程序设计语言，什么是汇编语言程序设计？

4-2 常用的程序设计语言有哪几类？各有何特点？

4-3 汇编语言程序设计的一般步骤包括哪几步？

4-4 程序设计的基本方法有哪几种？

4-5 汇编语言源程序设计的语句通常包括哪4个部分？

4-6 什么是伪指令，它在程序设计中起什么作用？

4-7 汇编语言程序的汇编有哪两种方法？

4-8 常用的程序设计结构包括哪几种？

4-9 循环程序一般由哪 4 部分组成?

4-10 子程序与主程序是如何定义的?

4-11 设内部 RAM 的 DATA 单元中保存有一个无符号数自变量 X,请编写程序实现如下函数功能,并将结果 Y 保存在 RESULT 单元。

$$Y=\begin{cases}2X & X\leqslant 30\\ X+23 & 30<X\leqslant 60\\ X-24 & X>60\end{cases}$$

4-12 在外部 RAM 区 BLOCK 开始的单元内有一以%字符结尾的数据块。请编程求这些数据的和,并将和放入内部 RAM 60H 开始的单元内(低字节在前)。

4-13 请编写程序将内部 RAM 中 DATA 开始的 50 个无符号数中的最大值找出并放入 MAX 单元。

4-14 设 R1 中有一个无符号数,取指范围是 0 ~ 9,请编写查表程序求此数的四次方并把结果放入片外 RAM 的 2000H 和 2001H(低字节在前)。

4-15 设外部 RAM 中 2000H 开始的单元中有 150 个无符号二进制数,请编写程序将它们从小到大依次存入片外 RAM 区 2100H 开始的单元内。

4-16 设晶振频率为 12MHz,请编写延时 25 ms 的延时子程序,并尝试利用该子程序控制连接在 P1.0 端口的 LED 灯实现 1 Hz 的闪烁。

第5章

中断系统

【本章内容概要】

中断是现代计算机必须具备的重要功能，也是计算机发展史上的一个重要里程碑。本章在介绍中断定义和作用的基础上，着重讨论了 MCS–51 单片机中断系统的控制方法与中断的处理过程，并举例说明了中断系统的应用。

【本章学习重点与难点】

学习重点是：与中断系统有关的各种概念，中断的功能、分类；MCS–51 单片机的中断源、中断标志及对中断的控制；MCS–51 单片机中断的处理过程；掌握 MCS–51 单片机各中断源的用处。

学习难点是：MCS–51 单片机中断的控制方法；MCS–51 单片机各中断源的应用。

5.1 中断概述

5.1.1 中断的概念与功能

所谓中断，是指 CPU 暂停原程序的执行转而为外部设备服务（执行中断服务程序），并在服务完成后自动返回原程序执行的过程。实现这种功能的部件称为中断系统。中断通常由中断源产生，中断源在需要时可以向 CPU 提出“中断请求”。CPU 一旦对“中断请求”的电信号进行检测和响应便转入该中断源的中断服务子程序执行，并在执行完毕后自动返回原程序执行。中断源不同中断服务程序的功能也不相同。计算机采用中断技术，能够极大地提高工作效率和处理问题的灵活性。

调用中断服务程序类似于程序设计中的调用子程序，但两者又有区别，主要区别见表 5–1 所示。

表 5–1　中断服务程序与调用子程序的区别

中断服务程序	调用子程序
随机产生的	程序中事先安排好的
保护断点	保护断点
为外设服务和处理各种事件	为主程序服务

具有中断功能的计算机具有如下优点。

1. 提高 CPU 的工作效率

CPU 有了中断功能就能解决快速 CPU 和慢速外设连接的问题。CPU 在执行主程序的同时可以通过分时操作启动多个外设与它并行工作，并且任何一个外设在工作完成后都可以通过中断请求 CPU 中断它正在执行的程序，转而执行中断服务程序，中断处理完成后，CPU 恢复执行主程序，外设也继续工作。这样 CPU 就可以命令多个外设同时工作，从而大大提高 CPU 的工作效率。

2. 实现实时处理

在实时控制系统中，被控系统的各个实时参量是随时间和现场情况不断变化的。为了对系统参数进行实时调节和控制，计算机必须及时采集、分析和处理实时数据。有了中断功能，外界的这些变化量就可以根据需要随时向 CPU 发出中断请求，要求 CPU 及时响应并处理。

3. 故障处理

计算机运行过程中，出现一些事先无法预料的故障是在所难免的，如电源突跳、存储错误、运算溢出等。有了中断功能，计算机就能自行处理而不必停机。

中断系统一般具有如下功能。

（1）实现中断及返回。

当某个中断源发出中断申请时，CPU 能决定是否响应这个中断请求（当 CPU 正在执行更急、更重要的工作时，可以暂时不响应中断）。若允许响应这个中断请求，CPU 必须将正在执行的指令执行完毕后，再把断点处的 PC 值（即下一条将要执行的指令地址）压入堆栈保存下来，这是计算机自动执行的，称为保护断点。同时用户自己编程时，也要把有关寄存器的内容和标志位的状态压入堆栈，这称为保护现场。完成保护断点和保护现场的工作后即可执行中断服务程序，执行完毕后，需要用户编程恢复现场，并通过指令 RETI 返回。RETI 指令的功能是恢复 PC 值（即恢复断点），使 CPU 返回断点，继续执行主程序，这个过程见图 5-1。

（2）实现优先权排队。

通常，系统中有多个中断源，有时会出现两个或多个中断源同时提出中断请求，这就要求计算机既能区分各个中断源的请求，又能确定首先为哪一个中断源服务。为了解决这一问题，通常给各个中断源规定了优先级，称为优先权。当两个或者两个以上的中断源同时提出中断请求时，计算机首先为优先权最高的中断源服务，再响应级别较低的中断源。计算机按中断源级别高低逐次响应的过程称为优先级排队。这个过程可以通过硬件电路来实现，也可以通过程序查询来实现。

（3）实现中断嵌套。

当 CPU 响应某一中断请求，进行中断处理时，若有优先权更高的中断源发出中断请求，则 CPU 能中断正在执行的中断服务程序，并保留这个程序的断点，响应更高级中断，并在高级中断处理完后再继续进行被中断的中断服务程序，这个过程称中断嵌套，其示意图见图 5-2。如果

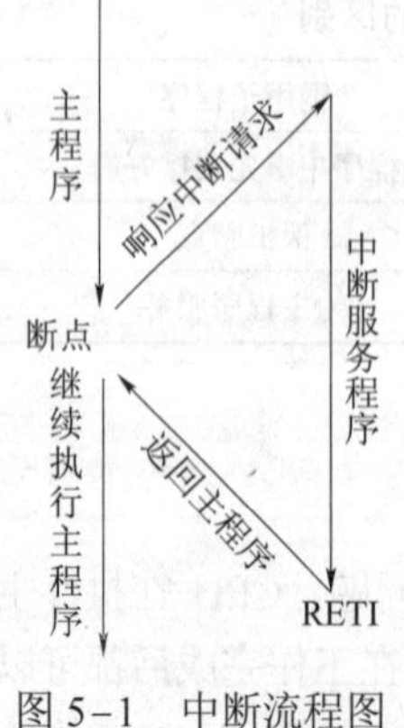

图 5-1 中断流程图

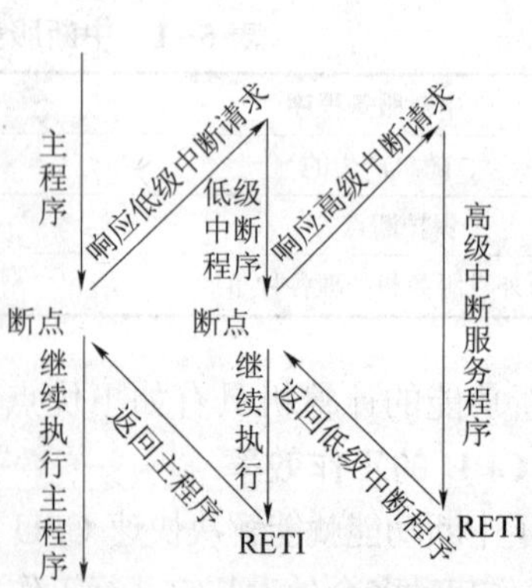

图 5-2 中断嵌套流程图

发出新的中断申请的中断源的优先权级别与正在处理的中断源同级或更低时，则CPU就先不响应这个中断申请，直至正在处理的中断服务程序执行完以后再去处理新的中断申请。

5.1.2 中断源类型

中断源是指引起中断原因的设备或部件，或发出中断请求信号的源泉。通常，中断源有以下几种。

1. 外部设备中断源

外部设备主要为微型计算机输入和输出数据，是最原始和最广泛的中断源。作为中断源时，通常要求它在输入或输出一个数据时能自动产生一个“中断请求”信号（TTL高电平或低电平）送到CPU的中断请求输入线$\overline{\text{INT0}}$或$\overline{\text{INT1}}$，以供CPU检测和响应。例如，当键盘作为中断源时，人们按下一个按键后可以通过键盘中断请求CPU提取键值编码。

2. 控制对象中断源

在控制系统中，被控对象常被用作中断源产生中断请求信号。例如，电压、电流、温度、流量和流速等超越上限和下限及开关和继电器的闭合或断开都可以作为中断源来产生中断请求，要求CPU通过执行中断服务程序加以处理。

3. 故障中断源

故障源是产生故障信息的源泉，把它作为中断源是要CPU以中断方式对已发生的故障进行分析处理。故障中断源有内部和外部之分：CPU内部故障源引起内部中断，如被零除中断；CPU外部故障源引起外部中断，如掉电中断等。当掉电检测电路检测到系统掉电时会自动产生一个掉电中断请求，CPU检测到后，在大滤波电容维持正常供电的几秒钟内，通过执行掉电中断服务程序来保护现场和启用备用电池，以便电源恢复后继续执行掉电前的用户程序。

与CPU故障中断源类似，被控对象的故障源也可用作故障中断源，以便对被控对象进行应急处理，从而减少系统在发生故障时的损失。

4. 定时脉冲中断源

定时脉冲中断源又称定时器中断源，实际上是一种定时脉冲电路或定时器，用于产生定时器中断。定时器中断有内部和外部之分。内部定时器中断由CPU内部的定时/计数器溢出（全“1”变全“0”）时自动产生，故又称为内部定时器溢出中断；外部定时器中断通常由外部定时电路的定时脉冲通过CPU的中断请求输入线引起。无论内部还是外部定时器中断都可以使CPU进行计时处理，以便达到时间控制的目的。

5.1.3 中断的分类

中断按功能通常可以分为可屏蔽、非屏蔽和软件中断3类。下面分别介绍它们的特点。

1. 可屏蔽中断

可屏蔽中断是指CPU对$\overline{\text{INT}}$中断请求输入线上输入的中断请求是可以控制（或屏蔽）的，这种控制通常可以通过中断控制指令来实现。CPU可以通过预先执行一条开中断指令来响应来自$\overline{\text{INT}}$上的低电平中断请求，也可以通过预先执行一条关中断指令来禁止$\overline{\text{INT}}$上的低电平中断请求。因此，$\overline{\text{INT}}$上的可屏蔽中断请求是否为CPU响应最终可以由人们通过指令来控制。MCS–51就是具有可屏蔽中断功能的一类CPU。

2. 非屏蔽中断

非屏蔽中断是指CPU对来自$\overline{\text{NMI}}$中断输入线上的中断请求是不可屏蔽（或控制）的，

也就是说只要 $\overline{NMI}$ 上输入一个低电平，CPU 就必须响应 $\overline{NMI}$ 上的这个中断请求。Zilog 公司的 Z80 就是具有非屏蔽中断功能的 CPU。

3. 软件中断

软件中断是指人们可以通过相应的中断指令使 CPU 响应中断，CPU 只要执行这种指令就可以转入相应的中断服务程序执行，以完成相应的中断功能。因此，具有软件中断功能的 CPU 非常灵活，只要在编程时有这种需要就可以通过安排一条中断指令来使 CPU 产生一次中断，以完成一次特定任务。具有软件中断功能的 CPU 有 Intel 公司的 8088 和 8086 等。

5.1.4 中断嵌套

通常，CPU 会有多个中断源，可以接收若干个中断源发出的中断请求。但在同一瞬间，CPU 只能响应多个中断源中的一个中断请求。CPU 为了避免在同一瞬间因响应若干个中断源的中断请求而带来的混乱，必须给每个中断源的中断请求赋一个特定的中断优先级，以便CPU 先响应优先级高的中断请求，然后再逐次响应中断优先级次高的中断请求。中断优先级又称中断优先权，可以直接反映每个中断源的中断请求为 CPU 响应的优先程度，也是分析中断嵌套的基础。

与子程序类似，中断也允许嵌套。在某一瞬间，CPU 因响应某一中断源的中断请求而正在执行它的中断服务程序时，若 CPU 此时的中断是开放的，那它必然可以把正在执行的中断服务程序暂停下来转而响应和处理中断优先权更高中断源的中断请求，处理完毕后再转回继续执行原来的中断服务程序，这就是中断嵌套。因此，中断嵌套的先决条件是中断服务程序开头应设置一条开中断指令（因为 CPU 会因响应中断而自动关闭中断），其次才是要有优先权更高中断源的中断请求存在。两者缺一不可，都是实现中断嵌套的必要条件。非屏蔽中断 $\overline{NMI}$ 是一种不受屏蔽的中断，故不存在中断嵌套问题。

5.2 MCS-51 的中断系统

中断过程是在硬件的基础上再配以相应的软件实现的。不同的计算机其硬件结构和软件指令是不完全相同的，因此中断系统一般也是不相同的。本节专门讨论 MCS-51 的中断源、中断标志及 MCS-51 对中断请求的控制。

5.2.1 MCS-51 的中断源和中断标志

在 MCS-51 系列单片机中，单片机类型不同，其中断源数量和中断标志位的定义也有差别。例如，8031，8051 和 8751 有 5 个中断源，8032、8052 和 8752 有 6 个中断源。下面以 8031、8051 和 8751 的 5 个中断源为例进行介绍。

1. 中断源

8051 有 3 类 5 个中断源，包括两个外部中断、两个定时器溢出中断和一个串行口中断。

（1）外部中断源。外部中断是由外部原因引起的，共有外部中断 0 和外部中断 1 两个中断源，相应的中断请求信号输入端是 $\overline{INT0}$ 和 $\overline{INT1}$。外部中断有低电平触发和负边沿触发两种触发方式，具体工作在哪种方式可由用户通过对定时控制寄存器 TCON 中 IT0 和 IT1 位状态的设置来选取。CPU 在每个周期的 S5P2 时刻对 $\overline{INT0}$ 和 $\overline{INT1}$ 上的中断请求信号进行一次检测。对于电平触发方式，若检测到低电平即为有效的中断请求。对于边沿触发方式要检测两次，若前一次为高电平，后一次为低电平，则表示检测到了负跳变的有效中断请求信号。因此，CPU 检测外部中断上负边沿中断请求的时刻不一定恰好是中断请求信号发生负跳变的时刻，但两者之间最多不会相差一个机器周期的时间。

（2）定时器溢出中断源。定时中断发生在单片机的内部，包括定时/计数器 0 和定时/计数器 1 溢出中断。定时中断是为满足定时或计数的需要而设置的，在 8051 单片机内部有两个 16 位定时/计数器，由内部定时脉冲（主脉冲经 12 分频后）或 T0/T1 引脚上输入的外部定时脉冲计数。定时器 T0/T1 发生计数溢出（从全“1”变全“0”）时可以自动向 CPU 提出溢出中断请求，以表明定时时间到或计数值已满。这时就以计数溢出信号作为中断请求，去置位一个溢出标志位，作为单片机接收中断请求的标志位。定时器 T0/T1 的定时时间可由用户通过程序设定，以便 CPU 在定时器溢出中断服务程序内进行计时。例如，若定时器 T0 定时时间设为 10 ms，则 CPU 每响应一次 T0 溢出中断请求就可在中断服务程序中使 0.01 s 单元加 1，100 次中断后 0.01 s 单元清零的同时使秒单元加 1，以后重复上述过程。

（3）串行口中断源。串行口中断是为串行数据传送的需要而设置的，是 8051 内部中断。串行口中断分为串行口发送中断和串行口接收中断两种。每当串行口接收或发送一组串行数据完毕时，串行口电路使串行口控制寄存器 SCON 中的 RI 或 TI 中断标志位置位，并自动向 CPU 发出串行口中断请求。CPU 响应串行口中断后便立即转入串行口中断服务程序的执行。通过在串行口中断服务程序中安排一段对 SCON 中 RI 和 TI 中断标志位状态的判断程序，便可区分串行口发生了接收还是发送中断请求。

2. 中断标志

8051 在每个机器周期的 S5P2 时检测（或接收）外部（或内部）中断源发来的中断请求信号后先使相应中断标志位置位，然后便在下个机器周期检测这些中断标志位状态，以决定是否响应该中断。8031 中断标志位集中安排在定时器控制寄存器 TCON 和串行口控制寄存器 SCON 中。由于它们对 8051 中断初始化关系密切，因此需要熟悉掌握。

（1）定时器控制寄存器 TCON。该寄存器各位定义如图 5-3 所示，各位含义如下。

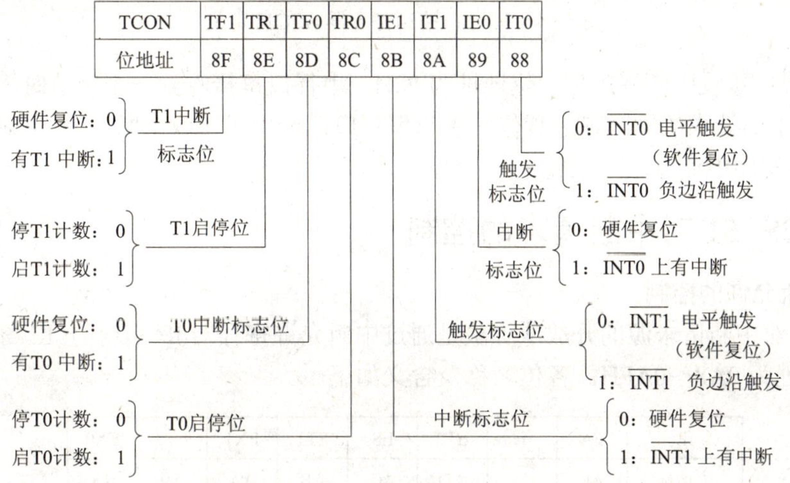

图 5-3　定时控制寄存器 TCON 各位定义

① IT0 和 IT1。IT0 为 $\overline{\text{INT0}}$ 中断触发标志位，位地址为 88H，其状态可由用户通过程序设定：若使 IT0=0，则 $\overline{\text{INT0}}$ 上中断请求信号的触发方式为电平触发（即低电平引起中断）；若 IT0=1，则 $\overline{\text{INT0}}$ 上中断请求信号的触发方式为负边沿触发（即负边沿引起中断）。IT1 的功能与 IT0 相同，区别仅在于其设定触发方式的对象为 $\overline{\text{INT1}}$，其位地址为 8AH。

② IE0 和 IE1。IE0 为外部中断 $\overline{\text{INT0}}$ 中断请求标志位，位地址为 89H。CPU 在每个机器周期的 S5P2 时检测到 $\overline{\text{INT0}}$ 上的中断请求有效时，IE0 由硬件自动置位；当 CPU 响应 $\overline{\text{INT0}}$ 上的中断请求并进入相应中断服务程序时，IE0 被自动复位。IE1 为外部中断 $\overline{\text{INT1}}$ 的中断请求标志位，位地址为 8BH，其作用与 IE0 相同。

③ TR0 和 TR1。TR0 为定时器 T0 的启停控制位，位地址为 8CH。TR0 可由用户通过程序设定：若使 TR0=1，则定时器 T0 立即开始计数；若 TR0=0，则定时器 T0 停止计数。TR1 为定时器 T1 的启停控制位，位地址为 8EH，其作用和 TR0 相同。

④ TF0 和 TF1。TF0 为定时器 T0 的溢出中断标志位，位地址为 8DH。当定时器 T0 产生溢出中断时，TF0 由硬件自动置位；当定时器 T0 的溢出中断被 CPU 响应后，TF0 被硬件复位。TF1 为定时器 T1 的溢出中断标志位，位地址为 8FH，其作用与 TF0 相同。

（2）串行口控制寄存器 SCON。该寄存器各位定义如图 5-4 所示。图中 TI 和 RI 分别为串行口发送和接收中断标志位，其余各位用于串行口方式设定和串行口发送/接收控制。

TI 为串行口发送中断标志位，位地址为 99H。串行口每发送完一个字节时，串行口电路向 CPU 发出中断请求的同时使之置位，但在 CPU 响应中断后不能由硬件自动复位，用户应在串行口中断服务程序中通过指令使它复位。

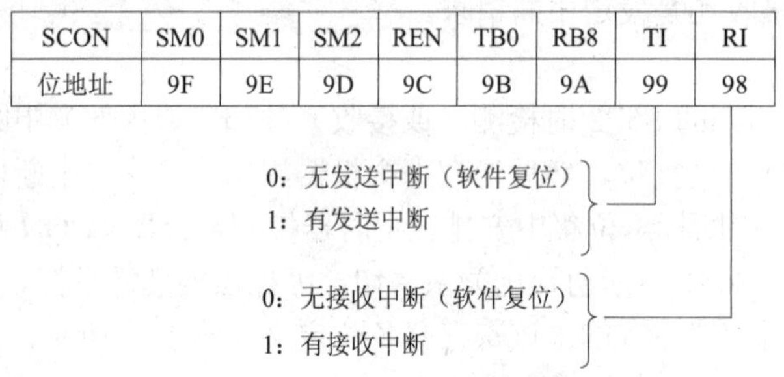

SCON	SM0	SM1	SM2	REN	TB0	RB8	TI	RI
位地址	9F	9E	9D	9C	9B	9A	99	98

图 5-4　串行口控制寄存器 SCON 定义

RI 为串行口接收中断标志位，位地址为 98H。串行口每接收到一个字节时，串行口电路向 CPU 发出中断请求的同时使之置位，表示串行口已产生了接收中断。RI 也应由用户在串行口中断服务程序中通过软件来复位。

5.2.2　MCS-51 对中断请求的控制

1. 对中断允许的控制

MCS-51 对中断请求源的开放或屏蔽是通过中断允许寄存器 IE 实现的。IE 寄存器地址为 0A8H，位地址为 0A8～0AFH。各位名称及含义如下。

IE	EA	—	ET2	ES	ET1	EX1	ET0	EX0
位地址	AF	—	AD	AC	AB	AA	A9	A8

（1）EA 为中断允许总控制位。

当 EA=0 时，中断总禁止，屏蔽所有中断请求；

当 EA=1 时，中断总允许，CPU 开放中断，对各中断的中断申请是否允许，还要取决于各中断源的中断允许控制位的状态。

（2）EX0、EX1 为外部中断允许控制位。

当 EX0（EX1）=0 时，禁止外部中断 0（外部中断 1）；

当 EX0（EX1）=1 时，允许外部中断 0（外部中断 1）。

（3）ET0、ET1、ET2 为定时/计数器中断允许控制位。

当 ET0（ET1、ET2）=0 时，禁止定时/计数 T0（T1、T2）中断；

当 ET0（ET1、ET2）=1 时，允许定时/计数 T0（T1、T2）中断。

其中，51 子系列单片机只有 T0 和 T1 两个定时/计数器，只有 52 子系列单片机才有定时/计数器 T2。

（4）ES 为串行口中断允许控制位。

当 ES=0 时，禁止串行口中断；

当 ES=1 时，允许串行口中断。

由上可见，MCS–51 单片机通过中断允许寄存器 IE 对中断的开放和关闭进行两级控制。所谓两级控制是指有一个中断允许总控位 EA，配合各中断源的中断允许控制位共同实现对中断请求的控制。它们是串联控制的，即只有当 EA 和分控制位都为“1”时，该中断才被开放。

MCS–51 单片机复位后，中断允许寄存器 IE 中的内容为 00H，即所有中断都处于两级禁止状态。若在单片机系统中使用中断，则必须用软件方法开放中断，即用指令将相应位置“1”。另一方面，CPU 响应中断后不会自动关闭开放的中断，因此在转入中断服务程序后，应根据需要将中断关闭。

2. 对中断优先级的控制

MCS–51 对中断优先级的控制比较简单，所有中断都可以设定为高、低两个中断优先级，以便 CPU 对所有中断实现两级中断嵌套。在响应中断时，CPU 先响应高优先级的中断，然后响应低优先级的中断。每个中断的中断优先级都可以通过设定中断优先级寄存器 IP 中的相应位实现。IP 寄存器地址为 0B8H，位地址为 0B8H～0BFH，各位名称及含义如下。

IP	—	—	PT2	PS	PT1	PX1	PT0	PX0
位地址	—	—	BD	BC	BB	BA	B9	B8

（1）PX0、PX1 为外部中断优先级设定位。

（2）PT0、PT1、PT2 为定时/计数中断优先级设定位。

（3）PS 为串行中断优先级设定位。

当上述位为“0”时，该位对应的中断源优先级低；为“1”时，该位对应的中断源优先级高。

8031 有 5 个中断源，但通过 IP 设置的中断优先级只有高低两级，因此其工作过程中必然会有两个或两个以上中断源处于同一中断优先级。这种情况下，CPU 会按照 MCS–51 内部对各中断源优先级统一规定的顺序来响应中断（见表 5–2）。

表 5-2 8031 内部各中断源中断优先级顺序

中断源	中断标志	优先级顺序
$\overline{INT0}$	IE0	高
定时器 T0	TF0	↓
$\overline{INT1}$	IE1	
定时器 T1	TF1	
串行口中断	TI 或 RI	低

综上，MCS-51 单片机有了这个优先级的顺序功能就可同时处理两个或两个以上中断源的中断请求了。结合中断允许和中断优先级的中断系统控制逻辑如图 5-5 所示。

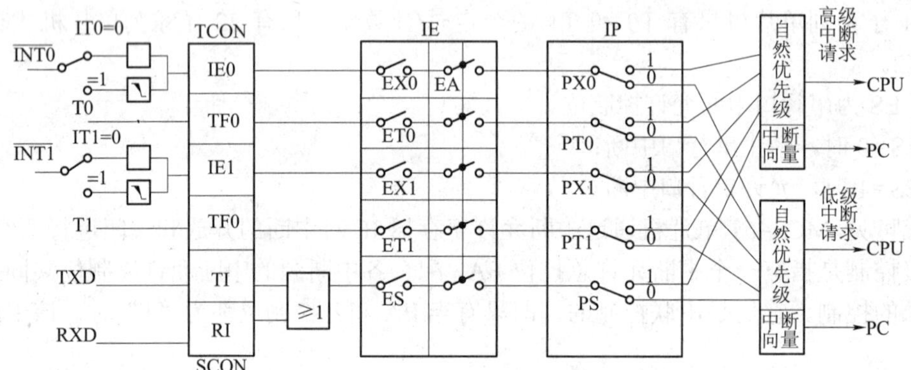

图 5-5 中断系统控制逻辑图

5.3 MCS-51 中断处理过程

中断处理过程可分为 3 个阶段，即中断响应、中断处理和中断返回。所有计算机的中断处理都有这样 3 个阶段，但不同的计算机由于中断系统的硬件结构不完全相同，因而中断响应的方式有所不同，下面以 MCS-51 单片机为例来介绍中断处理过程。

5.3.1 MCS-51 对中断的响应

中断响应是在满足 CPU 的中断响应条件之后，CPU 对中断源中断请求的回答。在这个阶段，CPU 要完成中断服务程序以前的所有准备工作，这些准备工作是：保护断点和把程序转向中断服务程序的入口地址。计算机在运行时，并不是任何时刻都会去响应中断请求，而是在中断响应条件满足之后才会响应。

1. CPU 响应中断的条件

（1）要有中断源提出中断申请；

（2）中断总允许位 EA=1，即 CPU 允许所有中断源申请中断；

（3）申请中断的中断源允许位为 1，即此中断源可以向 CPU 申请中断。

以上是 CPU 响应中断的基本条件。若满足上述条件，CPU 一般会响应中断，但如果有下列任何一种情况存在，则中断响应会受到阻断：

（1）CPU 正在执行一个同级或高一级的中断服务程序；

（2）当前的机器周期不是正在执行的指令的最后一个周期，即正在执行的指令还未完成前，任何中断请求都得不到响应；

（3）若正在执行的是 RETI 或对 IE/IP 进行读/写的指令，必须等待执行完下一条指令后才能响应该中断请求。

若没有上述情况，在紧接着的下一个机器周期，就会响应中断请求。

在每个机器周期的 S5P2 期间，CPU 对各中断源采样，并设置相应的中断标志位。CPU 在下一个机器周期 S6 期间按优先级顺序查询各中断标志，如查询到某个中断标志为 1，将在再下一个机器周期 S1 期间按优先级进行中断处理。中断查询在每个机器周期中反复执行，如果中断响应的基本条件已满足，但由于上述 3 条之一而未被及时响应，待上述封锁条件被撤销之后，中断标志却已消失了，则这次中断申请就不会再被响应。

2. 中断响应过程

如果中断响应条件满足，且不存在中断阻断的情况，则 CPU 将响应中断。此时，中断系统通过硬件生成长调用指令（LCALL），此指令将自动把断点地址压入堆栈保护起来（但不保护程序状态字 PSW 及其他寄存器内容），然后将对应的中断入口地址装入程序计数器 PC，使程序转向该中断入口地址，执行中断服务程序。在 MCS–51 单片机中各中断源对应的入口地址分配如下：

中断源	入口地址
外部中断 0	0003H
定时器 T0 中断	000BH
外部中断 1	0013H
定时器 T1 中断	001BH
串行口中断	0023H

使用时，通常在这些入口地址处存放一条绝对跳转指令，使程序跳转到用户安排的中断服务程序起始地址上去。

5.3.2　中断处理

中断服务程序从入口地址开始执行，直至遇到指令“RETI”返回，这个过程称为中断处理（又称中断服务）。此过程一般包括两部分内容：一是保护现场，二是处理中断源的请求。

因为一般主程序和中断服务程序都可能会用到累加器、PSW 及其他一些寄存器。CPU 在中断服务程序中用到上述寄存器就会破坏它原来的内容，一旦中断返回，将会造成主程序混乱。因而在进入中断服务程序后，一般要先保护现场，然后再执行中断处理程序，在返回主程序以前，再恢复现场。另外，在编写中断服务程序时还需注意以下几点。

（1）各入口地址之间，只相隔 8 个字节，一般的中断服务程序是容纳不下的。最常用的方法是在中断入口地址单元处存放一条无条件转移指令，这样可使中断服务程序灵活地安排在 64 KB 程序存储器的任何空间。

（2）若要在执行当前中断程序时禁止更高优先级的中断，要先用软件关闭 EA 总中断，或禁止更高级中断源的中断，但在中断返回前需要重新开放。

（3）在保护和恢复现场时，为了不使现场数据受到破坏或造成混乱，一般规定在保护和恢复现场时，CPU 不响应新的中断请求。这就要求在编写中断服务程序时，注意在保护现场之前要关中断，在恢复现场之后开中断。

5.3.3 中断返回

中断返回是指中断处理完成后，计算机返回到原来断开的位置（即断点）继续执行原来的程序。中断返回由专门的中断返回指令 RETI 来实现。该指令的功能是把断点地址取出，送回到程序计数器 PC 中去。另外，它还通知中断系统已完成中断处理，将清除优先级状态触发器。特别要注意不能用“RET”指令代替“RETI”指令。综上所述，可以把中断处理过程用图 5-6 的流程图进行概括。图中，保护现场之后的开中断是为了允许有更高级中断打断此中断服务程序。

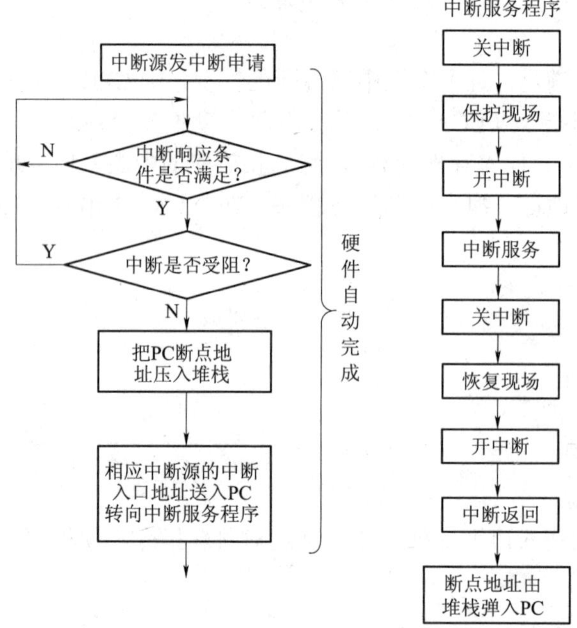

图 5-6　中断处理过程流程图

5.3.4 中断请求的撤销

CPU 响应某中断请求后，TCON 或 SCON 中的中断请求标志应及时清除，否则会引起另一次中断。对于定时器溢出中断，CPU 在响应中断后，就用硬件清除了有关的中断请求标志 TF0 或 TF1，即中断请求是自动撤除的，无须采取其他措施。

对于边沿触发的外部中断，CPU 在响应中断后，中断请求标志 IE0 或 IE1 也是硬件自动清除的。对于串行口中断，CPU 响应中断后，没有硬件自动清除 TI、RI，用户必须在中断服务程序中用软件清除。

对于电平触发的外部中断，CPU 响应中断后，虽然也是由硬件自动清除中断申请标志 IE0 或 IE1，但并不能彻底解决中断请求的撤除问题。因为尽管中断标志清除了，但是 $\overline{\text{INT1}}$ 或 $\overline{\text{INT0}}$

引脚上的低电平信号可能会保持较长的时间，在下一个机器周期中断请求时，又会使 IE0 或 IE1 重新置 1。为此，应该在外部中断请求信号接到 $\overline{\text{INT1}}$ 或 $\overline{\text{INT0}}$ 引脚的连接电路上采取措施，及时撤除中断请求信号。

图 5-7 是可行的方案之一。外部中断请求信号不直接加在 $\overline{\text{INT1}}$ 或 $\overline{\text{INT0}}$ 上，而是加在 D 触发器的 CLK 端。由于 D 端接地，当外部中断请求的正脉冲信号出现在 CLK 端，且 $\overline{\text{INT1}}$ 或 $\overline{\text{INT0}}$ 为低电平时，发出中断请求。用 P1.0 接在触发器的 S 端作为应答线，当 CPU 响应中断后可用如下两条指令：

```
ANL    P1，#0FEH
ORL    P1，#01H
```

执行第一条指令使 P1.0 输出为 0，其持续时间为两个机器周期，足以使 D 触发器置位，从而撤除中断请求。第二条指令使 P1.0 变为 1，否则，D 触发器的 S 端始终有效，$\overline{\text{INT0}}$ 端始终为 1，无法再次中断。

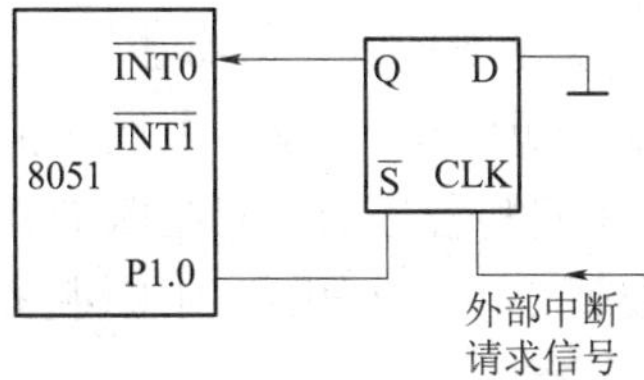

图 5-7　外部中断撤除电路

5.3.5　中断响应时间

所谓中断响应时间，是从查询中断请求标志位开始到转向中断入口地址所需的机器周期数。MCS-51 单片机的最短响应时间为 3 个机器周期。其中中断请求标志位查询占一个机器周期，而这个机器周期又恰好是执行指令的最后一个机器周期，在这个机器周期结束后，中断即被响应，产生 LCALL 指令。而执行这条长调用指令需要 2 个机器周期，这样中断响应共经历了 3 个机器周期。

若中断响应被前面所述的 3 个情况所封锁，将需要更长的响应时间。若中断标志查询时，刚好开始执行 RET、RETI 或访问 IE、IP 的指令，则需要把当前指令执行完再继续执行一条指令后，才能进行中断响应。执行 RET、RETI 或访问 IE、IP 指令最长需要两个机器周期。而如果继续执行的那条指令恰好是 MUL（乘）或 DIV（除）指令，则又需要 4 个机器周期，再加上执行长调用 LCALL 所需要的 2 个机器周期，从而形成了 8 个机器周期的最长响应时间。

一般情况下，外中断响应时间都是大于 3 个机器周期而小于 8 个机器周期。当然，如果出现同级或高级中断正在响应或服务中需等待的时候，那么响应时间就无法计算了。

5.4　MCS-51 中断系统的应用

本节将通过几个简明易懂的实例，说明中断系统的应用。通过这些例子使读者能深刻了解中断服务程序的设计思想、设计时应注意的问题及中断控制的问题等。

中断控制实质上就是用软件对 4 个与中断有关的特殊功能寄存器 TCON、SCON、IE 和 IP 进行管理和控制。人们只要对这些寄存器相应位的状态进行预置，CPU 就会按照人们的意志对中断源进行管理和控制。在 MCS−51 单片机中，需要人为进行管理和控制的有以下几点：

（1）CPU 的开中断与关中断；

（2）各中断源中断请求的允许和禁止（屏蔽）；

（3）各中断源优先级别的设定；

（4）外部中断请求的触发方式。

中断管理程序和中断控制程序一般不独立编写，而是在主程序中编写。例如，CPU 开中断，可用指令 SETB　EA 或 ORL　IE，#80H 来实现。关中断，可用指令 CLR　EA 或 ANL　IE，#7FH 来实现。

中断服务程序是具有特定功能的独立程序段。它为中断源的特定要求服务，以中断返回指令结束。在中断响应过程中，断点的保护主要由硬件电路来实现。对用户来说，在编写中断服务程序时，首先要考虑保护和恢复现场。在多级中断系统中，中断可以嵌套。为了不在 CPU 响应其他更高级中断请求时破坏现场，一般要求在保护或恢复现场时 CPU 关闭中断，即不响应外界的中断请求。因此，在编写程序时，应在保护和恢复现场之前，使 CPU 关中断。在保护或恢复现场之后，根据需要使 CPU 开中断。中断服务程序的一般格式为：

```
CHI:    CLR     EA      ；关中断
        PUSH    ACC     ；保护累加器
        PUSH    PSW     ；保护 PSW
        ⋮               ；保护其他寄存器
        SETB    EA      ；开中断
        ⋮               ；中断任务
        CLR     EA      ；关中断
        ⋮               ；恢复其他寄存器
        POP     PSW     ；恢复 PSW
        POP     ACC     ；恢复累加器
        SETB    EA      ；开中断
        RETI            ；返回
```

下面通过具体实例说明中断控制和中断服务程序的设计。

【例 5.1】　利用定时器 T0 定时，在 P1.7 端输出一方波，方波周期为 20 ms，已知晶振频率为 12 MHz。

解　在定时器应用中已用查询方法做过类似的题目。现在采用中断的方法实现这一要求，T0 的中断服务程序入口地址为 000BH。

主程序如下：

```
    ORG         0000H
    LJMP        MAIN
                ⋮
；T0 的中断服务程序
    ORG     000BH       ；中断入口
```

```
        AJMP    T0_INT
                ⋮
        ORG     100H
T0_INT: MOV     TL0，#0F0H          ；重赋初值
        MOV     TH0，#0D8H
        CPL     P1.7                ；输出取反
        RETI
                ⋮
        ORG     2000H
MAIN:   MOV     TMOD，#01H          ；设置 T0 为模式 1
        MOV     TL0，#0F0H          ；赋初值
        MOV     TH0，#0D8H
        MOV     IE，#82H            ；EA=1，ET0=1
        SETB    TR0                 ；启动 T0
HERE:   SJMP    HERE                ；循环等待定时到
        END
```

本例的中断服务程序中没有关中断，也没有保护现场，因为只有一个中断源，且主程序中没有需要保护的内容。

在本程序中没有用 CLR TF0 指令，因为进入中断服务程序后，硬件可自动清零。采用中断方式后 CPU 可以做更多的事，例如本例中的 SJMP 指令，要反复运行 10 ms，在这期间可以用来执行许多其他操作。

【例 5.2】 把上题的要求改为用定时器 T1 定时，方波周期为 4 min。

解 （方法 1） 采用中断的方法。设定时器 T1 采用模式 1 定时 10 ms，用 R1 单元做 10 ms 计数单元，用 R2 单元做秒计数单元，用 4FH 位做 2 分计时到标志。T1 中断服务程序入口地址为 001BH。

主程序如下：

```
        ORG     0000H
        LJMP    MAIN
                ⋮
```

T1 的中断服务程序：

```
        ORG     001BH
        AJMP    T1_INT
                ⋮
        ORG     100H
T1_INT: MOV     TH1，#0D8H          ；重赋初值
        MOV     TL1，#0F0H
        DJNZ    R1，TT1             ；判 1 s 定时到否？
        MOV     R1，#100
        DJNZ    R2，TT1             ；判 2 min 定时到否？
        MOV     R2，#120
        SETB    4FH
TT1:    RETI                        ；中断返回
                ⋮
```

```
        ORG     2000H
MAIN:   MOV     TMOD，#10H      ；设置 T1 为定时模式 1
        MOV     TH1，#0D8H      ；赋初值
        MOV     TL1，#0F0H
        MOV     IE，#88H        ；EA=1，ET1=1
        SETB    TR1             ；启动 T1 工作
        MOV     R1，#100        ；赋 10 ms 计数初值
        MOV     R2，#120        ；赋秒计数初值
        CLR     4FH             ；清标志位
TT:     JNB     4FH，TT         ；等 2 min 时间到
        CLR     4FH             ；清标志位
        CPL     P1.7            ；输出反相
        AJMP    TT              ；反复循环
        END
```

此题还可以采用软硬结合的方法实现。

（方法 2） 电路连接如图 5-8 所示。为了在 P1.7 引脚生成周期 4 min 的波形输出，利用定时器 T1 做 10 ms 定时，T1 控制 P1.6 输出周期为 20 ms 的方波，将 P1.6 与 T0（P3.4）相连，T0（P3.4）做计数输入端对周期为 20 ms 的脉冲计数，当计数值达到 6 000 时 T0 溢出，对应的时间为 20 ms×6 000=120 s=2 min，此时对 P1.7 取反即可实现周期为 4 min 的脉冲输出。

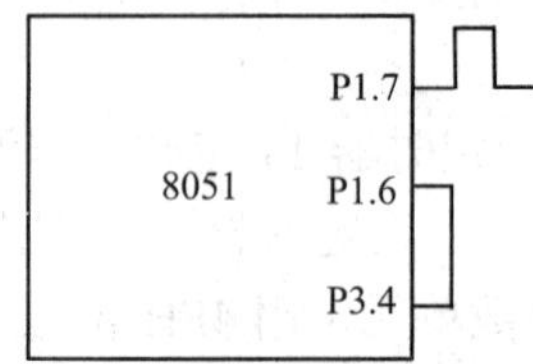

图 5-8　输出方波的硬件连接电路

T0 的计数初值 X 应为

$$X=65\,536-6\,000=59\,536=\text{E890H}。$$

程序主要包括 T1 和 T0 的中断服务子程序及主程序，分别如下。

（1）T1 的中断服务程序（由 001BH 转来）：

```
    ORG     100H
T1_INT:
    MOV     TH1，#0D8H      ；重新赋 T1 定时初值
    MOV     TL1，#0F0H
    CPL     P1.6
    RETI
```

（2）T0 的中断服务程序（由 000BH 转来）：

```
    ORG     200H
T0_INT:
    MOV     TH0，#0E8H      ；重赋 T0 计数初值
    MOV     TL0，#90H
```

```
CPL     P1.7
RETI
```

（3）主程序：

```
ORG     2000H
MOV     TMOD，#15H      ；设置T1为方式1定时，T0为方式1计数
MOV     TH1，#0D8H      ；赋T1定时10 ms初值
MOV     TL1，#0F0H
MOV     TH0，#0E8H      ；赋T0计数6 000初值
MOV     TL0，#90H
MOV     IE，#8AH        ；CPU开中断，T0，T1开中断
SETB    TR1
SETB    TR0
SJMP    $               ；等10 ms到T1的中断服务程序
END
```

复习参考题

5-1　什么叫中断，什么是中断系统？

5-2　具有中断的计算机有哪些优点？

5-3　中断系统有哪些功能？什么叫中断嵌套？

5-4　什么是中断源，中断源有哪些类型？

5-5　中断按功能可以分为哪几类，各有什么特点？

5-6　8051有几个中断源，分别是什么？

5-7　CPU响应中断的条件是什么？

5-8　MCS-51单片机各中断标志是如何产生的？又是如何清零的？CPU响应中断时，中断入口地址各是多少？

5-9　MCS-51的中断系统有几个中断优先级？中断优先级是如何控制的？

5-10　MCS-51有几个中断标志位？它们有什么相同之处，又有什么不同的地方？

5-11　试编程将INT0设为高优先级中断，且为负边沿触发方式，T1设为低优先级中断，串行口中断为高优先级中断，其余中断源设为禁止状态。

5-12　保护断点和保护现场有什么差别？

5-13　什么是开中断？什么是关中断？

5-14　试用中断技术设计一个秒闪电路，使发光二极管LED每秒闪亮500 ms。主机频率为12 MHz。

第6章

定时/计数器

【本章内容概要】

本章介绍了定时/计数器的结构、功能与工作方式，详细讨论了定时/计数器4种工作方式的原理和使用方法，并给出了定时/计数器的应用实例。

【本章学习重点与难点】

学习重点是：定时/计数器的功能、结构；定时/计数器的4种工作方式及用途；MCS-51对定时/计数器的控制方法。

学习难点是：定时/计数器的4种工作方式及应用；MCS-51对定时/计数器的控制方法。

6.1 定时/计数器概述

在单片机控制系统中，常常要进行定时或延时控制，如定时输出、定时检测和定时扫描等；有时也需要有计数功能，以便对外部事件进行计数。

要实现上述功能，一般可以采用下面3种方法。

（1）软件定时：让CPU循环执行一段程序以实现软件定时。但软件定时占用了CPU时间，降低了CPU的利用率，因此软件定时的时间不宜太长。

（2）硬件定时：采用时基电路（如555定时芯片），外接必要的元器件（电阻和电容），即可构成硬件定时电路。这种定时电路在硬件连接好以后，定时值与定时范围不能由软件进行控制和修改，即不可编程。

（3）可编程的定时器：这种定时器的定时值及定时范围可以很容易地由软件来确定和修改，因而功能强，使用灵活，如8253可编程芯片。

MCS-51系列单片机的硬件上集成有16位的可编程定时/计数器，即定时/计数器0和1，简称T0和T1。MCS-52系列单片机（8032和8052）除了有上述两个定时/计数器外，还有一个定时/计数器2，即共3个定时/计数器。它们不仅可以实现定时功能，还可以对外部脉冲进行计数。定时/计数器可独立工作，无须CPU的参与，这样就解放了CPU，提高了工作效率和系统功能，也简化了系统的设计。下面将以MCS-51单片机为例进行介绍。

6.2 MCS-51定时/计数器的结构及功能

MCS-51单片机的定时/计数器内部结构如图6-1所示，定时/计数器T0由TH0（定时器0高8位）和TL0（定时器0低8位）构成，T1由TH1（定时器1高8位）和TL1（定时器1低8位）构成。TMOD用于控制和确定各定时/计数器的功能和工作方式。TCON用于控制定时/计数器 T0、T1 启动和停止计数，同时包含定时/计数器的状态。

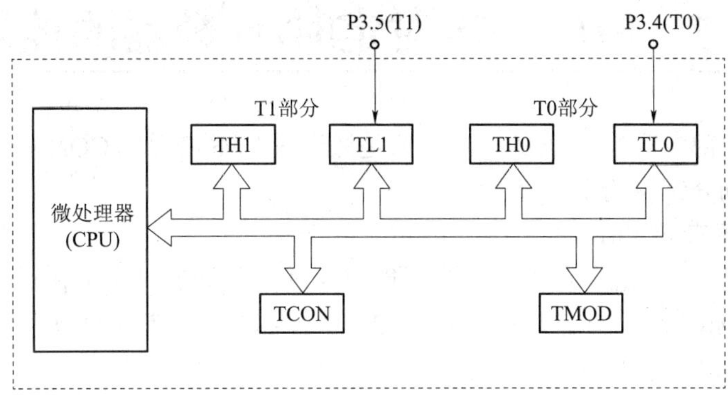

图 6-1　定时/计数器内部结构

MCS-51 单片机定时/计数器的核心部件是加 1 计数器，另有控制计数的特殊功能寄存器及电路等组成部分。其结构示意图如图 6-2 所示。

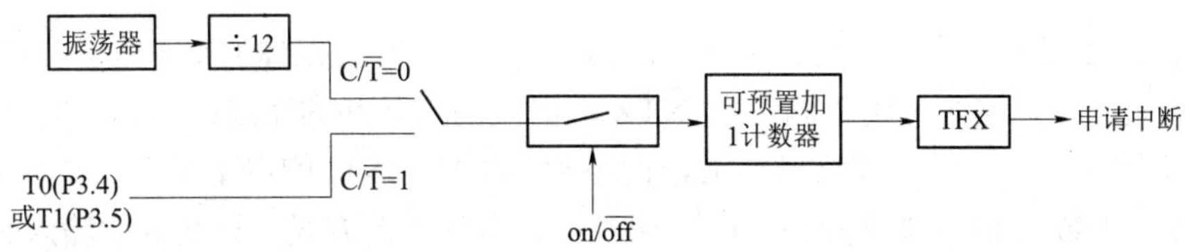

图 6-2　定时/计数器结构示意图

每个定时/计数器都具有定时和计数两种功能。在 TMOD（定时器方式控制寄存器）中，有一个控制位（C/$\overline{T}$），分别用于选择 T0 和 T1 是工作在定时器还是计数器方式。

1. 计数功能

当图 6-2 中 C/$\overline{T}$=1 时，计数器与单片机外输入信号引脚 T0 或 T1（即 P3.4 或 P3.5）接通。此时，计数器对由 T0 或 T1 引脚输入的外部脉冲信号进行计数，当输入信号发生由 1 至 0 的负跳变时，计数器（TH0，TL0 或 TH1，TL1）的值增 1，定时/计数器以计数方式工作。

CPU 在每个机器周期的 S5P2 检测一次输入引脚，为确保外来信号被检测到，计数方式下输入脉冲的高、低电平状态各要维持一个机器周期以上的时间，脉冲周期必须大于两个机器周期，即外来脉冲信号的频率不能高于振荡频率的 1/24，但 CPU 对于外来脉冲是否等周期并无要求。

当定时/计数器用作计数器时，只统计外部输入脉冲的个数，不计时间，也不管输入脉冲的宽度。

2. 定时功能

当图 6-2 中 C/$\overline{T}$=0 时，定时/计数器工作在定时器方式。实际上，定时和计数功能的机理是一样的，都是计数操作。对于定时功能，计数信号来自单片机内部的时钟脉冲。由于其周期是定值并且是预先知道的，根据计数器累计的脉冲个数即可计算出时间。例如，某单片机采用 12 MHz 晶振，则计数频率为 1 MHz，即计数器每加 1，为 1 微秒。若计数器的内容增加 1 000，延时时间则为 1 毫秒。

6.3 MCS–51 对定时/计数器的控制

MCS–51 对内部定时/计数器的控制主要是通过对 TMOD 和 TCON 两个特殊功能寄存器实现的，下面分别介绍这两个寄存器。

1. 方式控制寄存器 TMOD

TMOD 寄存器的单元地址是 89H，不能位寻址，只能通过字节传送指令设置其内容。TMOD 用于控制 T0 和 T1 的定时/计数功能和 4 种工作方式，其中低 4 位用于控制 T0，高 4 位用于控制 T1。其格式如下：

（MSB）　　　　（LSB）

GATE	C/$\overline{T}$	M1	M0	GATE	C/$\overline{T}$	M1	M0

GATE 位：门控位。

当 GATE=1 时，只有 $\overline{INT0}$ 或 $\overline{INT1}$ 引脚为高电平且 TR0 或 TR1 置 1 时，相应的定时/计数器才被选通工作，这时可用于测量在 $\overline{INTX}$ 端出现的正脉冲的宽度；当 GATE=0 时，只要 TR0 和 TR1 置 1，定时/计数器就被选通，而不管 $\overline{INT0}$ 或 $\overline{INT1}$ 的电平是高还是低。

C/$\overline{T}$ 位：计数/定时功能选择位。C/$\overline{T}$=0，设置为定时器方式，计数器的输入是内部时钟脉冲，其周期等于机器周期；C/$\overline{T}$=1，设置为计数器方式，计数器的输入来自 T0（P3.4）或 T1（P3.5）端的外部脉冲。

M1、M0 位：工作方式选择位。这 2 位可形成 4 种编码，对应于 4 种工作方式，后面将详细介绍。

2. 控制寄存器 TCON

TCON 用来控制 T0 和 T1 的启、停，并给出相应的状态，字节地址为 88H，位地址为 88H～8FH，其格式如下：

（MSB）　　　　（LSB）

TF1	TR1	TF0	TR0	IE1	IT1	IE0	IT0

TF1/TF0 位：定时器 T1/T0 的溢出标志位。

当定时/计数器 T1/T0 溢出时，由硬件置 1。使用查询方式时，此位做状态位供查询，查询有效后需由软件清零；使用中断方式时，此位做中断申请标志位，进入中断服务后被硬件自动清零。

TR1/TR0 位：定时器 T1/T0 运行控制位。该位靠软件置位或清零，置位时，定时/计数器 T1/T0 接通工作，清零时，停止工作。

TCON 的低 4 位与外部中断有关，已在中断系统的有关章节中做过介绍。

3. 定时/计数器的初始化

MCS–51 系列单片机的定时/计数器是可编程的，因此在进行定时或计数之前也要用程序进行初始化。初始化一般应包括以下几个步骤：

（1）对 TMOD 寄存器赋值，以确定定时器的功能及工作方式；

（2）置定时/计数器初值，直接将初值写入寄存器的 TH0，TL0 或 TH1，TL1；

（3）根据需要，对寄存器 IE 置初值，开放定时器中断；

（4）对 TCON 寄存器中的 TR0 或 TR1 置位，启动定时/计数器，置位以后，计数器即按规定的工作方式和初值进行计数或开始定时。

在初始化过程中，设置定时/计数器的初值需要做一些计算。由于计数器是加法计数，并在溢出时申请中断，因此不能直接输入所需的计数值，而是要用计数最大值减去所需计数值才是应置入的初值。设计数器的最大值为 M（在不同的工作方式中，M 可以为 2^{13}，2^{16} 或 2^8），则置入的初值 X 可按如下方式进行计算：

计数方式时　　$X=M-$计数值；

定时方式时　　$(M-X)T=$定时值；

所以　　$X=M-$定时值$/T$。

式中，T 为计数周期，是单片机的机器周期。

当单片机主脉冲频率为 12 MHz 时，机器周期为 1 μs 时，定时器每种工作方式的最大定时时间如下：

方式 0 时，$T_{max}=2^{13}\times 1\ \mu s=8.192\ ms$

方式 1 时，$T_{max}=2^{16}\times 1\ \mu s=65.536\ ms$

方式 2 和方式 3 时，$T_{max}=2^{8}\times 1\ \mu s=0.256\ ms$。

6.4　MCS–51 定时/计数器的 4 种工作方式

T0 和 T1 除了可以选择定时器或计数器功能外，每个定时/计数器还有 4 种工作方式，其中前 3 种方式对两者都是一样的，而方式 3 对两者是不同的。前面已提及定时/计数器的工作方式是由 TMOD 寄存器中的 M1M0 两位来设置的，这两位的状态与定时/计数器工作方式的对应关系见表 6–1，下面以 T1 为例分别介绍这几种工作方式。

表 6–1　定时/计数器工作方式

M1	M0	功能描述
0	0	方式 0，TLX 中低 5 位与 THX 中的 8 位构成 13 位计数器。计满溢出时，13 位计数器回零
0	1	方式 1，TLX 与 THX 构成 16 位计数器。计满溢出时，16 位计数器回零
1	0	方式 2，8 位自动重装载的定时/计数器，当计数器 TLX 溢出时，THX 中的内容重新装载到 TLX
1	1	方式 3，T0 为 2 个 8 位独立计数器，T1 为无中断重装 8 位计数器

1. 方式 0

当 M1M0 为 00 时，T0 或 T1 工作在方式 0。图 6–3 表示了 T1 在方式 0 下的逻辑图，其原理对 T0 也适用，只要把图中相应的标识符后缀 1 改为 0 即可。方式 0 为 13 位计数器，由 TL1 的低 5 位和 TH1 的 8 位构成，TL1 中的高 3 位弃之未用。由图可见，当 $C/\overline{T}=0$ 时，多路开关接通内部振荡器的 12 分频输出，此时 13 位计数器就是对机器周期进行计数，这就是所谓定时器工作方式；当 $C/\overline{T}$=1 时，多路开关接通计数引脚 T1，外部计数脉冲由 T1（P3.5）输入。当计数脉冲发生负跳变时，计数器加 1，这就是所谓计数工作方式。

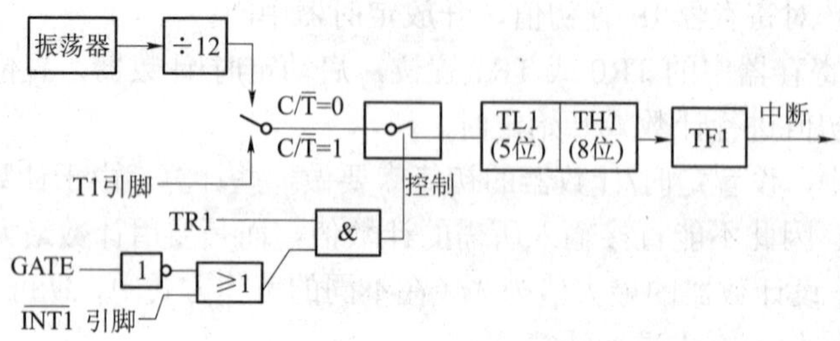

图 6-3 定时/计数器工作方式 0

不管是哪种工作方式，当 TL1 的低 5 位计数溢出时，向 TH1 进位，而全部 13 位计数器溢出时，使计数器回零，并使溢出标志 TF1 置 1，向 CPU 发中断请求。

由图 6-3 也可以看出门控位 GATE 的作用。当 GATE=0 时，经反相后使或门输出为 1，此时仅由 TR1 控制与门的开启：当 TR1=1 时，与门输出为 1，控制开关闭合，启动计数器工作；当 TR1=0 时，控制开关断开，停止计数器工作。

当 GATE=1 时，则由 $\overline{INT1}$ 控制或门的输出，此时与门的开启由 $\overline{INT1}$ 和 TR1 共同控制。当 TR1=1 时，外部中断 $\overline{INT1}$ 直接控制定时/计数器的启动和停止，即 $\overline{INT1}$ 由 0 变为 1 电平时，启动计数，当 $\overline{INT1}$ 由 1 变为 0 电平时，停止计数。这种情况常用来测量在 $\overline{INT1}$ 端出现的正脉冲的宽度。

2. 方式 1

当 M1M0 为 01 时，T0 或 T1 工作在方式 1，其逻辑电路和工作情况与方式 0 几乎完全相同。唯一的差别是：在方式 1 中，定时器 TH1 和 TL1 组合成一个 16 位定时/计数器，即 TL1 中的高 3 位也参与计数。

3. 方式 2

方式 2 是把计数寄存器 TL1（或 TL0）配置成一个可以自动重装载的 8 位计数器，如图 6-4 所示。TL1 做 8 位加法计数器，TH1 做 8 位初值寄存器，TH1 的初值由软件设置。当装入初值和启动定时/计数器工作后，TL1 按 8 位加法计数器工作。当 TL1 计数溢出时，不仅使溢出标志 TF1 置 1，而且还自动把 TH1 中的初值重装载到 TL1 中，重装载后 TH1 的内容不变。

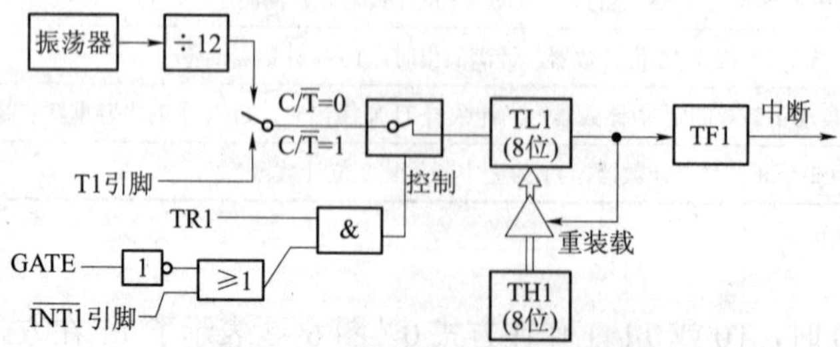

图 6-4 定时/计数器工作方式 2

方式 2 对定时控制特别有用。例如，当希望利用定时器每隔 250 μs 产生一个定时控制脉冲，则可以采用 12 MHz 的振荡器，把 TH1 预置为 6，并使 $C/\overline{T}$=0。方式 2 还特别适合于把定时/计数器作为串行口波特率发生器使用。

4. 方式 3

方式 3 只适用于定时/计数器 0。如果强制将定时/计数器 1 设置为方式 3，它将停止计数并保持原有的计数值，其作用与 TR1=0 效果相同。

对于 T0，方式 3 将把 16 位计数器分成两个互相独立的 8 位计数器 TL0 和 TH0，如图 6-5 所示。其中 TL0 功能与方式 0 和方式 1 完全相同，既可以作计数器也可作定时器使用。由于 TL0 独占了定时/计数器 T0 的各控制位，TH0 只能作简单的定时器，不能对外部脉冲计数，且只好借用定时/计数器 1 的控制位 TR1 和 TF1，即定时的启停受 TR1 控制，计数溢出则使 TF1 置位，此时的 TH0 占用了 T1 的中断。

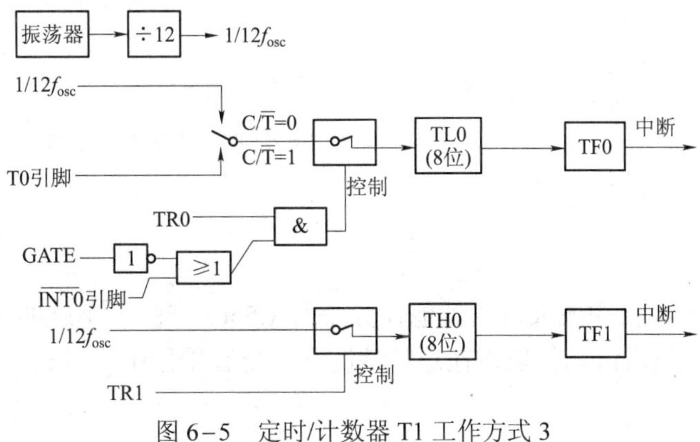

图 6-5　定时/计数器 T1 工作方式 3

把定时/计数器 T0 设置为方式 3 时，相当于增加了一个额外的 8 位定时器，此时定时/计数器 T1 仍可工作在方式 0、1 和 2。但是由于 TH0 占用了 T1 的中断控制位 TR1 和标志位 TF1，T1 仅能通过 $C/\overline{T}$ 切换定时或计数功能。当 T1 计数器溢出时只能工作于无中断请求状态，故用它作为串行口可变波特率发生器是最好不过的。

6.5 定时/计数器应用举例

定时/计数器是单片机应用系统中的重要组成部件，其工作模式的灵活应用对提高编程技巧、减轻 CPU 负担和简化外围电路有很大益处。MCS-51 单片机内部的定时/计数器用途非常广泛。当它作为定时器时，可以用来对被控系统进行定时控制；当它作为计数器时，可以作为分频器来产生各种不同频率的方波，作为事件记录器统计外部事件，还可以用来检测外部脉冲宽度。本节将通过应用实例，说明定时/计数器的使用方法。在此，暂不使用中断方式。

6.5.1 定时/计数器方式 0 的应用

方式 0 是一种 13 位定时/计数器的工作方式，由 THX 和 TLX 组成的 16 位计数器中 TLX 的高 3 位没有使用。

【例 6.1】　试利用 T1 产生周期为 1.5 ms、宽度为一个机器周期的负脉冲串，并由 P1.7 送出。

分析：假定系统晶振为 12 MHz，则计数频率为 1 MHz。若计数器的初值为 X，则要求

$$(2^{13}-X)\times 10^{-6}=1.5\times 10^{-3},$$

故 X=6 692=1101000100100B。其中高 8 位应赋给 TH1，低 5 位应赋给 TL1，所以 TH1 的初值为 0D1H，TL1 的初值为 04H。若采用查询方式，则编程如下：

```
        ORG     0200H
MAIN:   MOV     TMOD，#00H          ；设置定时器 1 模式 0
        MOV     TH1，#0D1H          ；设置计数初值
        MOV     TL1，#04H
        SETB    TR1                 ；启动定时器 0
T1INT:  JNB     TF1，T1INT
        CLR     TF1
        CLR     P1.7
        SETB    P1.7
        MOV     TH1，#0D1H          ；用软件重新装载 TH1 和 TL1
        MOV     TL1，#04H
        SJMP    T1INT
        END
```

一般情况下，CPU 要完成大量的其他任务，而 1.5 ms 产生一个脉冲，其间 CPU 有足够的时间处理大量的其他事情。所以，在这种情况下，更宜采用中断方式，而不宜采用查询方式。

6.5.2 定时/计数器方式 1 的应用

方式 1 与方式 0 基本相同，只是方式 1 为 16 位计数器。当要求定时周期较长，13 位定时器不够用时，可改用 16 位定时器。

【例 6.2】 利用 T0 方式 1 产生一个频率为 50 Hz，占空比为 1:1 的方波，由 P1.7 输出。假设系统仍采用 12 MHz 晶体，则计数器初值 X 可由下式计算：

$$(2^{16}-X)\times 10^{-6}=1/(50\times 2)。$$

因而，X=55 536=0D8F0。若采用查询方式，则编程如下：

```
        ORG     0200H
MAIN:   MOV     TMOD，#01H                  ；设置定时器 0 方式 1
        SETB    TR0
LOOP:   MOV     TH0，#0D8H
        MOV     TL0，#0F0H
        JNB     TF0，$
        CLR     TF0
        CPL     P1.7
        SJMP    LOOP
        END
```

值得注意的是：TMOD 不可位寻址，因此不能用 SETB 或 CLR 命令对 TMOD 进行按位操作。

6.5.3 定时/计数器方式 2 的应用

方式 2 是自动重装载模式。在这种模式下，计数初值只需设置一次，以后无须重新设置。

【例 6.3】 利用定时/计数器 T0 的方式 2 进行计数，每计 100 次进行寄存器 R1 加 1 操作。计算计数初值

$$2^8-100=156D=9CH。$$

采用查询方式，编程如下：

```
        ORG     0200H
MAIN:   MOV     TMOD，#06H        ；设置 T0 方式 2，计数功能
        MOV     TH0，#9CH         ；保存计数初值
        MOV     TL0，#9CH         ；设置计数初值
        SETB    TR0               ；启动计数
DELAY:  JBC     TF0，LOOP         ；查询是否计数溢出
        AJMP    DELAY
LOOP:   INC     R1                ；R1 加 1
        AJMP    DELAY             ；循环
        END
```

6.5.4 定时/计数器门控位 GATE 的应用

一般情况下，若 GATE=0，定时/计数器的运行只受 TRX 位的控制。当 GATE=1 时，定时/计数器的运行将同时受 TRX 位和 $\overline{\text{INTX}}$ 引脚电平的控制。在 TRX=1 时，若 $\overline{\text{INTX}}$=1，则启动计数；若 $\overline{\text{INTX}}$=0 时，则停止计数。这一特点可方便地用于测试外部输入脉冲的宽度。

【例 6.4】 请利用 T0 的门控位 GATE 编程实现 $\overline{\text{INT0}}$（P3.2）外部输入脉冲宽度的检测。

分析：外部脉冲由 $\overline{\text{INT0}}$（P3.2）输入，其宽度为 T_P，如图 6-6 所示。定时/计数器 T0 工作于定时方式 1。测试时，应在 $\overline{\text{INT0}}$ 为低电平时设置 TR0=1；当 $\overline{\text{INT0}}$ 变为高电平时，就启动计数；当 $\overline{\text{INT0}}$ 再次变低时，停止计数。此时，使 TR0=0，读出 TH0、TL0 的计数值保存，此计数值乘以定时脉冲周期（即机器周期），就得到被检测正脉冲的宽度 T_P。

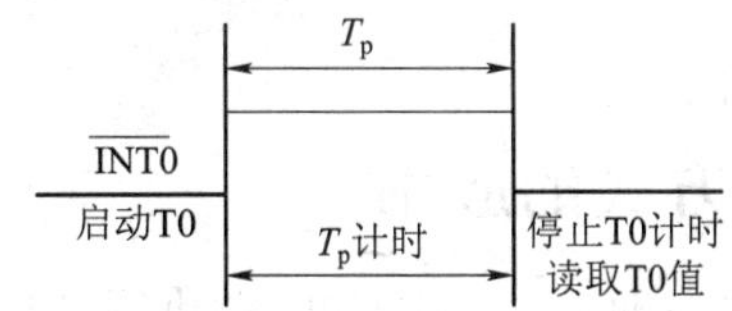

图 6-6 利用 GATE 检测脉冲宽度示意图

下面是有关的程序，该程序把计数结果存放在内部 RAM 60H 和 61H 两个单元：

```
        ORG     0200H
MAIN:   MOV     TMOD，#09H        ；设 T0 为定时器，处于方式 1，GATE=1
        MOV     TL0，#00H         ；设置计数初值为零
        MOV     TH0，#00H
        MOV     R1，#60H          ；地址指针送 R1
        JB      P3.2，$           ；等待 INT0 变低
```

```
        SETB    TR0              ；准备启动定时器 0
        JNB     P3.2，$          ；等待 INT0 变高
        JB      P3.2，$          ；启动计数，并等待 INT0 再次变低
        CLR     TR0              ；停止计数
        MOV     @R1，TL0         ；读取计数值
        INC     R1
        MOV     @R1，TH0
        SJMP    $
        END
```

设 f_{osc}=12 MHz，则这种方案的最大被测脉冲宽度为 65 536 μs，由于靠软件启动和停止计数，有一定的测量误差，其最大可能的误差由有关指令的时序确定。

6.5.5 运行中读定时/计数器

上例中，在读取定时器的计数值之前，已把它停止计数，但是在某些情况下，不希望在读计数值时打断计数的过程。虽然 MCS-51 系列单片机中，随时可以读取计数寄存器 THX 和 TLX，但在读取时需要特别加以注意。如不注意，则读取的计数值就很有可能出错，因为不可能在同一时刻读取 THX 和 TLX 的内容。比如先读 TLX 后读 THX，由于定时器在不断运行，读 THX 前，若恰好产生 TLX 溢出向 THX 进位的情形，则读得的 TLX 值就完全不对了。同样，先读 THX 再读 TLX 也可能出错。

一种可解决错读问题的方法是：先读 THX，后读 TLX，再读 THX，若两次读得的 THX 没有发生变化，则可确定读得的内容是正确的。若前后两次读得的 THX 有变化，则再重复读得的内容就应该是正确的了，下面是有关的程序，读得的 TH0 和 TL0 放置在 R1 和 R0 内：

```
         ORG     0100H
RDTIME:  MOV     A，TH0              ；读 TH0
         MOV     R0，TL0             ；读 TL0
         CJNE    A，TH0，RDTIME      ；比较两次读得的（TH0），
                                     ；必要时重复上述过程
         MOV     R1，A
         RET
```

6.5.6 定时/计数器中断方式的应用

前面所举定时器例题均采用查询方式，使 CPU 在执行其他操作时要不断查询定时器，影响了 CPU 的工作效率，没有体现出定时器能独立运行的优越性，因而最好是采用中断方式工作。

【例 6.5】 假设以 8051 为 CPU 的某单片机系统利用 P1 口的 8 根口线控制了 8 个 LED 发光二极管，请编程实现 8 盏灯的循环流水显示，即 P1.0～P1.7 控制的 LED 按从 0～7 再到 0 的顺序循环点亮，相邻 LED 点亮的时间间隔为 100 ms。

分析： 为了利用 P1 口实现 8 个 LED 的循环流水控制，设累加器 A 为显示数据缓冲器，程序初始化时设 A=01H，将 A 的值赋给 P1 口即可点亮 P1.0 控制的 LED 灯，随后只需要将 A 循环左移后给 P1 口重新赋值即可实现流水控制。

设 8051 晶振频率为 6 MHz，采用工作于方式 1 的定时器 T0 进行 100 ms 定时，则 T0 的初值计算如下：

$$T_C=M-T/T_{计数}=2^{16}-100\ \text{ms}/2\ \mu\text{s}=15\ 536=3CB0H。$$

由于采用 T0 定时器的中断方式，实现上述任务的程序必然包括主程序和中断服务程序两部分。主程序用于给定时器 T0 和 P1 口初始化，然后等待定时中断。

当定时器定时到 100 ms 时，CPU 便会自动响应中断。在中断服务程序中，CPU 先重装定时器初值，完成显示数据的移位并更新显示，然后即可返回主程序。相应的程序如下。

（1）主程序：

```
        ORG     1000H
MAIN:   MOV     A，#01H         ；设置显示缓冲器的初值
        MOV     TMOD，#01H      ；设 T0 工作于方式 1
        MOV     TH0，#3CH       ；赋定时器初值
        MOV     TL0，#B0H
        MOV     IE，#82H        ；ET0=1，EA=1，允许 T0 中断
        MOV     P1，A           ；点亮 P1.0
        SETB    TR0             ；启动 T0
LOOP:   SJMP    $
```

（2）中断服务子程序：

```
        ORG     000BH
        AJMP    T0_INT
        ORG     0100H
T0_INT: MOV     TH0，#3CH       ；重新赋定时器初值
        MOV     TL0，#B0H
        RL      A               ；显示缓冲器左移
        MOV     P1，A           ；送 P1 口显示
        RETI
        END
```

复习参考题

6-1　51 系列单片机内部有几个定时/计数器？有哪几种功能？

6-2　51 系列单片机的定时/计数器有哪几种工作方式？各有什么特点？

6-3　51 系列单片机的 T0 和 T1 工作在方式 3 时有何区别？

6-4　T0 工作在定时器方式 1，T1 工作在计数器方式 0，TMOD 寄存器应该如何设置？

6-5　设 51 单片机的系统晶振为 12 MHz，请用 T1 作外部计数器，编程实现每计数 500 个脉冲，使 T0 开始 4 ms 定时，定时到后 T1 又开始计数，如此反复。

第7章

串行通信接口

【本章内容概要】

本章在介绍串行通信基本知识的基础上，着重讨论了MCS-51单片机串行口的结构、工作方式及波特率的设置，介绍了单片机实现多机通信的方法。本章最后还给出了串行口的应用实例。

【本章学习重点与难点】

学习重点是：与串行通信有关的基本概念；MCS-51单片机串行口的结构与工作方式；MCS-51单片机对串行口的控制方法。

学习难点是：利用单片机串行口实现多机通信的方法。

7.1 串行通信基础知识

计算机与外界的信息交换（即数据传输）称为通信。通信可分为并行通信和串行通信两种。并行通信中，信息传输线的根数和传送的数据位数相等，所有数据位同时传送。其优点是速度快；缺点是线路复杂，不适合远距离传输。串行通信是指数据的各位按顺序一位一位传送。其优点是只需一对传输线（如电话线），占用硬件资源少，传输成本低，特别适用于远距离通信；缺点是传送速度较慢。

7.1.1 串行通信的两种基本方式

按照串行数据的同步方式，串行通信可分为同步通信和异步通信两种。同步通信是按照软件识别同步字符来实现数据的发送和接收，异步通信是一种利用字符的再同步技术的通信方式。

1. 异步通信方式（Asynchronous Communication）

异步通信时，数据是以字符（或字节）为单位进行传送的。异步通信的特点是数据在线路上的传送不连续，传送时，字符间隔不固定，各个字符可以是连续传送，也可以是间断传送，这完全取决于通信协议或约定。间断传送时，在停止位后，线路上自动保持为1。

在异步通信时，通信双方必须事先约定字符帧格式和波特率两个重要指标。

（1）字符帧格式。字符帧也称数据帧，由起始位、数据位、奇偶校验位和停止位组成。各部分结构和功能如下。

起始位	D0	D1	…	DN	奇偶校验位	停止位

① 起始位：位于字符帧的开头，只占1位，始终为逻辑0低电平，用于向接收设备表示

发送端开始发送一帧数据。

② 数据位：紧跟起始位之后，用户根据情况可取 5 位、6 位、7 位或 8 位，低位在前高位在后。若所传数据为 ASCII 字符，通常取 7 位。

③ 奇偶校验位：位于数据位之后，仅占 1 位，用于表征串行通信中采用奇校验还是偶校验，由用户根据需要设定。

④ 停止位：位于字符帧末尾，为逻辑“1”高电平，通常可取 1 位、1.5 位或 2 位，用于向接收端表示一帧字符信息已发送完毕，也为发送下一帧字符作准备。

在串行通信中，发送端逐帧发送信息，接收端逐帧接收信息。两相邻字符帧之间可以无空闲位，也可以有若干空闲位，这由用户根据需要自行决定。

（2）波特率。波特率就是传送速率，即每秒传送的二进制数码的位数，单位为 bps（bit per second, bps）。

波特率是串行通信的重要指标，用于表征数据传输的速度。应用时发送端和接收端的波特率必须一致。波特率越高，数据传输速度越快，但和字符的实际传输速率不同。字符的实际传输速率是每秒内所传字符帧的帧数，和字符帧格式有关。例如，波特率为 9 600 bps 的通信系统，若字符帧包括 1 个起始位、8 个数据位、1 个停止位、无奇偶校验和空闲位，则字符的实际传输速率为 9 600/10=960（帧/秒）。

波特率还与信道的频带有关。波特率越高，信道频带越宽。因此，波特率也是衡量信道频宽的重要指标。异步串行通信的波特率一般为 50～115 200 bps，高低不等。常用于计算机到 CRT 终端和字符打印机之间的通信、直通电报、无线电通信的数据发送及工业现场的数据远传等。

异步通信的优点是不需要传送同步脉冲，字符帧长度也不受限制，故所需设备简单。缺点是字符帧中因包含起始位和停止位而降低了有效数据的传输速率。

2. 同步通信方式

异步通信由于要在每个数据前后附加起始位、停止位，每发送一个字符约有 20%的附加数据，占用了传输时间，降低了传送效率。同步通信则去掉每个数据的起始位和停止位，把要发送的数据按顺序连接成一个数据块，包括如图 7-1 所示的同步字符、数据字符和校验字符 CRC（Cyclic Redundancy Check，循环冗余校验）3 部分。其中，同步字符位于帧结构的开头，用于确认数据字符的开始（接收端不断对传输线采样，并把采样到的字符和双方约定的同步字符比较，只有比较成功后才会把后面接收到的字符看作数据进行处理）；数据字符在同步字符之后，个数不受限制，由所需传输的数据块长度决定；校验字符有 1～2 个，位于帧结构末尾，用于接收端对接收到的数据字符进行正确性校验。

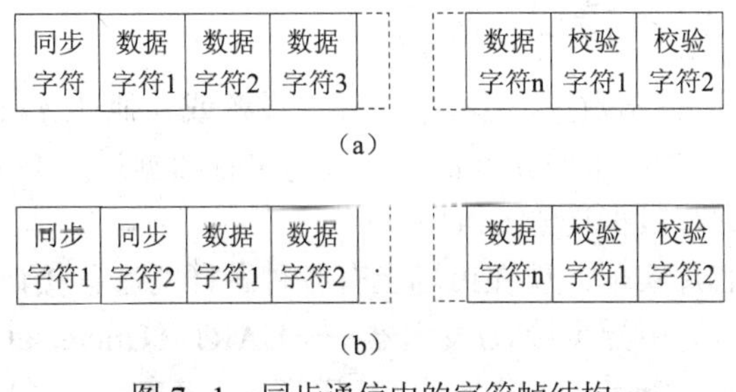

图 7-1 同步通信中的字符帧结构

（a）单同步字符帧结构；（b）双同步字符帧结构

在同步通信中，同步字符可以采用统一标准格式，也可由用户约定。在单同步字符帧结构中，同步字符常采用 ASCII 码中规定的 SYN（即 16H）代码，在双同步字符帧结构中，同步字符一般采用国际通用标准代码 EB90H。

同步通信时，先发送同步字符，数据发送紧随其后。接收方检测到同步字符后，即开始接收数据，按约定的长度拼成一个个数据字节，直到整个数据接收完毕，经校验无传送错误则结束一帧信息的传送。若发送的数据块之间有间隔，则发送同步字符填充。

同步通信的数据传输速率较高，通常可达 56 Mbps 或更高。其缺点是要求发送时钟和接收时钟保持严格同步，故发送时钟除应和发送波特率保持一致外，还要求把它同时传送到接收端去。在近距离通信时可以采用在传输线中增加一根时钟信号线来解决；远距离通信时，可以通过解调器从数据流中提取同步信号，用锁相技术使接收方得到和发送方时钟频率完全相同的时钟信号。

综上所述，异步通信技术较为简单，应用范围广；同步通信传输速率高，适用于高速率、大容量的数据通信，但硬件复杂。

7.1.2　串行通信的制式

按照数据传送方向，串行通信可以分为单工、半双工和全双工方式。

（1）单工方式。如图 7-2（a）所示，单工方式的数据传送是单向的，一方（A 端）固定为发送端，另一方（B 端）固定为接收端。单工方式只需要一条数据线。

（2）半双工方式。如图 7-2（b）所示，半双工方式的数据传送是双向的，数据既可以从 A 端发送到 B 端，又可以由 B 端发送到 A 端，不过在同一时间只能做一个方向的传送。半双工方式需要一条数据线。

（3）全双工方式。如图 7-2（c）所示，全双工方式的数据传送是双向的，A、B 两端既可同时发送，又可同时接收。全双工方式需要两条数据线。

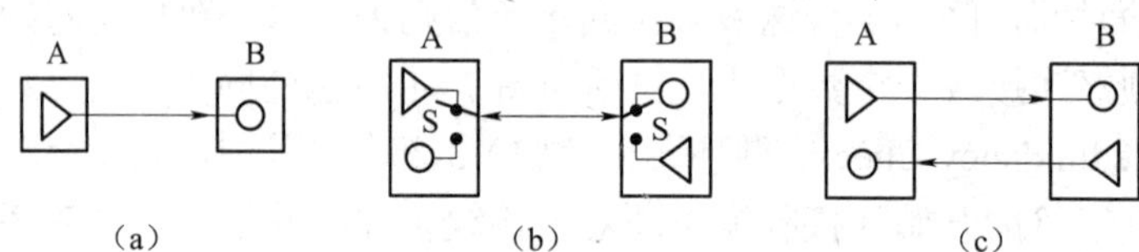

图 7-2　串行通信数据传送的 3 种方式

（a）单工方式；（b）半双工方式；（c）全双工方式

7.1.3　串并转换和串行接口

CPU 通常是并行输入/输出数据，但和某些外部设备或其他计算机交换信息时可采用串行通信方式。这就要求把从 CPU 来的并行数据转换为串行数据送给 I/O 设备，或者把 I/O 设备送来的串行数据转换为并行数据送给 CPU。

串并转换通常使用芯片实现，现在市场上有各种各样的串行接口芯片，并且大多是可编程的多功能芯片，统称为通用异步接收/发送器——UART（Universal Asynchronous Receiver / Transmitter），或者是通用同步/异步接收/发送器——USART（Universal Synchronous / Asynchronous Receiver / Transmitter）。

UART 的基本组成是接收器、发送器和控制器。它的主要功能如下。

（1）把并行数据转换为串行数据或者把串行数据转换为并行数据，这主要由发送器或接收器来完成；

（2）完成格式信息的插入和滤除及错误校验。格式信息是指异步通信中的起始位、奇偶位和停止位等，这部分工作由控制器完成。

7.2 MCS–51 单片机的串行接口

对于单片机来说，为了进行串行通信，同样也需要有相应的串行接口电路。只不过这个接口电路不是单独的芯片，而是集成在单片机内部的一个部件。MCS–51 系列单片机内部有一个可编程全双工串行通信接口，具有 UART 的全部功能，既可以实现异步串行通信，还可以作为同步移位寄存器使用。

7.2.1 MCS–51 串行口的结构

MCS–51 系列单片机串行口主要由串行口控制寄存器 SCON、发送电路和接收电路组成，下面分别介绍。

1. 串行口发送和接收电路

串行口结构如图 7–3 所示。其发送电路由发送数据缓冲器（SBUF）、发送控制器、输出控制门组成，用于串行数据的发送；接收电路由接收控制器、输入移位寄存器和接收数据缓冲器（SBUF）组成，用于串行数据的接收。发送和接收缓冲器分别用于存放将要发送和接收到的字符，前者只能写入，后者只能读出。两者共用一个地址单元 99H，CPU 通过不同指令加以区分。例如，MOV　SBUF，A 指令是将数据写入发送缓冲器，MOV　A，SBUF 指令是从接收缓冲器中读取数据。

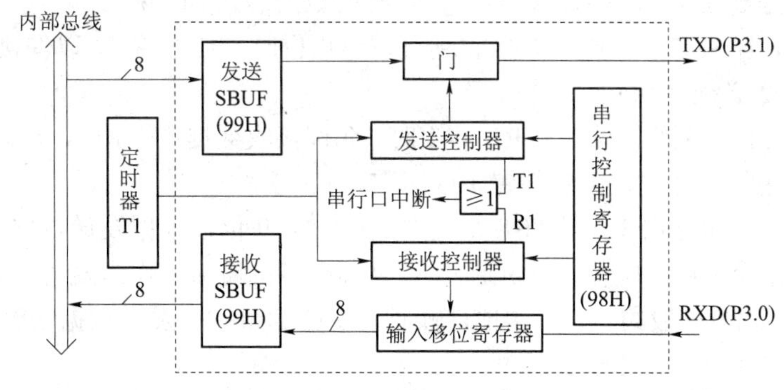

图 7–3　串行口结构框图

串行口还有两个专用寄存器 SCON 和 PCON，SCON 用来存放串行口的控制和状态信息，PCON 用于改变串行通信的波特率。波特率发生器可由定时器 T1 或 T2 构成。MCS–51 系列单片机串行口正是通过对上述专用寄存器的设置、检测与读取来管理串行通信的。

使用串行接口时，串行收、发的工作主要由串行接口来完成。在发送时，由 CPU 执行一条写指令把数据写入发送缓冲器，启动串行口一位一位地向外发送。与此同时接收端也可以一位一位地接收数据，直到把一组数据接收完，然后送入接收缓冲器，并通知 CPU 执行一条读指令把接收缓冲器的内容读入。可见，在整个串行收、发过程中，CPU 操作的时间很少，使得 CPU 还可以从事其他各种操作，从而大大提高了 CPU 的效率。

2. 串行口控制寄存器 SCON

串行口的工作主要受串行口控制寄存器 SCON 的控制，另外也和电源控制寄存器 PCON 有关。串行口控制寄存器 SCON 用来设定串行口的工作方式、接收/发送控制及设置状态标志，字节地址 98H，可位寻址，其格式如下：

D7	D6	D5	D4	D3	D2	D1	D0
SM0	SM1	SM2	REN	TB8	RB8	TI	RI

SM0、SM1：串行口工作方式选择位，可选择 4 种工作方式，见表 7–1 所示。

表 7–1 串行口的工作方式

M1 M0	工作方式	功能描述	波 特 率
0 0	方式 0	同步移位寄存器方式	$f_{osc}/12$
0 1	方式 1	10 位异步接收发送	可变（由定时器控制）
1 0	方式 2	11 位异步接收发送	$f_{osc}/32$ 或 $f_{osc}/64$
1 1	方式 3	11 位异步接收发送	可变（由定时器控制）

SM2：多机通信控制位。主要用于方式 2 和方式 3。若 SM2=1，则允许多机通信。在主从式多机通信中，SM2 用于从机的接收控制。当 SM2=1 时，从机可接收地址帧，若接收到的第 9 位数据（RB8）为 0 时（数据帧），不启动接收中断标志 RI（即 RI=0），并且将接收到的前 8 位数据丢弃；只有当 RB8 为 1 时（地址帧），才将接收到的前 8 位数据送入 SBUF 中，并置位 RI，以产生中断申请。当 SM2=0 时，从机可接收所有信息，即接收到一帧数据后，不论第 9 位数据是 0 还是 1，都置 RI=1，接收到的数据装入 SBUF 中。

在方式 1 时，若 SM2=1，则只有接收到有效停止位时，RI 才置 1，以便接收下一帧数据；在方式 0 时，SM2 必须是 0。

REN：允许接收控制位。只有当 REN=1 时，允许接收数据；若 REN=0 时，则禁止接收。该位相当于串行接收的开关，由软件置 1 或清零。

TB8：在方式 2 和方式 3 中，TB8 是发送数据的第 9 位，根据发送数据的需要由软件置位或复位。它可作为奇偶校验位（单机通信），也可在多机通信中作为发送地址帧或数据帧的标志位。多机通信时，一般约定：发送地址帧时，设置 TB8=1；发送数据帧时，设置 TB8=0。在方式 0 或方式 1 中，该位未用。

RB8：在方式 2 或方式 3 中，RB8 为接收数据的第 9 位，它即可以是约定的奇偶校验位，也可以是约定的地址/数据标志位，可根据 RB8 被置位的情况对接收数据进行某种判断。例如，多机通信时，若 RB8=1，说明收到的数据为地址帧；RB8=0，收到的数据为数据帧。在方式 1 时，若 SM2=0（即不是多机通信情况），则 RB8 是已接收到的停止位。方式 0 中该位未用。

TI：发送中断标志，在一帧数据发送结束时由硬件置位。在方式 0 中，串行发送完 8 位数据时，或其他方式串行发送到停止位的开始时由硬件置位。TI=1 表示“发送缓冲器已空”，通知 CPU 可以发送下一帧数据。TI 位可作为查询，也可作为中断申请标志位，TI 不会自动复位，必须由软件清零。

RI：接收中断标志，在接收到一帧有效数据后由硬件置位。在方式 0 中，接收完 8 位数据后，或其他方式中接收到停止位时由硬件置位。RI=1 表示一帧数据接收完毕，并已装入接收缓冲器中，即表示“接收缓冲器已满”，通知 CPU 可取走数据。该位可作为查询，也可作为中断申请标志位，同样 RI 不会自动复位，必须由软件清零，以准备接收下一帧数据。

3. 电源控制寄存器 PCON

PCON 各位的内容如下：

D7	D6	D5	D4	D3	D2	D1	D0
SMOD	—	—	—	GF1	GF0	PD	IDL

其中，与串口有关的只有 SMOD 位，SMOD 为波特率倍增位。在方式 1、方式 2、方式 3 时，若 SMOD=1，则波特率提高一倍；若 SMOD=0，则波特率不加倍。复位时，PCON=00H。

7.2.2 串行口的工作方式

MCS–51 系列单片机的串行口有 4 种工作方式，由 SCON 中的 SM0、SM1 两位进行控制。

1. 方式 0

方式 0 是把串行接口作为同步移位寄存器使用。在方式 0 下，SCON 中的 SM2、RB8、TB8 都不起作用，一般设为 0 即可。其波特率是固定的，为 $f_{osc}/12$，即一个机器周期移位一次。串行发送时，SBUF 相当于一个并入串出的移位寄存器，由 CPU 内部总线并行接收 8 位数据，并从 RXD 线串行输出；在接收时，SBUF 相当于一个串入并出的移位寄存器，从 RXD 线接收一帧串行数据，并把它并行送入内部总线。

方式 0 的数据发送是在 TI=0 下由指令 MOV　SBUF，A 实现的，CPU 执行完该指令，串行口即从 RXD 端发出 8 位数据（低位在前），同时在 TXD 端发出同步移位脉冲。8 位数据发送完毕后，TI 由硬件置位，并可向 CPU 请求中断（若中断开放）。CPU 响应中断后先用软件使 TI 清零，然后再发送下一组数据。

方式 0 的数据接收是在 RI=0 和 REN=1 条件下启动的。此时，串行数据由 RXD 线输入，TXD 线输出同步脉冲。接收电路接收到 8 位数据后，RI 自动置“1”并发出串行口中断申请。CPU 查询到 RI=1 或响应中断后便可通过 MOV　A，SBUF 指令把接收缓冲器中的数据送入累加器 A，RI 也需要由软件复位。

应当指出：在串行口方式 0 下工作并非是一种同步通信方式，其主要用途是和外部同步移位寄存器外接，以达到扩张一个并行 I/O 口的目的。

2. 方式 1

方式 1 下，串行口是一个 10 位异步串行通信口，TXD 为数据输出线，RXD 为数据输入线。传输的数据一帧 10 位，包括 1 个起始位（0）、8 个数据位和 1 个停止位（1）。其帧格式如下：

	起始位									停止位	
空闲位	0	D_0	D_1	D_2	D_3	D_4	D_5	D_6	D_7	1	空闲位

方式 1 的数据发送也是在 TI=0 时，由 CPU 向串行发送缓冲器 SBUF 写入一个数据开始。串行口发送电路会自动在发送字节前后添加 1 位起始位和停止位，并在移位脉冲作用下，由 TXD 端串行输出。一帧发送完后，TXD 端维持空闲“1”状态，SCON 寄存器的 TI 由硬件置位，并产生串行中断请求，TI 需要由软件复位。

方式 1 的数据接收也是在 RI=0 和 REN=1 条件下进行的。串行口接收电路平时对高电平的 RXD 线采样，采样脉冲频率是接收时钟的 16 倍。当接收电路连续 8 次采样到 RXD 线为低电平时，响应检测器便可确认 RXD 上有了起始位。此后，接收电路就改为对第 7、8、9 三个脉冲采样到的值进行位检测，并以三取二的原则确定采样数据的值。在接收到第 9 数据位（即停止位）时，若 RI=0 且 SM2=0 或接收到的停止位为“1”，则将接收到的 8 位字符存入“SBUF”中，并将停止位送入 RB8 中，置中断标志位 RI，产生中断申请。

其实，SM2 是用于方式 2 和方式 3 的。在方式 1 下，SM2 应设定为 0。

在方式 1 下，发送时钟、接收时钟和通信波特率皆由定时器溢出率脉冲经 32 分频获得，并由 SMOD=1 倍频。因此，方式 1 的波特率是可变的，这点同样适用于方式 3。

3. 方式 2 和方式 3

方式 2 和方式 3 都是 11 位异步收发模式，帧格式如下：

	起始位										停止位	
空闲位	0	D_0	D_1	D_2	D_3	D_4	D_5	D_6	D_7	D_8	1	空闲位

两者的差异仅在于通信波特率有所不同：方式 2 的波特率由 MCS–51 主频 f_{osc} 经 32 或 64 分频后提供；方式 3 的波特率由定时器 T1 或 T2 的溢出率经 32 分频后提供，故其波特率是可调的。

方式 2 和方式 3 的发送过程类似于方式 1，所不同的是方式 2 和方式 3 有 9 位有效数据位。发送时，CPU 除了要把发送字符装入发送缓冲寄存器 SBUF 外，还要把第 9 位数据位预先装入 SCON 的 TB8 中。第 9 数据位可由用户决定，既可以是奇偶校验位也可以是其他控制位。第 9 数据位的装入可以用如下指令中的一条来实现：

```
SETB    TB8
CLRB    TB8
```

第 9 数据位的值装入 TB8 后，便可用一条以 SBUF 为目的地址的传送指令把发送数据装入 SBUF 来启动发送过程。一帧数据发完后，TI 置 1，CPU 便可以通过查询 TI 来以相同的方法发送下一字符帧。

方式 2 和方式 3 的接收过程也和方式 1 类似。不同的是：方式 1 时 RB8 中存放的是停止位，方式 2 和 3 时 RB8 中存放的是第 9 数据位。因此，方式 2 和方式 3 时必须满足接收有效字符的条件变为：RI=0 且 SM2=0 或收到的第 9 数据位为“1”，只有上述 2 个条件同时满足，接收到的字符才能送入 SBUF，第 9 数据位才能装入 RB8 中，并使 RI=1；否则，这次收到的数据无效，RI 也不置位。

其实，上述接收条件中 RI=0 是要求 SBUF 为空，即用户应预先读走 SBUF 中的信息，以便让接收电路确认它已空。SM2=0 是提供了利用 SM2 和第 9 数据位共同对接收加以控制：若第 9 数据位是奇偶检验位，则可令 SM2=0，以保证串口能可靠接收；若要求利用第 9 数据位参与接收控制，则可令 SM2=1，然后依靠第 9 数据位的状态来决定接收是否有效。

7.2.3　串行口波特率的设置

在串行通信中，只有收发双方的通信速率相同时才能进行正确通信。串行口的通信波特率恰到好处地反映了串行传输数据的速率。MCS−51 系列单片机的串行口通过编程可设置 4 种工作方式。由于输入的移位时钟来源不同，所以 4 种工作方式的波特率计算公式也不同，下面分别介绍。

1. 方式 0 的波特率

在方式 0 时，每个机器周期产生一个移位时钟脉冲，发送或接收一位数据。所以，波特率固定为振荡频率的 1/12，且不受 SMOD 的影响，即

$$方式\ 0\ 的波特率=f_{osc}/12。$$

2. 方式 2 的波特率

方式 2 波特率的产生与方式 0 不同，方式 2 的波特率由系统的振荡频率 f_{osc} 和 PCON 的最高位 SMOD 确定，当 SMOD=0 时，波特率为 $f_{osc}/64$；若 SMOD=1，则波特率 $f_{osc}/32$，即

$$方式\ 2\ 的波特率=\frac{2^{SMOD}}{64}\times f_{osc}。$$

3. 方式 1 和方式 3 的波特率

方式 1 和方式 3 的移位时钟脉冲由定时器 T1 的溢出率决定，故波特率由定时器 T1 的溢出率与 SMOD 值共同决定，即

$$方式\ 1\ 和方式\ 3\ 的波特率=\frac{2^{SMOD}}{32}\times 定时器\ T1\ 的溢出率。$$

当 T1 做波特率发生器使用时，最典型的用法是使 T1 工作在定时器方式 2（初值自动加载）。若计数初值为 X，则每过 “256−X” 个机器周期，定时器 T1 就会产生一次溢出。为了避免因溢出而引起中断，此时应禁止中断。这时，溢出周期为

$$\frac{12}{f_{osc}}(256-X)，$$

溢出率为溢出周期的倒数，所以

$$波特率=\frac{2^{SMOD}}{32}\times\frac{f_{osc}}{12(256-X)}。$$

此时，定时器 T1 工作在方式 2 时的初值为

$$X=256-\frac{f_{osc}(SMOD+1)}{384\bullet 波特率}。$$

【例 7.1】　已知 MCS−51 系列单片机晶振频率为 11.059 2 MHz，选用定时器 T1 工作方式 2 做波特率发生器，波特率为 9 600 bps，求初值 X。

解　设波特率选择位 SMOD=0，则有

$$X=256-\frac{11\,059\,200\times(0+1)}{384\times 9\,600}=253=FDH。$$

所以，(TH1)=(TL1)=FDH。

系统晶振频率选为 11.059 2 MHz 是为了使初值为整数，从而产生精确的波特率。如果串行通信选用很低的波特率，可将定时器 T1 置于方式 0 或方式 1，即 13 位或 16 位定时方式。

在这种情况下，T1 溢出时，需重装初值，从而会使波特率产生一定的误差。此时，可用改变初值的办法加以调整。表 7–2 列出了各种常用的波特率及初值。

表 7–2 常用波特率与其他参数的关系

波特率	f_{osc}/MHz	SMOD	定时器		
			$C/\overline{T}$	方式	初值
方式 0： 1M	12	×	×	×	×
方式 2： 375 k	12	1	×	×	×
方式 1 和 3：62.5 k	12	1	0	2	FFH
19.2 k	11.059 2	1	0	2	FDH
9.6 k	11.059 2	0	0	2	FDH
4.8 k	11.059 2	0	0	2	FAH
2.4 k	11.059 2	0	0	2	F4H
1.2 k	11.059 2	0	0	2	E8H
110	6	0	0	2	72H
110	12	0	0	1	FEEBH

7.3 串行口应用举例

MCS–51 系列单片机的串行口基本上是异步通信接口，利用串行口控制寄存器 SCON 中的有关控制位，还可以实现多机通信。本节将介绍 MCS–51 系列单片机的串行口在作 I/O 口扩展和一般异步通信和多机通信中的应用。

7.3.1 用串行口扩展 I/O 口

串行口的方式 0 不属于通信，它的主要用途是可以和外接的移位寄存器结合来进行并行 I/O 口的扩展。这种方法不占用片外 RAM 地址，还能简化单片机系统的硬件结构，缺点是操作速度较慢。当串行口别无他用时，就可利用串行口方式 0 来扩展并行 I/O 口。本节将给出硬件电路和简单的软件程序。

1. 扩展并行输出口

MCS–51 系列单片机的串行口在方式 0 时外接一个串入/并出的移位寄存器就可以扩展一个 8 位并行输出口。所用的移位寄存器应该带有输出允许控制端，这样可以避免在数据串行输入时，并行输出端出现不稳定的输出。

图 7–4（a）是使用串入/并出移位寄存器 CD4094（也可用 74LS164）扩展并行输出口的接口电路。移位寄存器的 STB 为输出允许控制端，STB=1 时，打开输出控制门，实现并行输出。

串行口方式 0 的数据输出可以采用中断方式，也可以采用查询方式，但无论采用哪种方式都要借助于 TI 标志。采用中断方式时，靠 TI 置位后产生中断申请，在中断服务程序中发送下一组数据；采用查询方式时，需查询 TI 的值，只要 TI 为 0 就继续查询，直到 TI 为 1 后结束查询，然后进入下一组数据的发送。

无论采用什么方式，在使用串行口之前，都要先对 SCON 寄存器初始化，进行工作方式的设置。

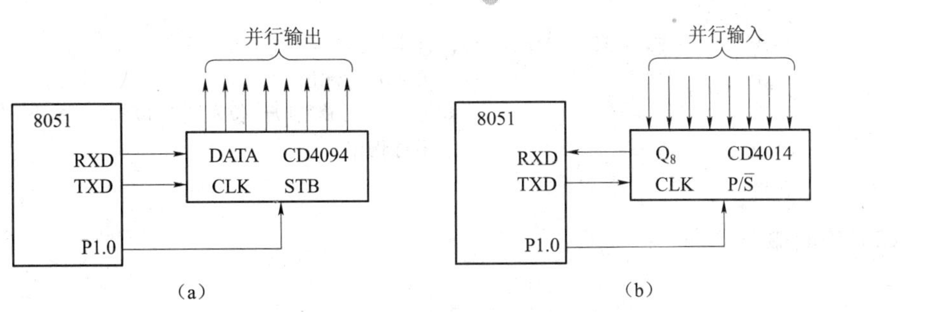

图 7-4　利用串行口扩展并行 I/O 口

(a) 扩展并行输出口；(b) 扩展并行输入口

在方式 0 时，SCON 寄存器的初始化只需把 00H 送入 SCON 即可。

【例 7.2】　用 8751 串行口外接 CD4094 扩展 8 位并行输出口，8 位输出端的各位都接一个发光二极管。要求编程实现：发光二极管从左到右以一定延迟轮流点亮，并不断循环。假设发光二极管为共阴极型，则电路连接如图 7-5 所示。

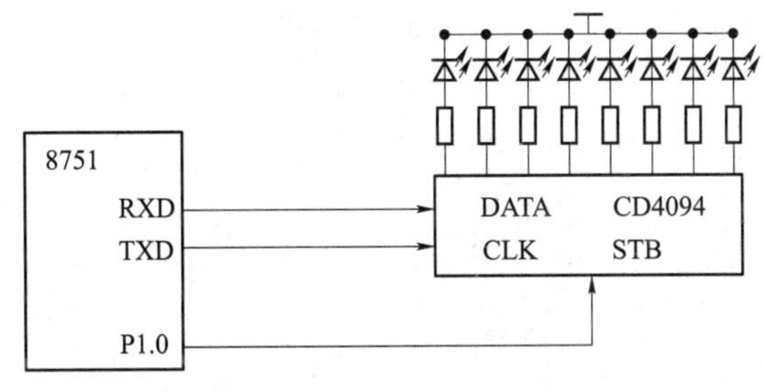

图 7-5　例 7.2 的附图

解　数据的串行发送采用查询方式，显示的延迟由延时程序 DELAY 实现。编程如下：

```
        ORG     0200H
BFS0:   MOV     SCON，#00H   ；串行口方式 0 的初始化
        CLR     ES           ；禁止串行中断
        MOV     A，#80H      ；拟先点亮最左边一位发光二极管
LOOP:   CLR     P1.0         ；关闭并行输出
        MOV     SBUF，A      ；输出数据送 SBUF，启动串行输出
        JNB     TI，$        ；查询 TI，若 TI=0，未发送完，等待
        SETB    P1.0         ；TI=1，发送完毕，启动并行输出
        ACALL   DELAY        ；调延时程序
        CLR     TI           ；清 TI
        RR      A            ；右移一位，准备显示下一位
        SJMP    LOOP         ；转移，继续发送
```

上述程序对数据的发送是采用查询等待的方式，也可改用中断方式。采用中断方式的程序由主程序和中断服务子程序两部分组成，分别如下。

（1）主程序：

```
        ORG     2000H
        MOV     SCON，#00H        ；串行口方式 0 的初始化
```

```
        MOV     IE, #90H        ; 开串行口中断
        CLR     P1.0            ; 关闭并行输出
        MOV     A, #80H         ; 拟先点亮最左边一位发光二极管
        MOV     SBUF, A         ; 串行输出
LOOP:   SJMP    $
```

（2）中断服务子程序：

```
        ORG     0023H
        AJMP    SER_INT
        ORG     0100H
SER_INT:
        SETB    P1.0            ; 点亮发光管
        ACALL   DELAY           ; 延时
        CLR     TI              ; 清发送标志
        RR      A               ; 准备点亮下一位
        CLR     P1.0            ; 灭显示
        MOV     SBUF, A         ; 串行口输出
        RETI                    ; 中断返回
DELAY:  NOP                     ; 延时程序
        …
        NOP
        RET
        END
```

2. 扩展并行输入口

在方式 0 时外接一个并入/串出的移位寄存器，就可以扩展一个 8 位并行输入口。如图 7-4（b）所示是使用并入/串出移位寄存器 CD4014（也可用 74LS165）扩展并行输入口的接口电路。移位寄存器必须带有预置/移位的控制端，CD4014 的 $P/\overline{S}$ 为预置/移位控制端，当 $P/\overline{S}=1$ 时，8 位数据并行置入移位寄存器；$P/\overline{S}=0$ 时，移位寄存器中的数据串行移位输出。

串行口方式 0 的数据输入同样可采用中断方式，也可采用查询方式，这两种方式均需借助于 RI 标志。靠 RI 置位后引起中断或对 RI 查询来决定何时读取接收的数据。

【例 7.3】 用 8751 串行口外接 CD4014 扩展 8 位并行输入口，输入数据由 8 个开关提供，另有一个开关 S 提供联络信号，电路连接如图 7-6 所示。当 S=0 时，要求输入数据，并连续输入 8 组数据，读入的数据转存到内部 RAM 60H 开始的单元中。试编程实现。

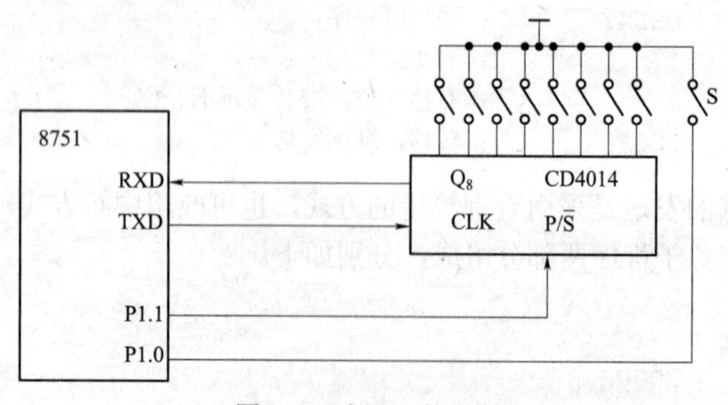

图 7-6 例 7.3 的附图

解　用串行口方式0接收数据，初始化时应使REN为1，采用查询方式输入数据。

```
        ORG     0300H
MAIN:   JB      P1.0，$           ；开关S未闭合，等待
        MOV     R6，#08H          ；S闭合，读入次数送R6
        MOV     R1，#60H          ；存放数据的首地址送R1
        CLR     ES                ；禁止串行中断
        MOV     SCON，#10H        ；设工作方式0，RI清零，并启动接收
LOOP:   SETB    P1.1              ；P/S̄=1，并行置入开关数据
        CLR     P1.1              ；P/S̄=0，开始串行移位
LOOP1:  JNB     RI，$             ；查询RI，若RI=0，未接收完，等待
        CLR     RI                ；接收完，清RI，准备接收下一数据
        MOV     A，SBUF           ；读取数据到累加器
        MOV     @R1，A            ；送内部RAM区
        INC     R1                ；修改地址，指向下一个地址单元
        DJNZ    R6，LOOP          ；计数器R6减1，不为0转接收数据
        SJMP    $
        END
```

7.3.2　单片机双机通信技术

双机通信也称为点对点的异步通信。利用单片机的串行口，可以实现单片机与单片机、单片机与PC机间点对点的串行通信。双机串行通信是通过双方的串行口进行的，串行接口的硬件连接方式有多种，应根据实际需要进行选择。

1. 双机通信的硬件连接

（1）TTL电平信号直接传输。

当通信双方传输距离近时（小于5 m），可以采用单片机自身的TTL电平直接传输信息，这时双方的串行口可以直接连接，如图7–7所示。

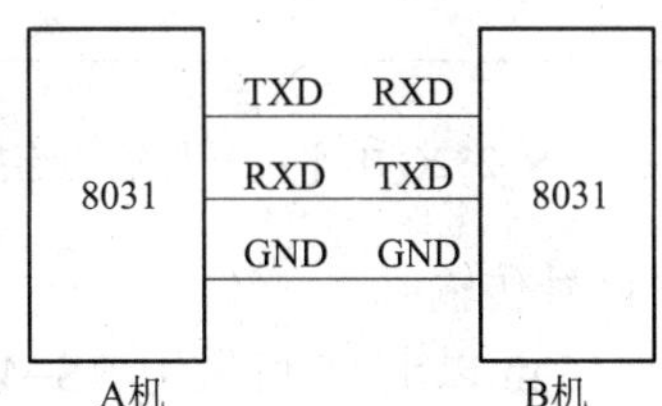

图7–7　TTL电平传输的连接方式

（2）RS–232C电平信号传输。

当通信双方距离较近时（小于15 m），可采用RS–232C电平进行信号传输。RS–232C通信接口是一种标准的串行接口，其通信标准在国际上得到了广泛的应用。在电气特性上RS–232C采用负逻辑，要求高、低两信号间有较大的幅度，标准规定如下：

逻辑“1”：−5～−15 V；

逻辑“0”：+5～+15 V。

而单片机的信号电平是与TTL电平兼容的，逻辑1大于+2.4 V，逻辑0为0.4 V以下。

很显然，RS–232C 信号电平与 TTL 电平不匹配，为了实现两者的连接，必须进行电平转换。一般多采用专用芯片 MC1488 和 MC1489，它们都是长线传输驱动器。MC1488 能完成 TTL 电平到 RS–232C 电平的转换，MC1489 能完成 RS–232C 电平到 TTL 电平的转换。还可以采用新型的专用芯片 MAX232，MAX232 为单一+5 V 供电，内置自升压电平转换电路，一个芯片能同时完成发送和接收转换的双重功能。其引脚及连接如图 7–8 所示，说明如下。

① C1+，C1–，C2+，C2–：外接电容端。

② R1IN，R2IN：两路 RS–232C 电平信号输入端，可接传输线。

③ R1OUT，R2OUT：两路转换后的 TTL 电平输出端，可送单片机的 RXD 端。

④ T1IN，T2IN：两路 TTL 电平输入端，可接单片机的 TXD 端。

⑤ T1OUT，T2OUT：两路转换后的 RS–232C 电平信号输出端，可接传输线。

⑥ V+，V–：分别经电容接电源和地。

⑦ VCC，GND：分别接+5V 电源和参考地。

两个单片机之间采用 RS–232C 电平信号进行双机通信时，其硬件连接方法如图 7–9 所示，电平转换芯片采用 MAX232。连接一般采用双绞线，传输距离一般不超过 15 m，传输速率小于 20 kbps。

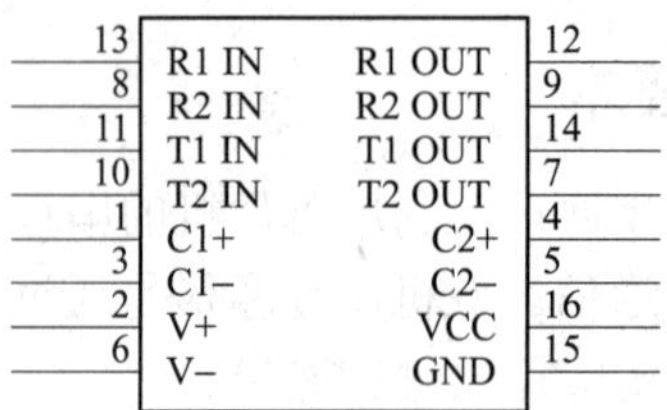

图 7–8 MAX232 引脚图

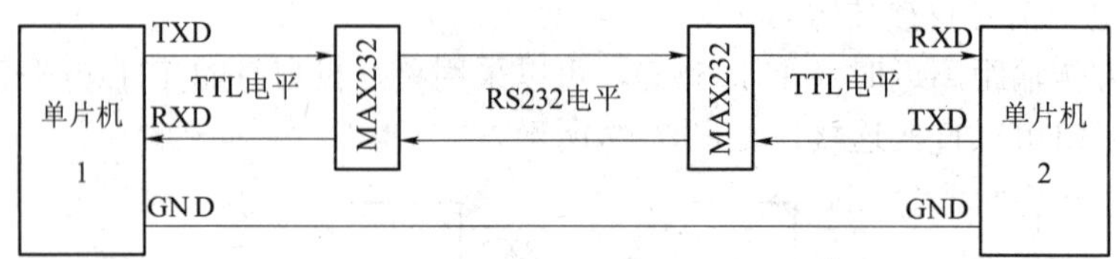

图 7–9 RS–232C 电平信号传输的连接图

（3）RS–422A、RS–485 电平信号传输

当通信双方距离较远时（大于 15 m 以上），可采用 RS–422 或 RS–485C 串行标准进行数据传输。RS–422A 和 RS–485C 标准都是采用双线差分信号传输，能更有效地抑制远距离传输中的信号干扰。它们比 RS–232 标准有更快的传输速率和更远的传输距离，总线驱动能力和抗干扰能力更强，且有的电平转换芯片带三态控制，可以方便地实现总线缓冲隔离。这两个串行标准在传输距离为 100 m 时，速率可达 1 Mbps 以上；传输距离为 1 000 m 时，速率可达 100 kbps 以上，通过增加中继器后传输距离可以更远。

目前 RS–422A 与 TTL 之间的电平转换最常用的芯片是传输线驱动器 SN75174、MC3487、MAX1480 和传输线接收器 SN75175、MC3486、MAX1490 等。为了增加通信距离，减小通道及电源干扰，可以在通信线路上采用光电隔离技术。利用 RS–422A 标准进行双机通信，一种实用的接口电路如图 7–10 所示。

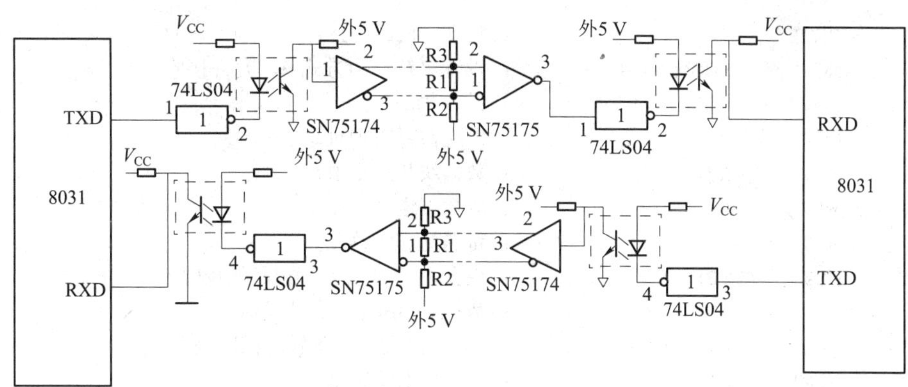

图 7-10 RS-422 双机通信接口电路

在图 7-10 中，发送方的数据由串行口 TXD 端输出，通过 74LS04 反相驱动后，经光电耦合器至平衡差分长线驱动器 SN75174 的输入端，SN75174 将输入的 TTL 信号变换成符合 RS-422A 标准的差动信号输出，经传输线（双绞线）将信号传送到接收端。接收方通过平衡差分长线接收器 SN75175 将 RS-422A 电平信号转换成 TTL 电平信号，通过反相驱动后，经光电耦合到达接收方串行口的接收端 RXD。

图 7-10 中每个通道的接收端都有 3 个电阻 R1、R2、R3，其中 R1 为传输线的匹配电阻，取值范围在 100 Ω～1 kΩ之间，其他两个电阻是为了解决第一个数据的误码而设置的匹配电阻。

还有一点值得注意，光电耦合器必须使用两组独立的电源，方能起到隔离和抗干扰的作用。

2. 双机通信软件设计

为确保通信成功，通信双方必须在软件上有一系列的约定，通常称为软件协议。本例规定双机通信的软件协议如下。

（1）甲、乙双方均采用串行口方式 3。

（2）采用定时器 T1 工作在方式 2 做波特率发生器，波特率为 2 400 bps，当系统晶振为 6 MHz 时，计数初值为 F3H，SMOD=1。

（3）发送方是把片内 RAM 50H～5FH 单元中的数据块从串行口输出，接收方则把接收的数据块存入片外 RAM2000～200FH 单元中。

（4）甲、乙双方使用偶校验，发送方通过对 TB8 置 1 或置 0 来保证发送偶数个“1”，接收方接收到有效数据（8 位数据加 RB8）后，要判断是否为偶数个“1”，若为偶数 1，表明接收正确，置 F0 标志为 0。否则，接收出错，置 F0 标志为 1，然后返回。

（5）甲、乙双方均可发送和接收，并且双方均采用查询方式接收和发送数据。

双机通信程序包括发送子程序和接收子程序，分别如下。

（1）编写发送子程序。

在使用串行口之前，应对串行口进行初始化编程，主要是设置定时器 T1 的工作方式、装载初值，以满足波特率的要求，确定串行口的工作方式及控制设置。

```
Sout:   MOV     TMOD，#20H      ；设置定时器 T1 为方式 2
        MOV     TL1，#0F3H      ；送入初值
        MOV     TH1，#0F3H
```

```
        SETB    TR1             ；启动定时器 T1
        MOV     SCON，#0D0H     ；设置串行口为方式 3，允许接收
        MOV     PCON，#80H      ；设 SMOD=1
        MOV     R0，#50H        ；发送数据首地址送 R0
        MOV     R7，#10H        ；数据块长度送 R7
TRS:    MOV     A，@R0          ；取数据送 A
        MOV     C，P            ；奇偶标志 P 送 C
        MOV     TB8，C          ；根据 P 标志设置 TB8（偶校验）
        MOV     SBUF，A         ；数据送 SBUF，启动发送
WAIT:   JBC     TI，CONT        ；TI=1，发送完跳转，同时清 TI
        SJMP    WAIT            ；TI=0 未发送完，等待
CONT:   INC     R0              ；修改数据地址
        DJNZ    R7，TRS         ；一组数据未发送完，继续
        RET                     ；发送完，子程序返回
```

（2）编写接收子程序。

```
REC:    MOV     TMOD，#20H      ；设置定时器 T1 为方式 2
        MOV     TL1，#0F3H      ；送入初值
        MOV     TH1，#0F3H
        SETB    TR1             ；启动定时器 T1
        MOV     SCON，#0D0H     ；设置串行口为方式 3，允许接收
        MOV     PCON，#80H      ；设 SMOD=1
        MOV     DPTR，#2000H    ；接收数据首地址送 DPTR
        MOV     R7，#10H        ；数据块长度送 R7
WAIT:   JBC     RI，READ        ；RI=1 接收完跳转，同时清 RI
        SJMP    WAIT            ；RI=0 未接收完，等待
READ:   MOV     A，SBUF         ；读入一帧数据
        JNB     P，PZ           ；奇偶位 P 为 0 则转
        JNB     RB8，ERR        ；P=1，若 RB8=0，转出错处理
        SJMP    YES             ；P=1，且 RB8=1，转正确处理
PZ:     JB      RB8，ERR        ；P=0，若 RB8=1，转出错处理
YES:    MOVX    @DPTR，A        ；P=0，且 RB8=0，存放数据
        INC     DPTR            ；修改存放数据的地址
        DJNZ    R7，WAIT        ；一组数据未接收完，继续
        CLR     PSW.5           ；接收完，置接收正确标志
        RET                     ；子程序返回
ERR:    SETB    PSW.5           ；置出错标志
        RET                     ；子程序返回
```

上述程序是在方式 3 下进行收发，双方约定偶校验，若约定奇校验，发送和接收程序稍加修改即可。

下面介绍在方式 1 下进行双机通信，用累加和进行校验的编程方法。此例规定通信协议和握手信号如下。

（1）甲、乙双方均采用串行口方式 1。

（2）采用定时器 T1 工作在方式 2 做波特率发生器，波特率为 2 400 bps，当系统晶振为

6 MHz 时，计数初值为 F3H，SMOD=1。

（3）发送方是把片内 RAM 50H～6FH 单元中的数据块从串行口输出，接收方则把接收的数据块存入片外 RAM 2000H～201FH 单元中。

（4）甲、乙双方使用累加校验和进行校验。即发送方每发送一个数据求一次“累加和”，一组数据发完后，将所求的“累加和”作为“校验和”发送给接收方。接收方每接收到一个数据也求一次“累加和”，所有数据接收完，将所求的“累加和”与接收到的“校验和”相比较，如两者相等，说明接收正确；否则，接收出错。

（5）甲机发送数据，乙机接收数据。甲机发送时，先发送一个呼叫信号“A1”，乙机收到后回答一个“B1”的应答信号，表示同意接收。甲机只有收到应答信号“B1”后才开始发送数据。乙机接收数据，若接收正确，向甲机回发“00H”；否则回发“0FFH”，请求重发。甲机收到“00H”的回答后结束发送，否则重新发送数据。程序流程图如图 7-11 所示。

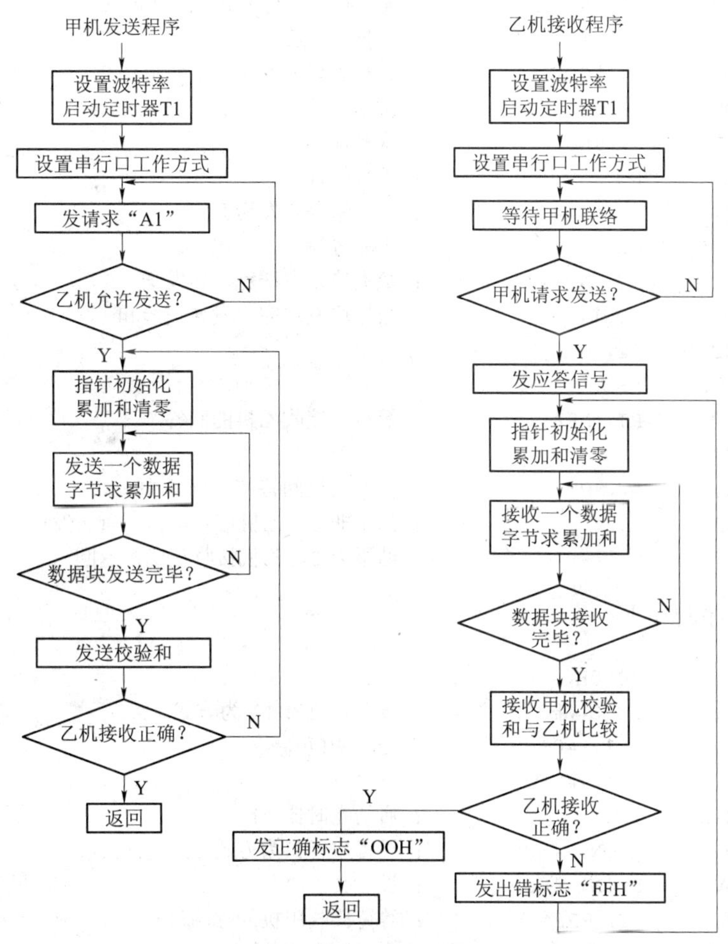

图 7-11　发送与接收程序流程图

甲机发送程序如下：

```
        ORG     1000H
A1S:    MOV     TMOD，#20H      ；设置定时器 T1 为方式 2
```

```
        MOV     TL1，#0F3H          ；送入初值
        MOV     TH1，#0F3H
        SETB    TR1                 ；启动定时器 T1
        MOV     SCON，#50H          ；设置串行口为方式 1，允许接收
        MOV     PCON，#80H          ；设 SMOD=1
AT1:    MOV     SBUF，#0A1H         ；发呼叫信号“A1”
AS1:    JBC     TI，AR1             ；判是否发送完
        SJMP    AS1                 ；未完等待
AR1:    JBC     RI，AR2             ；发送完，接收乙机回答
        SJMP    AR1
AR2:    MOV     A，SBUF             ；读取乙机回答信号到 A 中
        XRL     A，#0B1H            ；检测回答信号是否为“B1”
        JNZ     AT1                 ；不是，转继续呼叫
AT2:    MOV     R0，#50H            ；是“B1”，发送数据首地址送 R0
        MOV     R7，#20H            ；数据块长度送 R7
        MOV     A，#00H             ；累加和单元清零
AT3:    MOV     SBUF，@R0           ；发送一个数据
        ADD     A，@R0              ；求累加和
        INC     R0                  ；地址指针加 1
AS2:    JBC     TI，AT4             ；判一帧是否发送完
        SJMP    AS2                 ；未完等待
AT4:    DJNZ    R7，AT3             ；数据块未发送完，转发送
        MOV     SBUF，A             ；数据块发送完，发送校验和
AS3:    JBC     TI，AR3
        SJMP    AS3
AR3:    JBC     RI，AR4             ；等待、接收乙机的回答
        SJMP    AR3
AR4:    MOV     A，SBUF             ；读取乙机回答信号到 A 中
        JNZ     AT2                 ；结果非 0，乙机接收出错，重新发送
        RET                         ；结果为 0，乙机接收正确，返回
```

乙机接收程序的如下：

```
        ORG     2000H
B1R:    MOV     TMOD，#20H          ；设置定时器 T1 为方式 2
        MOV     TL1，#0F3H          ；送入初值
        MOV     TH1，#0F3H
        SETB    TR1                 ；启动定时器 T1
        MOV     SCON，#50H          ；设置串行口为方式 1，允许接收
        MOV     PCON，#80H          ；设 SMOD=1
BR1:    JBC     RI，BR2             ；等待接收甲机的呼叫信号
        SJMP    BR1
BR2:    MOV     A，SBUF             ；读取呼叫信号到 A 中
        XRL     A，#0A1H            ；检测呼叫信号是否为“A1”
        JNZ     BR1                 ；不是，转等待接收呼叫信号状态
BT1:    MOV     SBUF，#0B1H         ；是，向甲机发同意接收信号“B1”
BS1:    JBC     TI，BR3             ；等待应答信号发送完
```

```
        SJMP    BS1
BR3:    MOV     DPTR，#2000H     ；接收数据首地址送 DPTR
        MOV     R7，#20H         ；数据块长度送 R7
        MOV     R6，#00H         ；累加和寄存器清零
BR4:    JBC     RI，BR5          ；等待接收一帧数据
        SJMP    BR4
BR5:    MOV     A，SBUF          ；读取一帧数据到 A 中
        MOVX    @DPTR，A         ；将接收到的数据存入外部 RAM
        INC     DPTR             ；修改地址指针
        ADD     A，R6            ；求累加和
        MOV     R6，A            ；保存累加和
        DJNZ    R7，BR4          ；判断数据块是否接收完，未完，转接收
BS2:    JBC     RI，BR6          ；数据块接收完，等待接收校验和
        SJMP    BS2
BR6:    MOV     A，SBUF          ；读取校验和到 A 中
        XRL     A，R6            ；校验和与累加和做异或运算
        JZ      BR7              ；结果为零，两者相等，则转
        MOV     SBUF，#0FFH      ；两者不等，向甲机发送出错标志
BS3:    JBC     TI，BR3          ；转重新接收
        SJMP    BS3
BR7:    MOV     SBUF，#00H       ；向甲机发送接收正确标志
        RET                      ；子程序返回
```

以上编写的程序都是采用查询方式，并编写成子程序。也可以采用中断方式进行发送、接收，关于中断方式的发送、接收程序此处不作介绍。

7.3.3　单片机多机通信技术

在实际应用中，经常需要多个单片机之间协调工作，即多机通信。利用 MCS-51 系列单片机的串行口可实现多机通信，本节主要介绍多机通信的原理、硬件接口及通信软件设计。

1. 多机通信接口设计

由 MCS-51 单片机构成的多机系统，常采用总线型主从式结构，如图 7-12 所示。所谓主从式是指在多个单片机组成的系统中，只有一个是主机，其余是从机，主机发送的信息可被各从机接收，而各从机发送的信息只能由主机接收，从机与从机之间不能互相直接通信。根据主机与各从机之间距离的远近、抗干扰性等要求，可选择 TTL 电平传输，RS-232C、RS-422A、RS-485 传输。采用不同的通信标准时，还需进行相应的电平转换，有时还要对信号进行光电隔离。在实际的多机应用系统中，常采用 RS-422A 或 RS-485 串行标准进行数据传输。

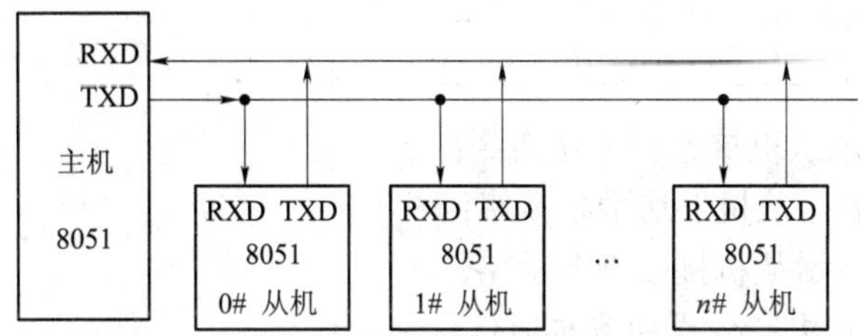

图 7-12　主从式多机通信系统结构

2. 多机通信原理

多机通信的实现，主要依靠主、从机正确地设置与判断多机通信控制位 SM2 和发送、接收的第 9 位数据 TB8 或 RB8。当主机给从机发送信息时，要根据发送信息的性质来设置 TB8。发送地址时，设 TB8=1；发送数据或命令时，设 TB8=0。当从机的 SM2 为 1 时，该从机只接收地址帧（RB8 位为 1），对数据帧（RB8 位为 0）将不予理睬。而当 SM2 为 0 时，该从机接收所有发来的信息。多机通信过程概述如下：

（1）令所有从机的 SM2=1，使它们处于只接收地址帧的状态（即从机复位）；

（2）主机发送一帧地址信息，其中包括 8 位地址，第 9 位（即 TB8）为 1，以表示发送的是地址；

（3）从机接收到地址帧后各自中断，CPU 把接收到的地址与其本机地址作比较；

（4）地址相符的从机清除其 SM2 标志，准备接收主机发来的数据/命令；地址不符的从机仍维持 SM=1 不变，对主机发来的数据帧不予理睬，直到主机发来新的地址帧；

（5）主机发送数据或控制信息（第 9 位为 0）给被寻址的从机；

（6）被寻址的从机，因 SM=0，可以接收主机发送过来的所有数据，当从机接收数据结束时，置 SM2=1，返回接收地址帧状态（复位状态）；

（7）当主机需要与其他从机通信时，可再发出地址帧来呼叫其他从机。

3. 多机通信软件设计

1）软件协议

通信需要符合一定的规范。对于不同的应用场合，人们制订了各种通信协议。为叙述方便，本例只简单地规定几条协议。

（1）系统中允许有 255 台从机，地址分别为 00H～FEH。

（2）地址 FFH 是对所有从机都起作用的一条控制命令，命令各从机恢复 SM=1 状态。

（3）主机和从机的联络过程为：主机首先发送地址帧，被寻址从机向主机回送本机地址，主机在判断地址相符后给被寻址的从机发送控制命令，被寻址的从机根据其命令向主机回送自己的状态。若主机判断状态正常，主机即开始发送或接收数据，发送或接收的第一个字节为数据块长度。若从机状态不正常，主机重新联络。

（4）设主机发送的控制命令代码如下。

00H：要求从机接收数据块。

01H：要求从机发送数据块。

其他：非法命令。

（5）从机返回主机的状态字格式为：

D7	D6	D5	D4	D3	D2	D1	D0
ERR	0	0	0	0	0	TRDY	RRDY

其中，若 ERR=1，表示从机接收到非法命令；

若 TRDY=1，表示从机发送准备就绪；

若 RRDY=1，表示从机接收准备就绪。

2）主机查询、从机中断方式的多机通信软件设计

在实际应用中，经常采用主机查询、从机中断的通信方式。下面给出的多机通信程序是

按如下思路编制的。

主机程序部分以子程序的方式给出，要进行串行通信，可直接调用这个子程序；从机部分以串行口中断服务程序的方式给出。若从机未做好接收或发送的准备，就从中断程序中返回，在主程序中继续等待做好准备。主机在这种情况下不能简单地等待从机准备就绪，而要重新与从机联络，使从机再次执行串行口中断服务程序。

（1）主机串行通信子程序。主机查询方式程序流程图见图 7–13，主机串行通信子程序如下。

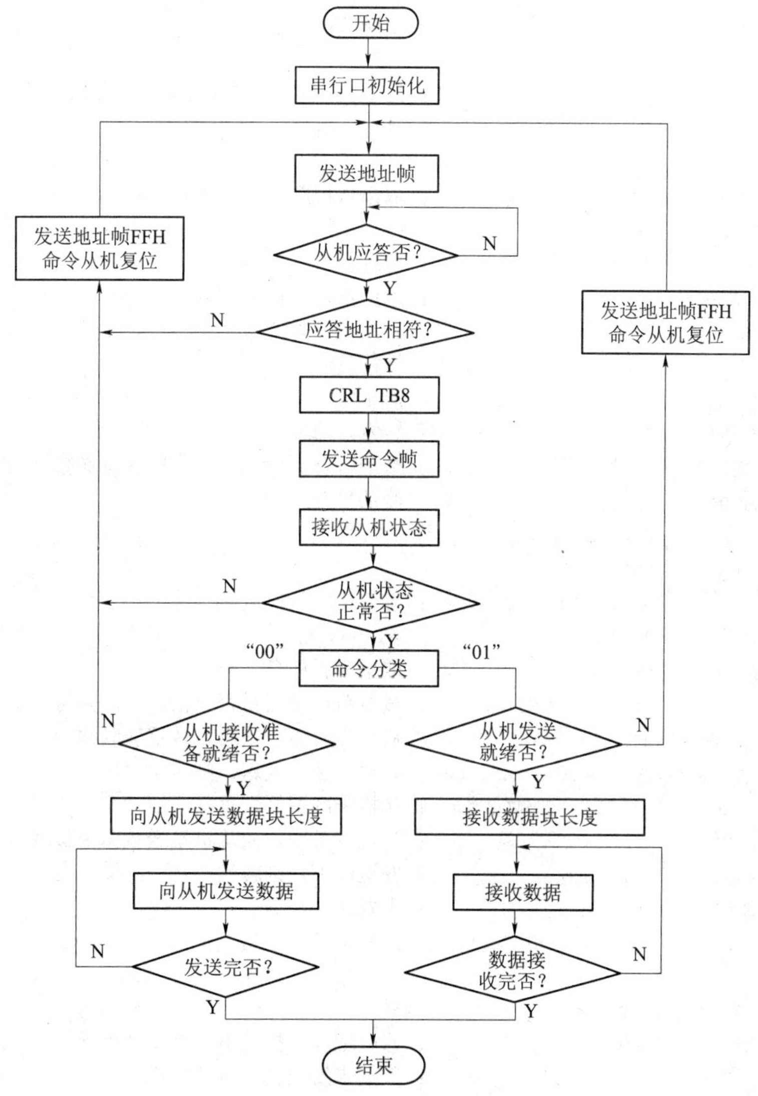

图 7–13　多机通信主机查询方式程序流程图

入口参数：（R0）——主机发送的数据块首地址；

（R1）——主机接收的数据块首地址；

（R2）——被寻址的从机地址；

（R3）——主机发出的命令；

（R4）——数据块长度。

程序清单如下：

```
MSIO:   MOV    TMOD，#20H      ；初始化 T1 为定时功能，方式 2
        MOV    TL1，#0F3H      ；送入初值
        MOV    TH1，#0F3H
        SETB   TR1             ；启动定时器 T1
        MOV    PCON，#80H      ；设置 SMOD=1
        MOV    SCON，#0D8H     ；设串行口方式 3，允许接收，TB8=1
MSIO1:  MOV    SBUF，R2        ；发送从机地址
        JNB    TI，$           ；等待发送结束
        CLR    TI              ；发送完，清 TI，准备下一次发送
WAIT1:  JBC    RI，MSIO2       ；等待从机应答
        SJMP   WAIT1
MSIO2:  MOV    A，SBUF         ；取出从机应答地址
        XRL    A，R2           ；核对地址
        JZ     MSIO4           ；地址相符，则转 MSIO4
MSIO3:  SETB   TB8             ；地址不符，重新联络
        MOV    SBUF，#0FFH     ；给从机发复位命令（TB8 置 1）
        JNB    TI，$           ；等待发送结束
        CLR    TI              ；清 TI
        SJMP   MSIO1           ；转重发地址
MSIO4:  CLR    TB8             ；地址符合，TB8 置零，准备发送数据/命令
        MOV    SBUF，R3        ；给从机发送命令
        JNB    TI，$
        CLR    TI
WAIT2:  JBC    RI，MSIO5       ；等待接收从机应答
        SJMP   WAIT2
MSIO5:  MOV    A，SBUF         ；取出应答信息
        JNB    ACC.7，MSIO6    ；核对命令接收是否出错，正确则转
        SJMP   MSIO3           ；从机接收命令出错，转重新联络
MSIO6:  CJNE   R3，#00H，MSIO7 ；若要求从机发送，则转 MSIO7
        JNB    ACC.0，SMIO3    ；从机未准备好，重新联络
STX:    MOV    SBUF，R4        ；从机准备好，向从机发送数据块长度
WAIT3:  JBC    TI，STX1        ；发送结束，则转
        SJMP   WAIT3           ；未发送完，等待
STX1:   MOV    SBUF，@R0       ；向从机发送数据
        JNB    TI，$
        CLR    TI
        INC    R0              ；修改地址，指向下一个地址单元
        DJNZ   R4，STX1        ；数据未发送完，继续发送
        RET                    ；数据发送完毕，返回主程序
MSIO7:  JNB    ACC.1，MSIO3    ；若从机发送未准备好，转重新联络
SRT:    JNB    RI，$           ；等待接收从机发来的数据块长度
        CLR    RI              ；清 RI 位，为下一次接收作准备
        MOV    A，SBUF         ；取出收到的数据
        MOV    R4，A           ；数据块长度送计数器 R4
        MOV    @R1，A          ；数据块长度存入数据存储区
        INC    R1              ；修改地址
```

```
SRX1:   JNB     RI, $          ；等待接收从机发来的数据
        CLR     RI
        MOV     @R1, SBUF      ；接收的数据存入数据存储区
        INC     R1             ；修改地址，指向下一个地址单元
        DJNZ    R4, SRX1       ；数据未接收完，继续接收
        RET                    ；数据接收完毕，返回主程序
```

在调用以上子程序之前，应先准备好 R0、R1、R2、R3 和 R4 中的参数。

（2）从机中断方式通信程序。从机的串行通信采用中断控制启动方式，在串行通信启动后仍采用查询方式来接收或发送数据块。初始化程序安排在主程序中，中断服务程序中使用第 1 组工作寄存器。本程序中用标志位 PSW.1 做发送准备就绪标志，PSW.5 做接收准备就绪标志，由主程序置位。

程序中还规定所发送的数据存放在片内 RAM 区中，首址为 50H 单元，第一个数据为数据块的长度；接收的数据存放在片内 RAM 区中，首址为 70H 单元，接收的第一个数据为数据块的长度。SLAVE 为本机地址，从机中断方式程序流程图见图 7-14。

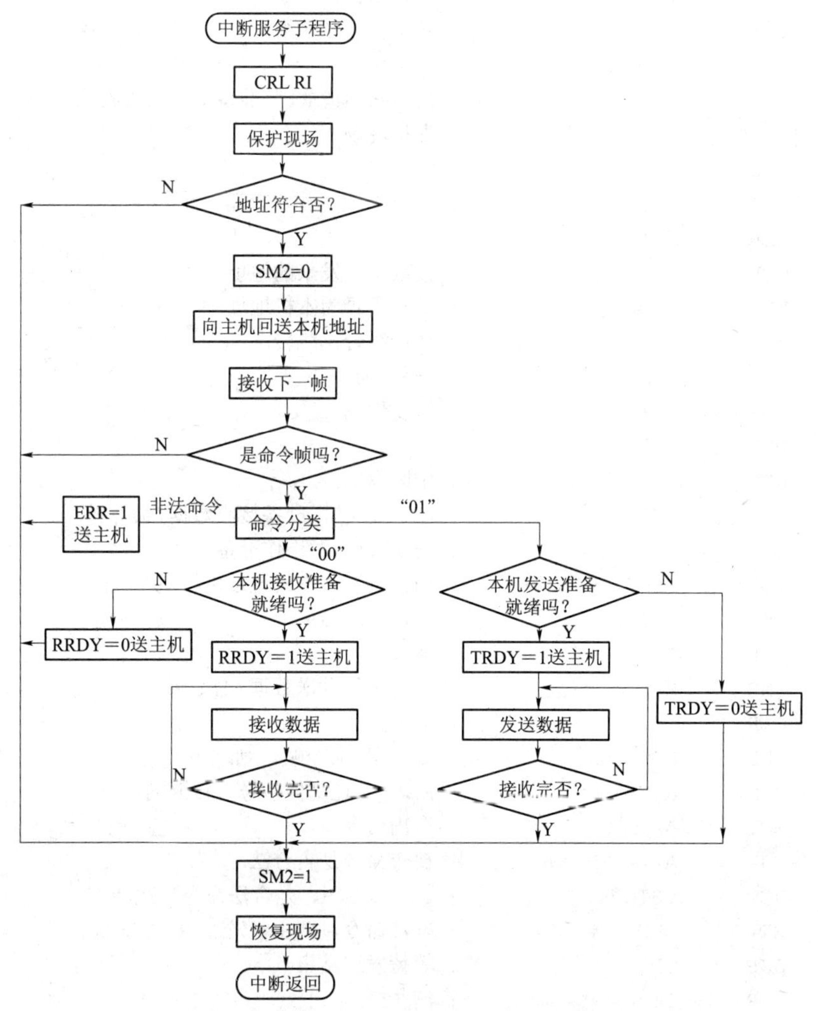

图 7-14　多机通信从机中断方式程序流程图

程序清单如下：

```
        ORG     0000H
        AJMP    START               ；主程序上电、复位入口
        ORG     0023H
        LJMP    SSIO                ；串行口中断服务程序入口
        ORG     0050H
START:  MOV     TMOD，#20H          ；设置定时器T1为方式2
        MOV     TL1，#0F3H          ；送入初值
        MOV     TH1，#0F3H
        SETB    TR1                 ；启动定时器T1
        MOV     PCON，#80H          ；设置SMOD=1
        MOV     SCON，#0F0H         ；设串行口方式3，允许接收，SM2=1
        MOV     08H，#50H           ；发送数据的首地址→R0
        MOV     09H，#70H           ；接收数据的首地址→R1
        SETB    EA                  ；CPU开中断
        SETB    ES                  ；允许串行口中断
        LJMP    MAIN                ；转主程序（未给），等待串行口中断
        …
SSIO:   CLR     RI                  ；清中断申请RI，准备下一次接收
        PUSH    ACC                 ；保护现场
        PUSH    PSW
        SETB    RS0                 ；选第1组工作寄存器
        CLR     RS1
        MOV     A，SBUF             ；读取主机发来的地址
        XRL     A，#SLAVE           ；核对是否为本机地址
        JZ      SSIO1               ；地址符合，跳转
RETURN: SETB    SM2                 ；恢复SM2=1
        POP     PSW                 ；恢复现场
        POP     ACC
        RETI                        ；中断返回
SSIO1:  CLR     SM2                 ；令SM2=0，准备接收数据/命令帧
        CLR     TI                  ；清TI，为发送作准备
        MOV     SBUF，#SLAVE        ；向主机发回本机地址供核对
        JNB     TI，$               ；等待发送结束
        CLR     TI                  ；清TI
        JNB     RI，$               ；等待主机发送数据/命令帧
        CLR     RI                  ；清RI
        JNB     RB8，SSIO2          ；是数据/命令帧，则跳转
        SJMP    RETURN              ；RB8=1是复位信号，转返回
SSIO2:  MOV     A，SBUF             ；取出命令
        CJNE    A，#02H，NEXT       ；检查命令是否合法
NEXT:   JC      SSIO3               ；（A）<02H，是合法命令，跳转
        MOV     SBUF，#80H          ；非法命令，向主机发ERR=1的状态
        JNB     TI，$               ；等待发送结束
        CLR     TI                  ；清TI
        SJMP    RETURN              ；转返回
```

```
SSIO3:  JZ      CMOD              ；是接收命令，转接收
CMD1:   JB      PSW.1，SSIO4      ；是发送命令，若发送准备就绪转发送
        MOV     SBUF，#00H        ；未准备好，向主机发 TRDY=0
        JNB     TI，$             ；等待发送结束
        CLR     TI                ；清 TI
        SJMP    RETURN            ；转返回
SSIO4:  MOV     SBUF，#02H        ；向主机发出发送准备就绪信号
        JNB     TI，$             ；等待发送结束
        CLR     TI                ；清 TI
        CLR     PSW.1
        MOV     R4，@R0           ；数据块长度→R4
        INC     R4                ；数据块长度加 1
LOOP1:  MOV     SBUF，@R0         ；发送数据（第一个字节是数据块长度）
        JNB     TI，$             ；等待发送结束
        CLR     TI                ；清 TI
        INC     R0                ；修改地址，指向下一个地址单元
        DJNZ    R4，LOOP1         ；数据未发送完，继续
        LJMP    RETURN            ；数据发送完转返回
CMOD:   JB      PSW.5，SSIO5      ；若 PSW.5=1（接收准备就绪），转接收
        MOV     SBUF，#00H        ；未准备好，向主机发 RRDY=0 的状态字
        JNB     TI，$             ；等待发送结束
        CLR     TI                ；清 TI
        SJMP    RETURN            ；转返回
SSIO5:  MOV     SBUF，#01H        ；向主机发出接收准备就绪信号
        JNB     TI，$             ；等待发送结束
        CLR     TI                ；清 TI
        CLR     PSW.5
        JNB     RI，$             ；等待接收数据块长度
        CLR     RI                ；清 RI
        MOV     A，SBUF           ；读取数据块长度
        MOV     @R1，A            ；数据块长度送内存
        INC     R1                ；地址指针加 1，指向下一单元
        MOV     R4，A             ；数据块长度送 R4
LOOP2:  JNB     RI，$             ；等待接收数据
        CLR     RI                ；清 RI
        MOV     @R1，SBUF         ；读取接收的数据送内存
        INC     R1                ；修改地址，指向下一个地址单元
        DJNZ    R4，LOOP2         ；数据未接收完，继续
        LJMP    RETURN            ；数据接收完转返回
```

复习参考题

7-1 并行通信和串行通信各有什么特点？它们分别适用于什么场合？

7-2 什么是串行异步通信？它有哪些特点？串行异步通信的数据帧格式是怎样的？

7–3 串行通行有哪几种数据传送形式，试举例说明。

7–4 何谓波特率？某异步通信，串行口每秒传送 250 个字符，每个字符由 11 位组成，其波特率应为多少？

7–5 MCS–51 单片机 4 种工作方式的波特率如何确定？

7–6 MCS–51 单片机串行口有几种工作方式？如何选择？简述各自特点，并说明这几种工作方式各用于什么场合？

7–7 MCS–51 单片机串行通信控制寄存器有哪些？各起什么作用？

7–8 简述如何利用 MCS–51 单片机的串行口进行并行 I/O 口扩展？

7–9 简述单片机多机通信的原理。

7–10 设串行异步通信的传送速率为 2 400 bps，传送的是带奇偶校验的 ASCII 码字符，每个字符包含 10 位（1 个起始位，7 个数据位，1 个奇偶校验位，1 个停止符），试问每秒最多可传送多少个字符？

7–11 由 MCS–51 单片机的串行口的方式 1 发送 0，1，…，FFH 等 256 个数据，试用中断方式编写发送程序（波特率为 9 600，f_{osc}=12 MHz）。

第 8 章

并行 I/O 接口

【本章内容概要】

本章概述了 I/O 接口电路的作用、数据传送方式和外设的编址方法，详细介绍了 MCS−51 单片机 P0～P3 四个并行 I/O 口的结构及应用方式。

【本章学习重点与难点】

学习重点是：I/O 接口电路的作用与数据传送方式；外设的两种编址方式及区别；MCS−51 单片机 4 个并行口的结构及区别；MCS−51 单片机并行口的应用。

学习难点是：外设的两种编址方式及应用；MCS−51 单片机 4 个并行口的应用。

8.1 概　　述

由于外部设备种类繁多，在工作速度上差异很大，比如有低速的继电器、键盘，也有高速的 ADC 等。并且外部设备的信号种类多种多样，传送距离也不尽相同。因而 CPU 和外部设备之间的数据传送比存储器复杂，需要在 CPU 和外设之间设置 I/O 接口电路，对数据传送进行协调。为了满足不同外设对 CPU 的不同要求，I/O 接口电路的形式和种类也是多种多样的，其中最常用的是并行和串行接口。

8.1.1 I/O 接口的作用

I/O 接口电路具有如下作用。

1. 实现不同速度外设的速度匹配

由于各种外设工作速度差别很大，但大多数外设的速度无法与 CPU 速度媲美。CPU 和外设间的数据传送方式有同步、异步、中断和 DMA 等 4 种，无论哪种传送方式的接口电路都必须实现 CPU 和外设间工作速度的匹配。

2. 改变数据传送方式

通常，I/O 数据有并行和串行两种数据传送方式。对 8 位单片机而言，并行传送是指数据在 8 条数据总线上同时传送，一次只传送 8 位二进制信息；串行传送是指数据在一条数据总线上分时地传送，一次只传送一位二进制信息。通常，数据在 CPU 内部是并行传送的，而在有些外部设备中是串行传送的。因此，CPU 在和采用串行传送数据的外设联机时必须采用能够改变数据传送方式的 I/O 接口电路。也就是说，这种 I/O 接口电路必须具有把串行数据变换成并行数据（或把并行数据变成串行数据）的能力。

3. 改变信号的性质和电平

不同的外设可能有不同的信息类型、电平、数制等，接口电路需要对这些信息进行转换，提供单片机所要求的信息种类。

CPU 和外设间交换的信息有两类：一类是数据型的；另一类是状态和命令型的，状态信息反映外部设备的工作状态，命令信息用于控制外部设备的工作。因此，I/O 接口必须既能把外设传来的状态信息规划后送给 CPU，又能自动根据要求给外部设备发送控制命令。

除此以外，CPU 输入/输出的数据和控制信号是 TTL 电平（例如，小于 0.4 V 表示“0”，大于 2.4 V 表示“1”），而外部设备的信号电平类型较多（例如，小于 5 V 表示“0”，大于 24 V 表示“1”）。为了实现 CPU 与外设间的信号传递，I/O 接口也要具备信号电平的自动转换能力。

8.1.2 I/O 数据的 4 种传送方式

为了实现与不同外设的速度匹配，I/O 接口必须根据不同外设选用恰当的 I/O 数据传送方式。计算机系统中 CPU 通过 I/O 接口与外设之间的数据传送方式有 4 种，即同步传送、异步传送、中断传送和直接存储器存取 DMA（Direct Memory Access）。此处仅介绍单片机主要采用的前 3 种传送方式。

1. 同步传送

同步传送又称为无条件传送，类似于 CPU 和存储器间的数据传送。采用这种方式的前提是外部控制过程的各种运行时间是固定并且已知的，即外设总处于“就绪”状态。这样，在进行数据传送时，CPU 不必查询外设的状态，随时可以与其进行数据 I/O 操作。无条件传送方式的电路硬件和软件都很简单，主要在以下两种情况中使用。

（1）外设工作速度非常快。当外设工作速度能和 CPU 速度比拟时，常采用同步传送方式。例如，CPU 和 A/D 或 D/A 间传递数据时，CPU 可以在任何时刻从 A/D 芯片采集经模/数变换后的数字量，或把处理后的信息送到 D/A 芯片，以控制被控对象。

（2）外设工作速度非常慢。此时，外设具有常驻或缓慢变化的数据信号，以至任何时候都被认为它处于“就绪”状态。例如，在图 8-1 所示的 I/O 接口电路中，变压器油开关几天或几星期才改变一次，CPU 采集它的状态是要了解电力线路上的负载情况。因此，CPU 随时都可以执行如下指令：

```
MOV     DPTR, #0FF00H
MOVX    A, @DPTR
```

便可将油开关的状态取到累加器 A，供 CPU 分析。

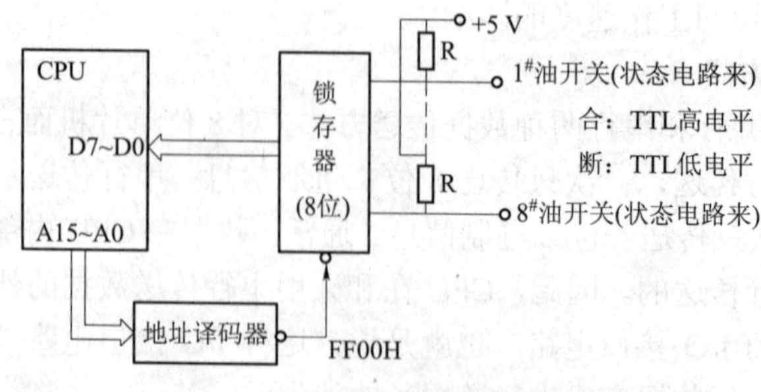

图 8-1 CPU 和开关电路的接口

2. 异步传送

异步传送又称条件传送，也叫查询式传送，主要用来解决 CPU 和外设的速度匹配问题。

该方式下，CPU 需要 I/O 口为外设提供状态和数据两个端口，CPU 通过状态口查询外设“准备好”后再通过数据口进行数据传送。

图 8–2（a）给出了 CPU 和打印机连接的示意图。图中，数据口地址为 FFH，状态口接到 8031 的 P1.0。CPU 通过查询程序（流程如图 8–2（b））查询 P1.0 上的状态：若 BUSY=1，则表示打印机尚未完成前一数据的打印，要求 CPU 继续等待；若 BUSY=0，则表示 CPU 可给打印机传送下一个打印数据。

异步传送的优点是通用性好，硬件连线和查询程序十分简单，但由于需要等待查询，会占用 CPU 大量时间，数据传送效率较低，一般用于单通道和小规模计算机系统。

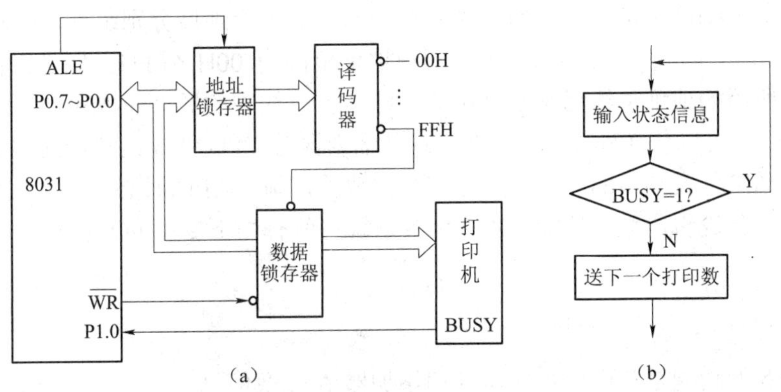

图 8–2 I/O 数据的异步传送示意图

（a）8031 和打印机的连接；（b）查询程序流程图

3. 中断传送

中断方式是利用 CPU 本身的中断功能和 I/O 接口的中断功能来实现对外设 I/O 数据的传送。图 8–3 为该方式的示意图，图中打印机的 BUSY 信号送到 I/O 接口的 $\overline{\text{STB}}$ 控制端，I/O 接口从 $\overline{\text{STB}}$ 端收到 BUSY 后可向 CPU 的 $\overline{\text{INT1}}$ 线发出中断请求。CPU 响应 $\overline{\text{INT1}}$ 上的中断请求即可进入打印机中断服务程序，并在中断服务程序中发送一个打印数据。当然，打印机的第一个打印数据必须预先在主程序中送给打印机。

在中断方式下，由于 CPU 和外设并行工作，外设在准备就绪后，主动通知 CPU 即请求中断；若 CPU 同意中断申请，将转入中断服务程序，执行完后再返回主程序继续执行。因此，中断方式可大大提高系统效率，多应用于多任务系统中。

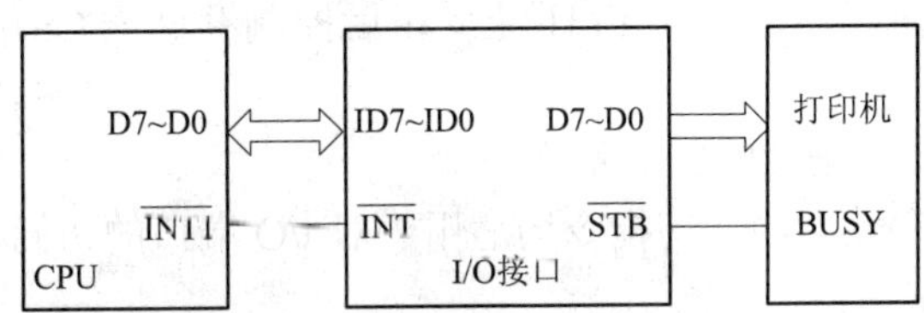

图 8–3 I/O 数据的中断传送方式

8.1.3 外部设备的编址方式

I/O 接口（Interface）和 I/O 端口（Port）是有区别的，不能混为一谈。I/O 端口简称 I/O 口，常指 I/O 接口中带有端口地址的寄存器或缓冲器，CPU 通过端口地址就可以对端口中的信息进行读写。I/O 接口是指 CPU 和外设间的 I/O 接口芯片，一个外设通常需要一个 I/O 接口，但一个 I/O 接口可以有多个 I/O 端口。传送数据字的端口称为数据口，传送命令字的端口称为命令口，传送状态字的端口称为状态口。当然，不是所有的外部设备都需要三端口齐全的 I/O 接口。

因此，外设的编址实际上是给所有 I/O 接口中的端口编址，以便 CPU 通过端口地址和外设交换信息。通常，外设端口有两种编址方式：一是对外设端口单独编址，二是对外设端口和存储器统一编址。

1. 外设端口的单独编址

外设端口单独编址是指外设端口地址和存储器存储单元地址分别编址，互为独立。例如，存储器地址范围为 0000H～FFFFH，外设端口地址范围为 00H～FFH。但是，存储器地址和外设端口地址所用的地址总线通常是公用的，即地址总线中的低 8 位既可以用来传送存储器的低 8 位地址，又可以传送外设端口地址。这就需要区分 CPU 低 8 位地址总线上究竟是送给存储器的还是送给外设端口的。为了区分这两种地址，制造 CPU 时必须单独集成专用 I/O 指令所需要的那部分逻辑电路。例如，Z80 指令系统中就有如下专用 I/O 指令：

```
IN      A，(n)  ；A←n 端口中的数
OUT     (n)，A  ；A→n 端口中
```

这两条指令的功能是实现外设端口 n 和累加器 A 交换信息。

外设端口单独编址如图 8–4（a）所示。CPU 在执行访问存储器指令时自动使 $\overline{\text{MREQ}}$ 为低电平（$\overline{\text{IORQ}}$ 为高电平），该 $\overline{\text{MREQ}}$ 信号用于为存储器从地址总线上选通 16 位地址。CPU 在执行 I/O 指令时自动使 $\overline{\text{IORQ}}$ 为低电平（$\overline{\text{MREQ}}$ 为高电平），以通知相应外设端口从低 8 位地址总线选通地址。

外设端口单独编址的优点是不占用存储器地址，但需要 CPU 指令集中有专门的 I/O 指令，并且要增加 $\overline{\text{MREQ}}$ 和 $\overline{\text{IORQ}}$ 两条控制线。

2. 外设端口和存储器统一编址

统一编址方式是把外设端口当做存储单元对待，也就是让外设端口地址占用部分存储器单元地址。图 8–4（b）为这种编址方式的示意图。

图 8–4（b）中，存储器地址范围是 0000H～FEFFH，而 FF00H～FFFFH 让给了外设端口，存储器不再使用。为使 CPU 对外设端口寻址时不去寻找相同地址的存储单元，使用时必须在硬件上加以保证，图中译码器输出端 FFH 经反相后控制存储器 $\overline{\text{CS}}$ 端就是为这一目的而设计的。

外设端口与存储器统一编址的优点是：

（1）CPU 访问外部存储器的一切指令均适用于对 I/O 端口的访问，这就大大增强了 CPU 对外设端口信息的处理能力；

（2）CPU 本身不需要专门为 I/O 端口设置 I/O 指令；

（3）外设端口地址安排灵活，数量不受限制。

外设端口与存储器统一编址的缺点是：外设端口占用了部分存储器地址，所用译码电路较为复杂。但由于 CPU 通常有 16 条或 16 条以上的地址线，而外设端口的数量不会太多，因此这种编址方式应用仍然较广，MCS–51 的外设端口地址就属于这种编址方式。

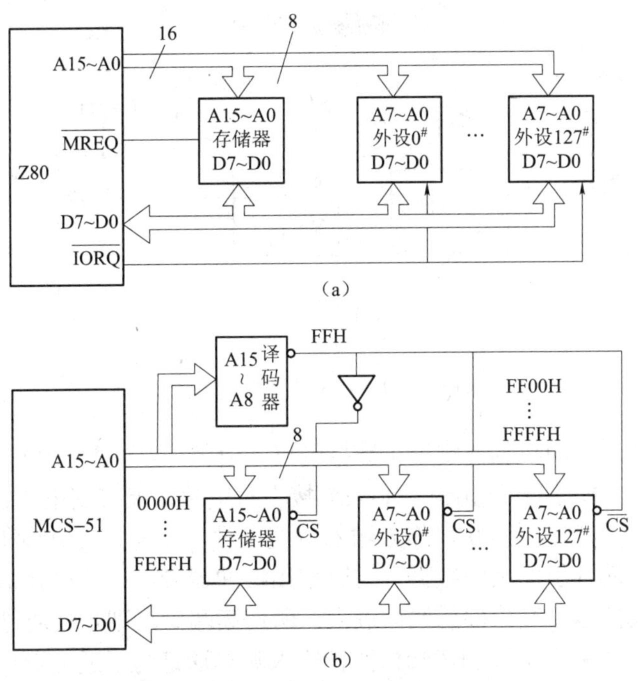

图 8-4 外设端口编址方式示意图

（a）外设端口的单独编址；（b）外设和存储器统一编址

8.2 MCS-51 内部并行 I/O 端口

MCS-51 单片机有 4 个 8 位并行输入/输出接口 P0～P3，它们都是双向通道，32 条 I/O 线都能独立地用做输入或输出。每个 I/O 端口都由一个 8 位数据锁存器和一个 8 位数据缓冲器组成。其中，8 位数据锁存器和端口号 P0、P1、P2 和 P3 同名，属于 21 个特殊功能寄存器中的 4 个，用于存放需要输出的数据；8 个数据缓冲器用于对端口引脚上输入数据进行缓冲，但不能锁存，因此各引脚上输入的数据必须一直保持到 CPU 把它读走为止。4 个通道结构虽然相似，但其功能不完全相同，电路形式也不一样，下面将详细介绍各端口的结构及功能实现。

1. P0 口的结构

P0 口有两个功能，一是作为普通的输入/输出 I/O 口，二是作为地址/数据总线。图 8-5 是 P0 口一位的结构，包括一个锁存器、两个三态输入缓冲器 1 和 2、场效应管 VT1 和 VT2、控制与门、反相器和转换开关 MUX。

1）P0 口作为普通 I/O 口使用

当控制线 C=0 时，MUX 开关向下，P0 口作为普通 I/O 口使用。这时与门输出为 0，场效应管 VT1 截止。

（1）P0 口作为输出口。当 CPU 在 P0 口执行输出指令时，写脉冲加在锁存器的 CP 端，与内部数据总线相连的 D 端数据经锁存器 $\overline{Q}$ 端反相，再经场效应管 VT2 反相，在 P0 引脚出

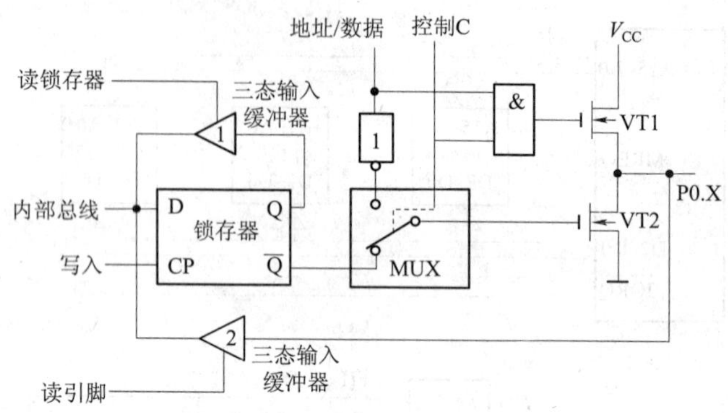

图 8–5　P0 口某位的逻辑电路

现的正好是内部数据总线的数据，实现了数据输出。值得注意的是，P0 口作为 I/O 口使用时场效应管 VT1 是截止的，用作输出时，必须外接上拉电阻才能有高电平输出。

（2）P0 口作为输入口。当 P0 口作为输入口使用时，应区分读引脚和读端口两种情况。所谓读引脚，就是读芯片引脚上的数据，这时使用缓冲器 2，由读引脚信号将缓冲器打开，把引脚上的数据经缓冲器通过内部总线读进来；所谓读端口，则是指通过缓冲器 1 读锁存器 Q 端的状态。为什么要有读引脚和读端口两种输入呢？这是为了适应对口进行“读—修改—写”类指令的需要。例如，执行“ANL　P0，A”指令时，先读 P0 端口的数据，再与 A 的内容进行逻辑与，然后把结果送回 P0 口。不直接读引脚而读锁存器是为了避免可能出现的错误，因为在端口处于输出的情况下，如果端口的负载是一个晶体管基极，导通的 PN 结就会把端口引脚的高电平拉低，而直接读引脚会使原来的“1”误读为“0”。如果读锁存器的 Q 端，就不会产生这样的错误。

由于 P0 口作为 I/O 使用时场效应管 VT1 是截止的，当 P0 口作为 I/O 口输入时，必须先向锁存器写“1”，使场效应管 VT2 截止（即 P0 口处于悬浮状态，变为高阻抗），以避免锁存器为“0”状态时对引脚读入的干扰。这一点对 P1、P2、P3 口同样适用。

2）P0 口作为地址/数据总线使用

在实际应用中，P0 口大多数情况下是作为地址/数据总线。这时控制线 C=1，MUX 开关向上，使数据/地址线经反向器与场效应管 VT2 接通，形成上下两个场效应管推拉输出电路（VT1 导通时上拉，VT2 导通时下拉），大大增加了负载能力。当输入数据时，数据信号仍然从引脚通过输入缓冲器 2 进入内部总线。

2. P1 口的结构

P1 口只用做普通 I/O 口，因此它没有转换开关 MUX，其结构见图 8–6。P1 口的驱动部

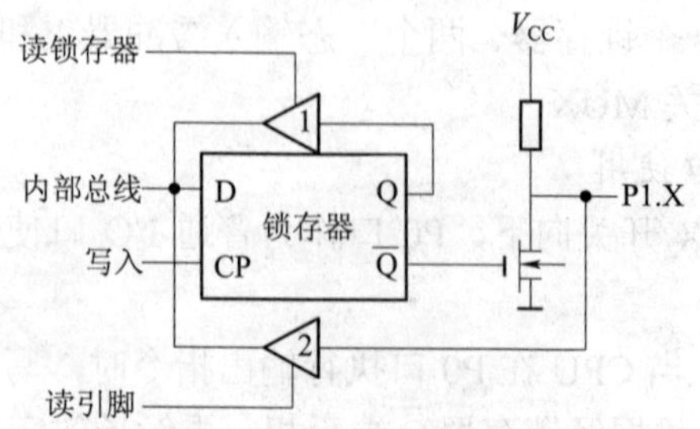

图 8–6　P1 口某位的逻辑电路

分与 P0 口不同，内部有上拉电阻，其实这个上拉电阻是两个场效应管并在一起形成的。当 P1 口输出高电平时，可以向外提供拉电流负载，所以不必再接上拉电阻，当输入时，与 P0 口一样，必须先向锁存器写“1”，使场效应管截止。由于片内负载电阻较大，约 20～40 kΩ，所以不会对输入数据产生影响。

3. P2 口的结构

P2 口与 P0 口类似，也有两种用途：一是作为普通 I/O 口，二是作为高 8 位地址线，其结构见图 8–7。当口作为通用 I/O 口时，多路开关 MUX 倒向锁存器输出 Q 端，其操作与 P1 口相同。在系统扩展片外程序存储器时，由 P2 口输出高 8 位地址（低 8 位地址由 P0 口输出），此时 MUX 在 CPU 的控制下转向内部地址线的一端。因为访问片外程序存储器的操作往往连接不断，P2 口要不断送出高 8 位地址，所以这时 P2 口无法再作为通用 I/O 口。

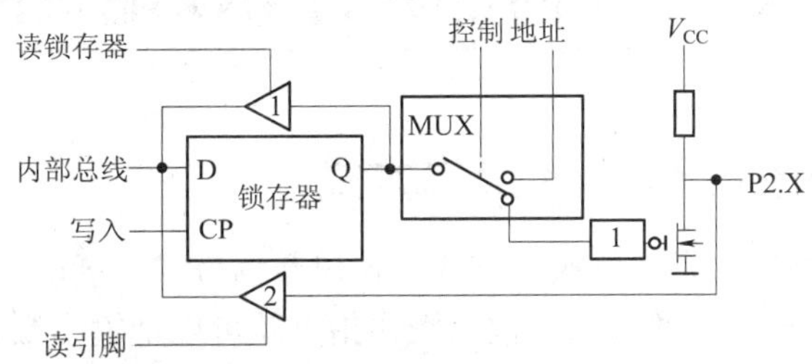

图 8–7　P2 口某位的逻辑电路

在不需要外接程序存储器而只需扩展较小容量（寻址范围小于 256 B）的片外数据存储器的系统中，使用“MOVX　@Ri”类指令访问片外 RAM 时，只需低 8 位地址线就可以实现。P2 口不受该指令影响，仍可作为通用 I/O 口。若寻址范围大于 256 B，又小于 64 KB，可以用软件方法只利用 P1～P3 口中的某几根口线送高位地址，而保留 P2 中的部分或全部作为通用 I/O 口。

若扩展的数据存储器容量超过 256 B，则使用“MOVX　@DPTR”指令寻址，范围是 64 KB，此时高 8 位地址总线由 P2 口输出。在读/写周期内，P2 口锁存器仍保持原来端口的数据，在访问片外 RAM 周期结束后，多路开关自动切换到锁存器 Q 端。由于 CPU 对 RAM 的访问不是经常的，在这种情况下，P2 口在一定的限度内仍可用做通用 I/O 口。

4. P3 口的结构

P3 口也是一个多功能端口，其结构如图 8–8 所示。与 P1 口相比，P3 口增加了与非门和缓冲器 3，它们使 P3 口除了有准双向 I/O 功能外，还具有第二功能。

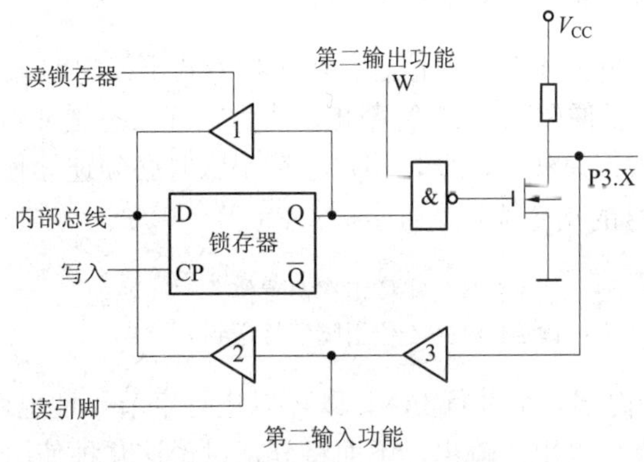

图 8–8　P3 口某位的逻辑电路

与非门的作用实际上是一个开关，它决定是输出锁存器上的数据还是输出第二功能 W 的信号。当输出锁存器 Q 端的信号时，W=1；当输出第二功能 W 的信号时，锁存器 Q 端为 1。

通过缓冲器 3，可以获得引脚的第二功能输入。不管是作为 I/O 口的输入，还是作为第二功能的输入，此时锁存器的 D 端和第二功能线 W 都应同时保持高电平。

应用中不用考虑如何设置 P3 口的第一或第二功能。当 CPU 把 P3 口当做专用寄存器进行寻址时（包括位寻址），内部硬件自动将第二功能线 W 置 1，这时 P3 口为普通 I/O 口；当 CPU 不把 P3 口当成专用寄存器使用时，内部硬件自动使锁存器 Q 端置 1，P3 口成为第二功能端口。

8.3　MCS–51 内部并行 I/O 端口的应用

8.3.1　MCS–51 内部 I/O 口的操作方式

MCS–51 四个 I/O 端口共有 3 种操作方式：输出数据方式，读端口方式和读引脚方式。

在数据输出方式下，CPU 通过一条数据操作指令就可以把输出数据写入 P0～P3 的端口锁存器，然后通过输出驱动器送到端口引线脚。因此，凡是端口操作指令都能达到从端口引脚上输出数据的目的。例如，下列指令均可在 P1 口输出数据：

```
MOV     P1, A          ; 将累加器 A 中的内容送 P1 口
ORL     P1, #data      ; P1←(P1∨data)
ANL     P1, A          ; P1←(P1∧A)
XRL     P1, #data      ; P1←(P1⊕data)
```

读端口数据方式是一种仅对端口锁存器中数据进行读入的操作方式，CPU 读入的这个数据并非端口引脚上输入的数据。因此，CPU 只要用一条传送指令就可把端口锁存器中的数据读入累加器 A 或内部 RAM 中，例如，下列指令可以从 P1 端口输入数据：

```
MOV     A, P1          ; P1 锁存器中数据送 A
MOV     R4, P1         ; P1 锁存器中数据送 R4
MOV     34H, P1        ; P1 锁存器中数据送 34H
MOV     @R0, P1        ; P1 锁存器中数据送(R0)
```

读引脚方式是从端口引脚线上读入信息。在这种方式下，CPU 首先必须使要读的端口引脚所对应的锁存器置位，以便驱动 VT2 管截止，然后打开三态缓冲器，使相应端口引脚上的信号输入 MCS–51 内部数据总线。因此，用户在读引脚时必须连续使用两条指令，例如，读 P1 口高四位引脚线上信号的指令为：

```
MOV     P1, #0F0H      ; 使 P1 口高 4 位锁存器置位
MOV     A, P1          ; 读 P1 口高 4 位引脚信号送到 A
```

应当指出，MCS–51 内部 4 个并行 I/O 口既可以进行字节寻址也可以对它们进行位寻址，每一位既可以用作输入也可以用作输出。下面将分别讨论这几种使用方法。

8.3.2　I/O 口直接用于输入/输出

当并行 I/O 口直接用于输入/输出时，CPU 既可以把它们看做数据口也可以看做状态口，可以由用户根据实际情况决定。

【例 8.1】　试编写程序模拟图 8–9 中电路的功能。

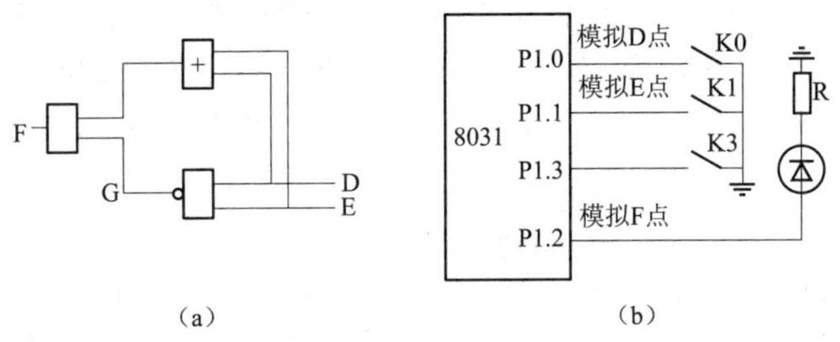

图 8–9　例 8.1 的附图

(a) 被模拟电路；(b) 8031 的接线

解　MCS–51 对电路进行模拟是指模拟它的输出状态如何随输入状态的变化而变化。为此，8031 按图 8–9（b）进行接线。图中，K0 和 K1 用于设置被模拟电路中的变量 D 和 E；P1.2 作为电路的输出端 F，并用一个发光二极管来显示输出；P1.3 用来为 8031 传送一个控制信号。当 8031 检测到它为低电平（K3 闭合）时开始模拟一组变量（D 和 E）的输入，并通过发光二极管显示输出结果，然后重复上述过程再开始新一轮的检测。相应的检测程序如下：

```
        ORG     0200H
   D    bit 00H
   E    bit 01H
   G    bit 02H
LOOP1:  ORL     P1，#08H      ；准备读 P1.3 引脚
LOOP2:  JB      P1.3，$       ；检测 K3，若断开，则继续检测
        ORL     P1，#03H      ；若 K3 闭合，准备读 P1.0 和 P1.1 脚
        MOV     C，P1.0       ；输入 K0 状态
        MOV     D，C          ；送入 D
        MOV     C，P1.1       ；输入 K1 状态
        MOV     E，C          ；送入 E
        ANL     C，D          ；C ← (D∧E)
        MOV     G，C          ；存入 G
        MOV     C，E
        ORL     C，D          ；C ← (D∨E)
        ANL     C，/G         ；C ← (D∨E) ∧ ¬(D∧E)
        MOV     P1.2，C       ；输出
        SJMP    LOOP1         ；准备下次模拟
        END
```

8.3.3 I/O 口对外部三态门和锁存器的接口

1. I/O 口对外部三态门的接口

在较为简单的控制中，常常需要使 I/O 口通过外部三态门和输入设备相连，以使输入的数据能得到缓冲。图 8–10 为 8031 通过 74LS244 和输入设备的接口图。图中，74LS244 是 8 位三态缓冲器，仅当 $\overline{1G}$ 和 $\overline{2G}$ 端为低电平时输入和输出接通，当 $\overline{1G}$ 和 $\overline{2G}$ 端为高电平时（1Y1～1Y4 和 2Y1～2Y4）呈高阻。输入设备输入的数据可在 74LS244 中得到缓冲，74LS244 的端口地址由 P2.7=0 决定。若地址选为 7FFFH，则如下指令便可从该端口输入数据：

```
MOV     DPTR，#7FFFH     ；DPTR 指向 74LS244 口
MOVX    A，@DPTR         ；输入数据
```

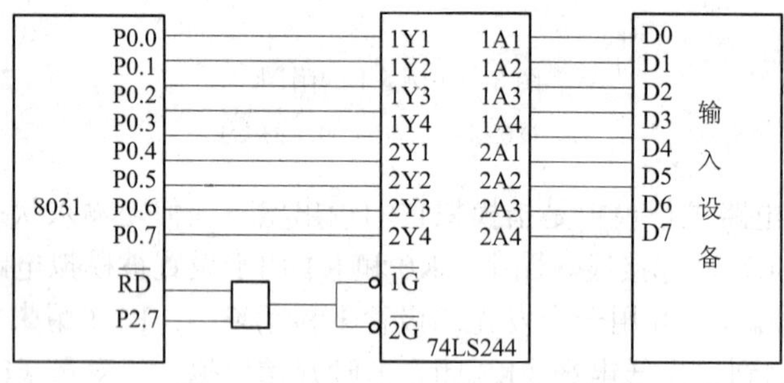

图 8–10 8031 和 74LS244 的接口

2. I/O 口对外部锁存器的接口

采用数据缓冲器只能使数据得到缓冲，这就要求输入数据应一直保持到 CPU 从该端口读走为止。为了提高数据传输速度，常常需要使 I/O 口通过外部锁存器和输入设备相连，并利用中断方式实现 I/O 数据的传送。图 8–11 为 8031 通过外部锁存器 74LS373 和输入设备的接口图。图中，当输入设备在 IN0～IN7 上输出数据的同时还使 $\overline{STB}$ 端变为低电平，该电平一方面使 74LS373 锁存 1D～8D 上的输入数据，另一方面向 8031 的 $\overline{INT0}$ 上发出中断请求。设 74LS373 端口地址为 7FFFH，8031 响应该中断后在中断服务程序中也可通过如下指令读取输入数据：

```
MOV     DPTR，#7FFFH     ；DPTR 指向 74LS373 端口
MOVX    A，@DPTR         ；输入数据
```

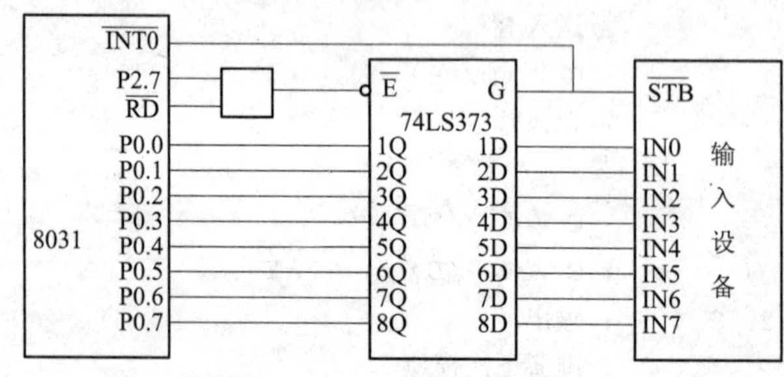

图 8–11 8031 和 74LS373 的接口

应当注意：8031 也可以通过外部锁存器输出数据，但由于 8031 内部每个 I/O 端口带有 8

位锁存器，因此只有扩展I/O端口时才需要利用外部锁存器来输出数据。

8.3.4　8位I/O端口改装为非8位端口

在实际应用中，外设所需的I/O端口常少于8位。为了充分利用I/O端口资源，8位I/O端口可以改装成非8位端口（即虚拟端口，简称虚口）。8位I/O端口改装成非8位虚拟端口常通过程序实现。这种程序设计有两种方法：一种是每次只输出8位I/O端口中的一个虚口数据，其余虚口中的数据保持不变；另一种是每次输出前把所有虚口数据准备好，然后再一起输出。

【例8.2】　请编程把P1和P2口改装成3个5位虚口。设3个虚口分别为X、Y和Z，输出关系如图8-12所示。

P2口								P1口							
P2.7	P2.6	P2.5	P2.4	P2.3	P2.2	P2.1	P2.0	P1.7	P1.6	P1.5	P1.4	P1.3	P1.2	P1.1	P1.0
	Z4	Z3	Z2	Z1	Z0	Y4	Y3	Y2	Y1	Y0	X4	X3	X2	X1	X0
	Z虚口					Y虚口					X虚口				

图8-12　P1和P2作为3个虚口的分布关系图

解　设3个虚口的输出数据已经预先存放在X、Y和Z单元的低5位（高3位为0）。采用上述第一种编程方法的程序如下。

主程序：

```
     ORG      0800H
X    DATA     20H
Y    DATA     21H
Z    DATA     22H
     MOV      A，X      ；X单元的内容送入A
     ACALL    OUTX      ；从X虚口输出数据
     MOV      A，Y      ；Y单元的内容送入A
     ACALL    OUTY      ；从Y虚口输出数据
     MOV      A，Z      ；Z单元的内容送入A
     ACALL    OUTZ      ；从Z虚口输出数据
```

子程序：

```
OUTX：  ANL     P1，#0E0H     ；P1.7~P1.5保持不变
        ORL     P1，A         ；输出数据装入P1.4~P1.0
        RET
OUTY：  MOV     B，#20H       ；32送入B
        MUL     AB            ；A中内容乘以32，即左移5位
        ANL     P1，#1FH      ；P1.4~P1.0不变
        ORL     P1，A         ；输出Y2~Y0
        ANL     P2，#0FCH     ；P2.2~P2.7不变
        MOV     A，B          ；Y3Y4置入A
        ORL     P2，A         ；输出Y3Y4，其他不变
        RET
```

```
OUTZ:   RRC     A          ; Z0送Cy
        MOV     P2.2, C    ; Z0送P2.2
        RRC     A          ; Z1送Cy
        MOV     P2.3, C    ; Z1送P2.3
        RRC     A          ; Z2送Cy
        MOV     P2.4, C    ; Z2送P2.4
        RRC     A          ; Z3送Cy
        MOV     P2.5, C    ; Z3送P2.5
        RRC     A          ; Z4送Cy
        MOV     P2.6, C    ; Z4送P2.6
        RET
        END
```

在上述程序中，X 虚口的数据是一次输出的。Y 虚口的数据分两次输出（A×32 用于对 Y 单元中数据左移 5 位后放在 B 和 A 寄存器中，然后分两次屏蔽处理后再和 P1、P2 口装配输出）。Z 虚口的数据是按位输出的，这不会影响 P1 和 P2 口中其他各位。

复习参考题

8–1　I/O 接口的作用有哪些？

8–2　I/O 数据有哪几种传送方式？各在什么场合下使用？

8–3　外部设备的编址方式有几种，各有什么特点？

8–4　MCS–51 单片机内部 I/O 接口有哪几种操作方式?各有什么特点？

8–5　MCS–51 内部 4 个并行 I/O 口各有什么异同？作用是什么？

8–6　8 位 I/O 端口改装成非 8 位 I/O 端口的程序有哪两种编程方法，请采用第二种方法改写例 8.2 中的程序。

第9章

MCS–51 单片机的系统扩展

【本章内容概要】

由于 MCS–51 系列单片机内部程序存储器（ROM）和数据存储器（RAM）空间都很有限，为了进行大型应用系统设计，必须进行系统扩展。本章介绍了 ROM 和 RAM 的扩展方法和扩展中用到的两种片选信号产生方法。

【本章学习重点与难点】

学习重点是：程序存储器扩展方法；数据存储器扩展方法；片选信号产生方法。

学习难点是：程序存储器和数据存储器扩展时的区别；如何利用译码法为扩展的存储器分配合适的存储空间。

9.1 单片机系统扩展的必要性

如前所述，单片机芯片内部集成了 CPU、ROM、RAM、定时/计数器和并行 I/O 接口，已经具备了作为计算机的基本结构。但是，单片机内部的 ROM、RAM 的容量、定时器、I/O 接口和中断源的资源往往有限，不能满足实际需要。为扩大单片机的应用范围，常需要将单片机最小系统扩展，以实现更为强大的功能。所谓扩展就是在以 CPU 为核心的单片机外围连接具有各种功能的芯片，包括 ROM、RAM 扩展芯片、并行口扩展芯片、中断扩展芯片、定时/计数器扩展芯片等。

具体来说，系统扩展可以解决以下几方面问题。

1. 可以扩展单片机系统的资源

单片机的资源是有限的。如 8051 单片机片内只有 4 KB 的程序存储器；而对于 8031 系列，无内部 ROM，本身就不是完整的计算机，必须经扩展后才能使用。通过扩展，可以扩大 ROM、RAM 容量，还可以使中断源超过原来的 5 个，定时器超过 2 个等。

2. 可以驱动更多种类的外部设备

能直接由单片机驱动的外部设备很少，只有极少的如 LED、低功率小喇叭等可直接由单片机驱动，而大多数外设与单片机匹配时除功率放大外还存在以下问题。

（1）信号形式不同。

单片机信号为数字信号，而外设既有数字信号，也有模拟信号。当外设的信号为模拟信号时，必须由数–模或模–数转换接口来连接单片机与外设。

（2）信号电平不同。

由于信号电平不同，必须经电平转换后才能实现单片机与外设的通信。

（3）速度差异大。

单片机速度快，一般外设速度较慢，如开关、继电器、机械传感器等。由于单片机无法以一个固定的时序与它们同步工作，必须经速度协调后才能实现控制。

单片机系统扩展包括程序存储器、数据存储器、I/O 接口、定时/计数器和中断资源的扩展等很多内容，但程序存储器和数据存储器的扩展应用最为广泛，将在下面两节重点介绍。

9.2 程序存储器的扩展

MCS–51 单片机的程序存储空间和数据存储空间是相互独立的。程序存储器寻址空间是 64 KB（0000H～FFFFH），其中 8031 子系列无片内 ROM，必须扩展片外程序存储器才能应用，而其他子系列单片机有片内 ROM，可不必扩展片外 ROM 即可工作。但对于需要大容量 ROM 的系统都必须扩展片外 ROM。

扩展片外 ROM 与片内 ROM 共用一个存储空间，统一编址，用于存放程序代码和重要数据。程序运行时 CPU 根据 PC 内容自动寻址 ROM，读出代码，分析运行；或通过查表指令：

```
MOVC    A，@A+DPTR
MOVC    A，@A+PC
```

可实现对 ROM 单元的读操作。

9.2.1 程序存储器芯片

程序存储器种类不同，容量、位数也各不同，但内部结构和片外引脚则基本一样，下面以常用的 EPROM 型 2764 为例进行介绍。

1. 程序存储器芯片结构

2764 是 8 K×8 位紫外线擦除电可编程只读存储器，共有 13 位地址线。采用单一+5 V 供电，最大工作电流为 75 mA，维持电流为 35 mA，读出时间最大为 250 ns，为 28 脚双列直插式封装，其引脚图如图 9–1（a），引脚功能说明如图 9–1（b）所示。

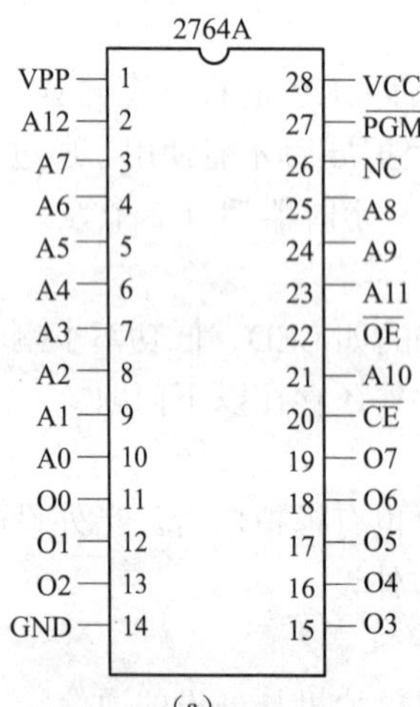

（a）

A0~A12	地址线
O0~O7	数据线
$\overline{OE}$	数据输出选通线
$\overline{CE}$	片选线
$\overline{PGM}$	编程脉冲输入
VPP	编程电源

（b）

图 9–1　2764 引脚图及说明

2. 程序存储器芯片工作方式

EPROM 有以下几种工作方式，由 $\overline{OE}$ 、$\overline{CE}$ 、$\overline{PGM}$ 及 VPP 各信号状态组合确定，如表 9–1 所示。

表 9–1　2764 工作方式选择

引脚 方式	$\overline{CE}$ （20）	$\overline{OE}$ （22）	$\overline{PGM}$ （27）	VPP （1）	VCC （28）	输出 （11～13，15～19）
读	L	L	H	5 V	5 V	DOUT
维持	H	任意	任意	5 V	5 V	高阻
编程	L	H	L	21 V	5 V	DIN
编程检验	L	L	H	21 V	5 V	DOUT
编程禁止	H	任意	任意	21 V	5 V	高阻

1）读出和维持方式

这两种方式是 2764 正常工作时不可缺少的工作状态，工作时 VPP 和 VCC 都必须接+5 V 电源。读出和维持状态主要由 $\overline{CE}$ 上的电平决定，若 $\overline{CE}$ 接 TTL 低电平，则本芯片被选中工作，数据线 O0～O7 上便可读出 A12～A0 上地址码所决定存储单元中的代码；若 $\overline{CE}$ 为高电平，则本芯片不工作，处于维持状态，O0～O7 为高阻，芯片的有效功耗从读出时的 100 mA 降到 40 mA。

2）编程和禁止方式

这两种状态都要求 VPP 接+21 V 电源（VCC 接 5 V）。编程和禁止主要也是由 $\overline{CE}$ 上的电平决定的：若 $\overline{CE}$ 为 TTL 低电平，则本芯片被选中编程，数据线 O0～O7 上的程序代码便可在 $\overline{PGM}$ 上 50 ms 宽负脉冲作用下写入由 A12～A0 决定的存储单元；若 $\overline{CE}$ 为高电平（$\overline{PGM}$ 也为高电平），则本芯片处于禁止编程状态，O0～O7 上为高阻，隔断了它和 2764 内部总线的电气连接。因此，禁止编程状态实际上是前后两个存储单元进行编程写入的一个间隙状态，即 $\overline{PGM}$ 上两个 50 ms 宽负脉冲的间隙期。

3）编程校验方式

校验方式要求 VPP 接+21 V（VCC 仍为 5 V），$\overline{PGM}$ 接 TTL 高电平。此时，用户通过对 $\overline{CE}$ 及 $\overline{OE}$ 上电平的控制就可从存储阵列中读出编程状态下刚写入的程序代码，并与原写入的代码进行比较，用于检验编程的正确性。

其中，读出和维持方式应用于单片机应用系统，而编程、禁止和校验则是应用于单片机系统开发时代码的写入过程。一般 EPROM 的数据写入要在专门的单片机开发系统上进行。

9.2.2　程序存储器的扩展

1. 程序存储器扩展方法

用 EPROM 作为单片机外部程序存储器是目前最常用的程序存储器扩展方法。

程序存储器扩展时，一般扩展容量都大于 256 B。因此，除了由 P0 口提供低 8 位地址线外，还需要由 P2 口提供若干条高地址线。EPROM 所需的地址线数决定于其容量的大小，当 EPROM 为 2 KB 时地址线为 11 根，4 KB 时为 12 根，8 KB 时为 13 根，16 KB 时为 14 根，32 KB 时为 15 根，64 KB 时为 16 根。

图 9–2 为 EPROM 程序存储器基本扩展电路，图中未画无关电路。

如果系统中只扩展一片 EPROM 时，不需要控制片选信号，EPROM 的片选端 $\overline{CE}$ 接地即可。如图 9–2（a）所示，AN 为最高地址位，若扩展容量为 2 K，AN=A10；若扩展容量为 4 KB，AN=A11；若扩展 8 KB，AN=A12。

如果系统扩展两片 EPROM 时，可以用 P2 口的剩余口线直接接到 EPROM（1）的片选端 $\overline{CE}$，经过反相器后再接到另一个 EPROM（2）的片选端 $\overline{CE}$ 上，如图 9–2（b）所示。

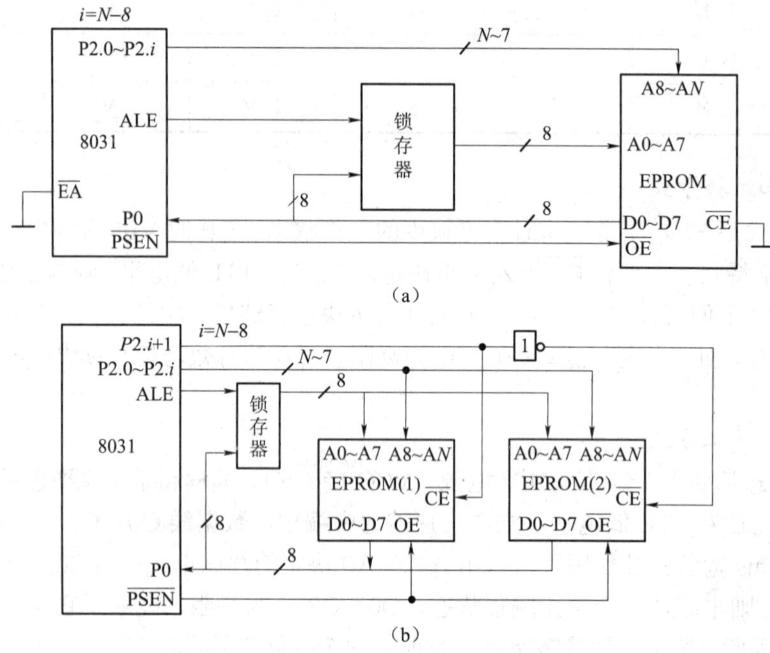

图 9–2 EPROM 程序存储器基本扩展电路

（a）扩展一片 EPROM；（b）扩展两片 EPROM

在基本扩展电路中，用到地址锁存器。这是因为 P0 口是分时提供低 8 位地址和数据信息的，所以必须用锁存器把地址锁存住。地址锁存器可使用带三态缓冲输出的 8D 锁存器 74LS373 或 8282，也可使用带清除端的 8D 锁存器 74LS273。由于这 3 种锁存器引脚互不兼容，使用不同的锁存器与单片机的连接方法也不完全相同。74LS373 和 8282 的锁存控制端 G 和 STB 可直接与单片机的锁存控制信号端 ALE 相连，在 ALE 下降沿进行地址锁存。而 74LS273 的 CLK 是上升沿锁存，为了满足单片机地址锁存的时序，ALE 端输出的锁存控制信号必须加反相器才能与 CLK 相连。

2. 扩展 16 KB 的 EPROM 举例

扩展较大容量的存储器有两种方法：用一片大容量存储器或选用多片同型号的较小容量存储器。图 9–3（a）为扩展一片 27128 的方案，图中 27128 是 16 K×8 位的 EPROM 器件，其 14 根地址线 A0～A13 可选中 27128 内部空间中的任意单元。27128 的片选信号 $\overline{CE}$ 接地，显然该 27128 的地址范围可以是 0000H～3FFFH。

图 9-3（b）是另一种常用方案。通常采用几片较小容量的 EPROM 器件组成程序存储器扩展系统，这样在调试时比较灵活，便于修改。

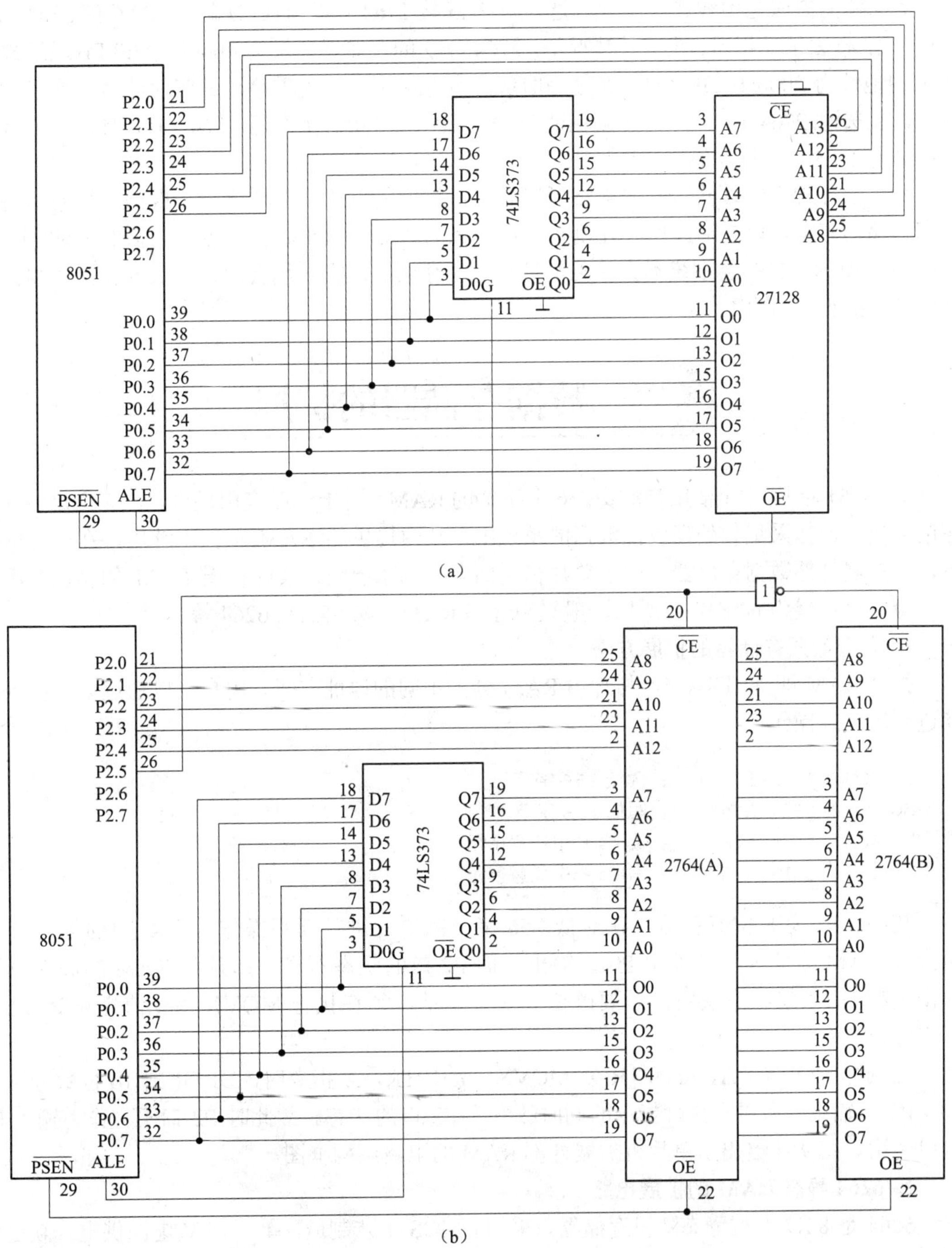

图 9-3　扩展 16 KB 的程序存储器

（a）外接 27128 方法；（b）外接两片 2764 方法

图 9–3（b）扩展了 2 片 8 K×8 位 EPROM 器件 2764（A）和 2764（B），当 P2.5 为低电平时，选中 2764（A），高电平时经反相器选中 2764（B）。显然，2764（A）的地址为 0000H～1FFFH，2764（B）的地址为 2000H～3FFFH。

更简单的方法是用线选法实现片选，由 P2.5 接 2764（A）的 $\overline{CE}$ 端，由 P2.6 接 2764（B）的 $\overline{CE}$ 端，省去了反相器。在这种情况下，2764（A）的存储器地址为 4000H～5FFFH，而 2764（B）的地址为 2000H～3FFFH，在使用时应注意存储空间不能重叠，并应保证地址连续。实际上，在选通 2764（A）时，必须保证 P2.6=1 且 P2.5=0，在选通 2764（B）时，必须保证 P2.6=0 且 P2.5=1，与其他高位地址无关。

从以上各种程序存储器扩展电路可以看出，扩展的方式是多样化的，根据系统的功能要求和存储器容量可以灵活应用，在剖析现成产品时务必注意正确估算各存储器的地址空间。一般地，MCS–51 扩展系统不会单独地扩展程序存储器，它必然会同扩展数据存储器和扩展 I/O 接口结合起来考虑。

9.3 数据存储器的扩展

MCS–51 单片机内部有 128 或 256 个字节的 RAM，对于一般应用场合，已完全足够。但在诸如实时数据采集和处理成批数据的系统中，片内提供的 RAM 往往不够用，在这种情况下，可扩展外部数据存储器。由于单片机是面向控制系统的，实际扩展 RAM 的容量并不很大（最大可扩展为 64 KB），所以一般采用静态 RAM，如 SRAM 6264 等。

1. 典型数据存储器的扩展方法

扩展 RAM 即外部 RAM，与片内 RAM 分占不同的地址空间。用户可以通过如下指令对其进行读、写操作：

```
MOVX    A，@Ri       ；读低 256 字节
MOVX    @Ri，A       ；写低 256 字节
MOVX    A，@DPTR     ；读 64 K 中任意单元
MOVX    @DPTR，A     ；写 64 K 中任意单元
```

其中，Ri 为 8 位寄存器，在对低 256 字节的单元进行读写操作时，Ri 中的 8 位数作为片外 RAM 的低 8 位地址由 P0 口输出，而 P2 口的状态不变，即片外 RAM 的高 8 位地址由 P2 口的当前状态决定。若要改变高 8 位地址，须在执行 MOVX 指令前先对 P2 进行写操作。

当执行 MOVX A，@DPTR 或 MOVX @DPTR，A 指令时，DPTR 的 16 位数分别由 P0、P2 口输出，所以在执行指令的同时改变了 P2 口的状态。故此时 P2 口不宜作为输入/输出口使用。图 9–4 给出了单片机扩展外部 RAM 的电路结构框图。

2. 6264 静态 RAM 的扩展电路

6264 是 8 K×8 位静态随机存储器，采用 CMOS 工艺制造，单一+5 V 电源供电，额定功耗 200 mW，典型存取时间为 200 ns，为 28 脚双列直插式封装，其引脚图如图 9–5 所示，工作方式选择如表 9–2 所示。

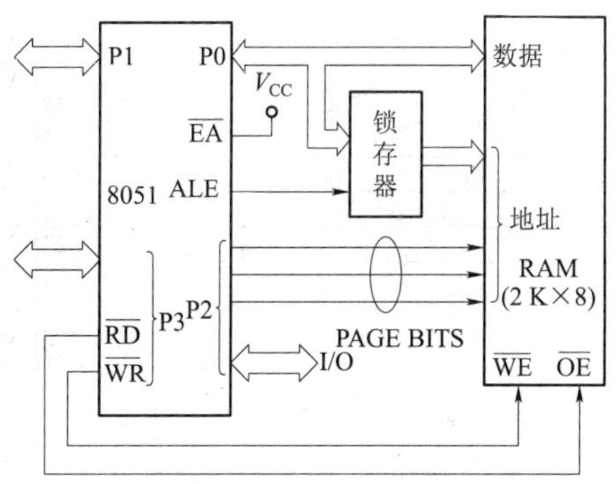

图 9–4　扩展外部 RAM 的电路结构框图

A0~A12	地址线
I/O0~I/O7	双向数据线
$\overline{CE1}$	片选线1
CE2	片选线2
$\overline{WE}$	写允许线
$\overline{OE}$	读允许线

6264

引脚	名称	引脚	名称
1	NC	28	VCC
2	A12	27	$\overline{WE}$
3	A7	26	CE2
4	A6	25	A8
5	A5	24	A9
6	A4	23	A11
7	A3	22	$\overline{OE}$
8	A2	21	A10
9	A1	20	$\overline{CE1}$
10	A0	19	I/O7
11	I/O0	18	I/O6
12	I/O1	17	I/O5
13	I/O2	16	I/O4
14	GND	15	I/O3

图 9–5　6264 引脚图及引脚说明

表 9–2　6264 工作方式选择

$\overline{WE}$	$\overline{CE1}$	CE2	$\overline{OE}$	方式	D0～D7
×	H	×	×	未选中（掉电）	高阻
×	×	L	×	未选中（掉电）	高阻
H	L	H	H	输出禁止	高阻
H	L	H	L	读	DOUT
L	L	H	H	写	DIN

6264 与 8031 的硬件连接如图 9–6 所示。图中，6264 的片选线 $\overline{CE1}$ 接 8031 的 P2.7，第二片选线 CE2 接高电平，保持一直有效状态，6264 容量为 8 KB，故使用了 13 根地址线。

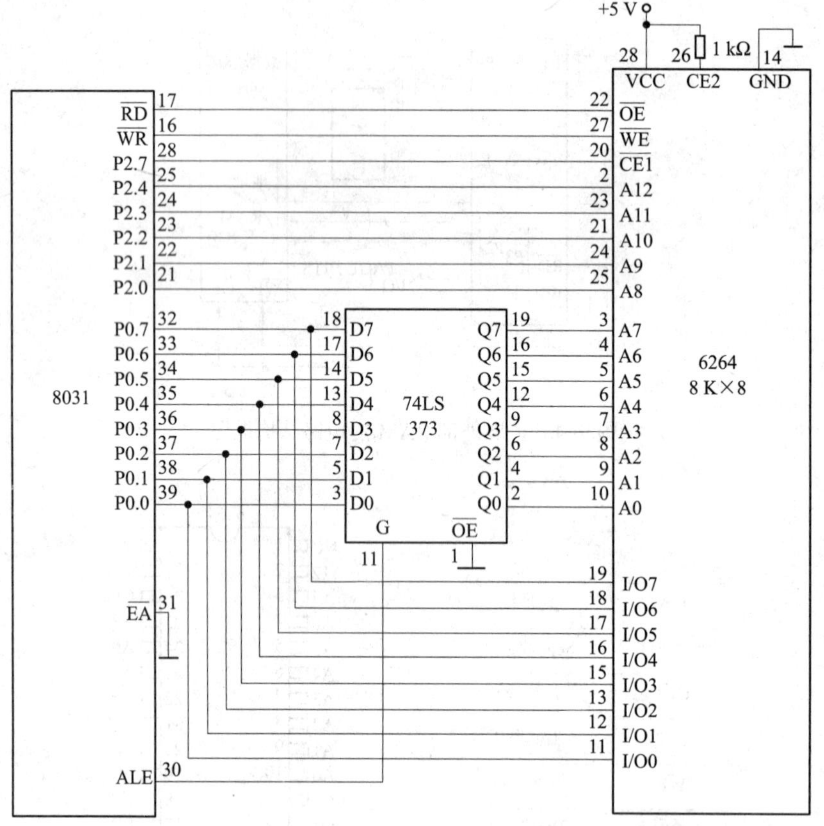

图 9-6 静态 RAM 6264 的扩展电路

9.4 片选方法简介

当单片机控制系统需要同时扩展多片程序存储器和数据存储器时，为了控制不同芯片的工作，就要选择合适的片选方法。MCS-51 系列单片机片选方法有线选法和译码法两种。

9.4.1 线选法

当单片机控制系统扩展多片存储器或 I/O 接口芯片时，比较简单的一种方法是采用线选法寻址。图 9-7 是片外扩展 16 KB 数据存储器和 16 KB 程序存储器的结构框图。图中，地址锁存器 74LS373 输出低 8 位地址，8051 的 P2.4～P2.0 输出高 5 位地址，13 根地址线寻址范围为 8 KB，正好对应 EPROM 2764 或 RAM 6264 的各 8 KB 地址空间。P2.5 选通 IC1、IC3，P2.6 选通 IC2、IC4，对应的寻址范围如下。

IC1：程序存储器寻址范围 4000H～5FFFH。

IC2：程序存储器寻址范围 2000H～3FFFH。

IC3：数据存储器寻址范围 4000H～5FFFH。

IC4：数据存储器寻址范围 2000H～3FFFH。

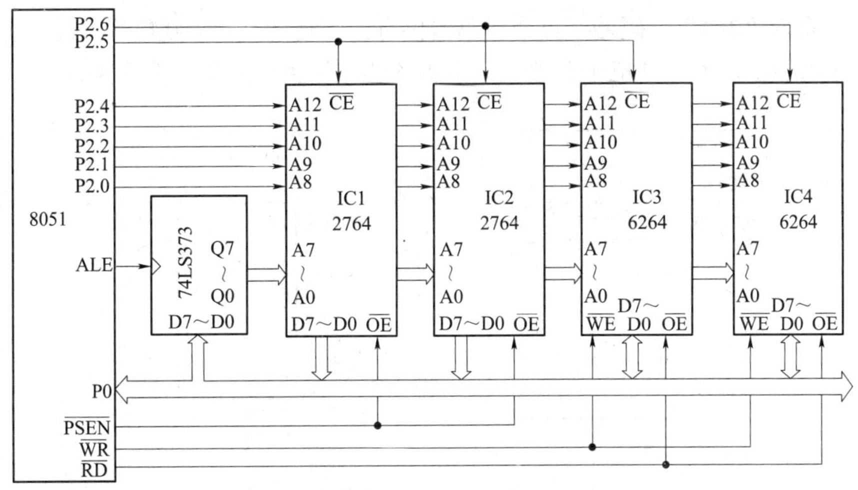

图 9-7　线选法扩展 16 KB RAM 和 16 KB EPROM 的电路图

线选法的特点是连接简单，不必专门设计逻辑电路，在简单的场合有实用价值，只是芯片占的空间不紧凑，地址空间利用率低，并且可作为片选的高位地址线有限，只能连接几个芯片。

9.4.2 译码法

译码法是由译码器组成译码电路，译码电路将地址空间划分为若干块，译码电路的每个输出端分别选通一片存储器芯片，这样既充分利用存储空间，又避免了空间分散的缺点。

常用的译码器有 74LS138 和 74LS139。74LS138 是“3–8”译码器，具有 3 个选择输入端，8 个输出端。每个输出端分别对应 3 个输入决定的 8 种状态中的 1 种，0 电平有效。换句话讲，对应每种输入状态，仅允许 1 个输出端为 0 电平，其余全为 1。3 个使能端 E3、$\overline{E2}$ 和 $\overline{E1}$ 的状态如图 9-8（a）所示。

输入				输出							
使能			选择	Y0	Y1	Y2	Y3	Y4	Y5	Y6	Y7
E3	$\overline{E2}$	$\overline{E1}$	CBA								
1	0	0	000	0	1	1	1	1	1	1	1
1	0	0	001	1	0	1	1	1	1	1	1
1	0	0	010	1	1	0	1	1	1	1	1
1	0	0	011	1	1	1	0	1	1	1	1
1	0	0	100	1	1	1	1	0	1	1	1
1	0	0	101	1	1	1	1	1	0	1	1
1	0	0	110	1	1	1	1	1	1	0	1
1	0	0	111	1	1	1	1	1	1	1	0
0	×	×	×××	1	1	1	1	1	1	1	1
×	1	×	×××	1	1	1	1	1	1	1	1
×	×	1	×××	1	1	1	1	1	1	1	1

（a）

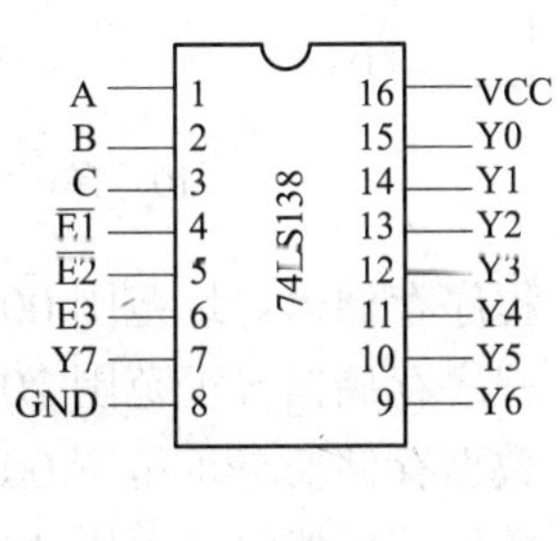

（b）

图 9-8　74LS138 真值表及引脚图

（a）真值表；（b）引脚图

74LS139 是双“2–4”译码器，每个译码器仅有 1 个使能端 $\overline{G}$，0 电平选通；有两个选择输入，4 个译码输出，输出 0 电平有效。其引脚图和逻辑真值表如图 9–9 所示。

输入			输出			
使能	选择					
$\overline{G}$	B	A	Y0	Y1	Y3	Y4
1	×	×	1	1	1	1
0	0	0	0	1	1	1
0	0	1	1	0	1	1
0	1	0	1	1	0	1
0	1	1	1	1	1	0

（a）

引脚	名称	引脚	名称
1	1$\overline{G}$	16	VCC
2	1A	15	$\overline{G}$
3	1B	14	2A
4	IY0	13	2B
5	IY1	12	2Y0
6	IY2	11	2Y1
7	IY3	10	2Y2
8	GND	9	2Y3

74LS139

（b）

图 9–9　74LS139 真值表及引脚图

（a）真值表；（b）引脚图

图 9–10 是采用 74LS139 译码器扩展存储器的一个实例。P2.7 输出为 0，选中 74LS139。P2.6 和 P2.5 两根地址线组成的 4 种状态可选中位于不同地址空间的芯片。各芯片的寻址范围如下。

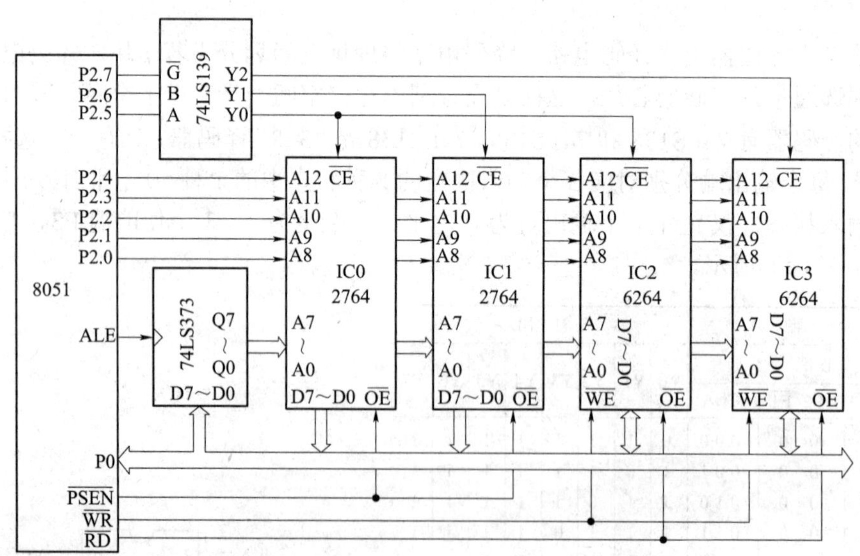

图 9–10　译码法扩展 16 KB RAM 和 16 KB EPROM 电路图

IC0：程序存储器寻址范围 0000H～1FFFH。

IC1：程序存储器寻址范围 2000H～3FFFH。

IC2：数据存储器寻址范围 0000H～1FFFH。

IC3：数据存储器寻址范围 4000H～5FFFH。

Y3 的寻址范围是 6000H～7FFFH，未被使用。

复习参考题

9-1 什么是系统扩展？为什么要进行系统扩展？

9-2 在MCS-51系统扩展中，程序存储器和数据存储器共用16位地址线和8位数据线，为什么两个存储空间不会发生冲突？

9-3 为什么单片机扩展存储器时，P0口要外接锁存器，而P2口却不接？

9-4 MCS-51单片机扩展时有哪两种产生片选信号的方法，各有什么特点？

9-5 设某一以8031为CPU的单片机应用系统，需要扩展8 KB的程序存储器和8 KB的数据存储器，请设计它们的硬件连接图。

9-6 设某一以8031为CPU的单片机应用系统，需要扩展16 KB的程序存储器(用2764)和32 KB的数据存储器（用6264），请选择合适的片选方法设计硬件连接图，并给出各芯片的地址空间。

第10章

单片机应用系统设计

【本章内容概要】

前面章节中，已经系统地介绍了单片机的内部结构、指令系统、程序结构、存储器扩展和主要接口等内容。本章首先介绍了单片机应用系统设计的一般步骤，然后介绍单片机应用系统的主要干扰源和抗干扰措施，最后介绍列车制动压力同步采集纪录系统的一个应用实例。

【本章学习重点与难点】

学习重点是：单片机应用系统设计的一般过程；单片机应用系统的主要干扰源和软硬件抗干扰措施；单片机应用系统设计中应注意的问题。

学习难点是：通过实例理解单片机应用系统的设计步骤；单片机应用系统设计过程中的软硬件抗干扰措施。

10.1 单片机系统设计的一般过程

单片机应用系统设计是一个多学科的综合运用，涉及单片机基础知识，计算技术与方法、电子技术和信号处理等学科。与普通计算机系统一样，单片机应用系统也由硬件系统和软件系统组成。只有两者紧密配合、协调一致，硬件设计应考虑相应的软件设计方法，而软件设计则是根据硬件原理和系统的功能要求进行的。

单片机虽然是一个计算机，但其本身无自主开发能力，必须由设计者借助于开发工具来开发应用软件并对硬件系统进行调试。一般来说，单片机系统的研制过程包括系统总体设计、硬件设计，软件设计等阶段，下面将分别介绍。

10.1.1 总体设计

确定单片机应用系统总体方案，是进行系统设计最重要、最关键的一步。总体方案的好坏，直接影响整个单片机应用系统的投资、调节品质及实施细则。尽管单片机应用系统千差万别，但在总体设计方案中还是有一定的共性，大体上可从以下几个方面进行考虑。

1. 确定系统方案

在确定开发课题后，首先要进行方案调研，通过查找资料、分析研究，明确应用系统需要完成的具体功能、技术指标；然后根据系统要求设计系统的总体结构，包括系统总体结构（集中式还是分布式）、总体控制策略（开环还是闭环）和子模块的划分等。

2. 选择检测元件

若系统包括检测任务，由于被测量种类繁多，包括温度、流量、压力、液位、成分、位移、重量、速度等，必须针对具体任务选择合适的传感器。需要明确传感器量程、供电电源、输出信号类型等，这是后续系统硬件设计的前提。

3. 选择执行机构

若系统包括控制任务，必须选择合适的执行机构。常用的执行机构包括电动执行机构、气动薄膜调节阀、步进电机、液压伺服机构等。执行机构的选择一方面要与控制算法匹配，另一方面要根据被控对象的实际情况决定。

4. 选择输入/输出通道及外围设备

单片机应用系统通常应根据检测与被控对象选择输入输出通道，并根据系统的规模及要求，配以适当的外围设备。选择时应考虑以下一些问题：

（1）被控对象参数的数量；

（2）各输入/输出通道是串行还是并行操作；

（3）各通道数据的传递速率；

（4）各通道数据的字长及选择位数；

（5）对显示、打印有何要求。

5. 单片机的选择

在控制系统方案和其他外围器件确定之后，首要的任务就是选择一台合适的单片机。由于单片机种类繁多，在满足系统性能的前提下应该选择性价比最高的单片机，同时应该考虑开发者对该单片机的熟悉程度，以降低开发成本，缩短开发周期。

6. 画出整个系统原理图

前面几步完成以后，需要设计出一个完整的单片机应用系统原理图，其中包括各种传感器、变送器、外围设备、输入输出通道及单片机。

7. 控制算法的选用

系统总体方案确定之后，采用什么样的控制算法才能达到系统要求是非常关键的问题。当被控对象的数学模型能够确定时，可采用直接数字控制；当被控对象比较复杂，无法求解数学模型时，可以选用数字化 PID 等控制方法。

10.1.2 硬件设计

系统硬件设计是指为实现该项目全部功能所需要的所有硬件的电气连接原理图和印制板图的设计。一个单片机应用系统的硬件设计包括两部分：一是系统扩展，即是单片机内部功能单元不能满足应用系统要求时，必须在片外给出相应的电路；二是系统配置，即按照系统要求配置外围电路，如键盘、显示器、A/D 和 D/A 转换等。系统扩展与配置应遵循下列原则：

（1）尽可能选择典型电路，并符合单片机的常规使用方法；

（2）在充分满足系统功能要求的前提下，留有余地以便于二次开发；

（3）硬件结构设计应与软件设计方案一并考虑；

（4）整个系统相关器件要力求性能匹配；

（5）硬件上要有可靠性与抗干扰设计；

（6）充分考虑单片机的带载驱动能力。

10.1.3 软件设计

应用系统中的应用软件是根据功能要求设计的，应可靠地实现系统的各种功能。应用系统种类繁多，应用软件各不相同，但是一个优秀的应用系统的软件应具有下列特点。

（1）软件结构清晰、简洁、流程合理。

（2）各功能程序实现模块化、子程序化，这样既便于调试、链接，又便于移植和修改。

（3）程序存储区、数据存储区规划合理，既节省内存，又方便操作。

（4）运行状态实现标志化合理，各个功能程序运行状态、运行结果及运行要求都设置状态标志以便查询，程序的转移、运行、控制都可通过状态标志条件来控制。

（5）经过调试修改后的程序应进行规范化，除去修改“痕迹”。规范化的程序便于交流、借鉴，也为今后的软件模块化、标准化打下基础。

（6）实现全面软件抗干扰设计，软件抗干扰是计算机应用系统提高可靠性的有力措施。

（7）为了提高运行的可靠性，在应用软件中设置自诊断程序，在系统工作运行前先运行自诊断程序，用以检查系统各特征状态参数是否正常。

软件开发大体包括以下几个方面。

（1）划分功能模块及安排程序结构。例如，根据系统的任务，将程序大致划分成数据采集模块、数据处理模块、非线性补偿模块、报警处理模块、标度变换模块、数据控制、计算模块、控制器输出模块、故障诊断模块等，并规定每个模块的任务及其相互间的关系。

（2）画出各程序模块详细流程图。

（3）选择合适的语言（如高级语言或汇编语言）编写程序。编写时尽量采用现有子程序，以提高程序设计速度。

（4）将各个模块连接成一个完整的程序。

10.2 单片机系统抗干扰设计

随着单片机在各行各业的广泛应用，单片机系统的抗干扰问题越来越突出。抗干扰设计已成为单片机应用系统开发中不可忽视的一个重要内容。

10.2.1 单片机系统的主要干扰源与防护

工业生产中的干扰一般都是以脉冲形式进入单片机系统，干扰窜入系统的渠道主要包括供电系统干扰、过程通道干扰和空间干扰 3 种。其中，供电系统干扰包括电源干扰和地线干扰；过程通道干扰是指通过与主机相连的前向通道、后向通道和其他相互通道进入单片机的干扰源；空间干扰，也称场干扰，通过电磁辐射窜入系统，包括静电干扰和电磁场干扰，如图 10–1 所示。一般情况下，电磁场干扰在强度上远小于其他几个干扰，而且电磁场干扰可

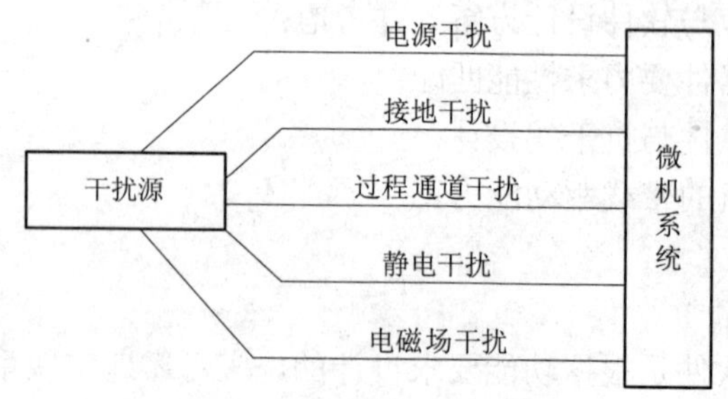

图 10–1 微机系统的主要干扰源

用良好的屏蔽与正确的接地、高频滤波加以解决，故单片机应用系统应重点防止供电系统、过程通道和静电干扰，下面分别介绍。

1. 电源干扰及防护

任何电源及输电线路都存在内阻，正是这些内阻才引起了电源的噪声干扰。若没有内阻存在，无论何种噪声都会被电源短路吸收，在线路中不会建立任何干扰电压。如果把电源电压变化持续时间定为 ΔT，那么根据 ΔT 的大小可以把电源干扰分为如下几类。

（1）过压、欠压、停电：ΔT>1 s。

（2）浪涌、下陷：1 s>ΔT>10 ms。

（3）尖峰电压：ΔT 为微秒级。

（4）射频干扰：ΔT 为毫秒级。

（5）其他：半周内的停电或过压等。

针对上述电源干扰，可能采取的措施如下。

（1）过压、欠压、停电的危害显而易见，过压和欠压可通过使用稳压器和电源调节器消除，对付短暂时间的停电可配置不间断电源（UPS）。

（2）浪涌与下陷是电压的快速变化，如果幅度过大也会破坏系统，解决的办法是使用快速响应的交流电源调压器。

（3）尖峰电压持续很短，一般不会毁坏系统，但会造成单片机逻辑紊乱，甚至冲坏原程序。解决办法是使用具有噪声抑制能力的高抗扰交流电源调节器、参数稳压器或隔离变压器。

（4）使用双隔离变压器，减小高频噪声在变压器的初级和次级线圈中的互感耦合。

（5）整流之后加多级滤波，加大、小电容（如在电源的引入端并入 1 000 μF 和 0.1 μF 的电容）滤去不同频率的干扰。

（6）采用进板处的分立稳压块，如 7805、7905、7812 等。

（7）电源监控、掉电保护及复位电路（以 MAX691 举例）。如图 10–2 所示，电源输入脚同时也是电源检测脚，当 VCC≤4.75 V 时，MAX691 对 CPU 进行 RESET（不断进行），所以要对 VCC 进行大小电容滤波保护，防止其误动作。WDI 脚在正常工作时，CPU 每隔固定的时间将其状态跳变一次，相当于给监视定时器不断清“0”，在规定时间内无跳变则 MAX691 会连续发 RESET 脉冲使 CPU 复位直至 WDI 跳变正常。当 MAX691 正常工作时，CEOUT=CEIN，非正常工作时 CEOUT=1，形成对 RAM 的片选保护。

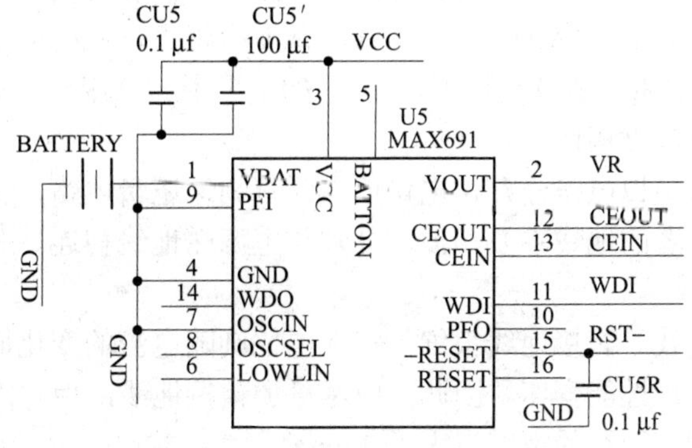

图 10–2　MAX691 连接电路图

（8）采用自恢复保险丝。自恢复保险丝是用一种新型高分子聚合材料制成的器件，当电流低于其额定值时，它的直流电阻只有零点几欧。而电流大到一定程度，它的阻值迅速升高，引起发热，而越热电阻越大，从而阻断电源电流。当温度降下来以后能自动恢复正常。这种器件可防止 CMOS 器件在遇到强冲击型干扰时引起触发现象。

（9）采用隔离电源模块。采用隔离电源模块可起到防止电源间相互干扰的作用，图 10–3 所示为典型 DC/DC 模块电源连接电路图。

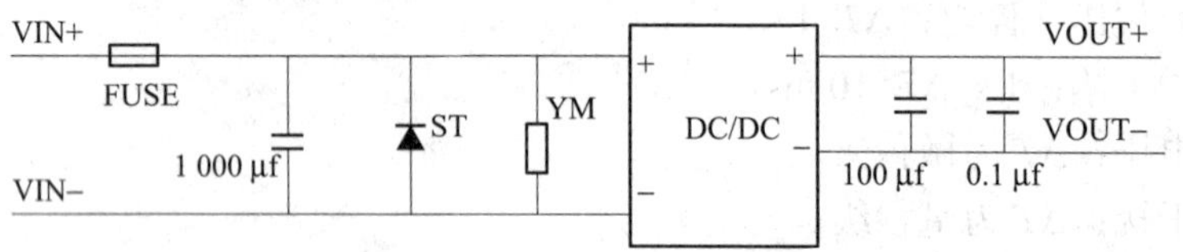

图 10–3 典型 DC/DC 模块电源连接电路

图 10–3 中，应注意以下问题：

（1）根据输出负载的大小选取合适的保险（FUSE）；

（2）1 000 μf 的电容一般选耐压高的电解电容；

（3）ST→为瞬态二极管，滤除 VIN 中的瞬态尖峰干扰；

（4）YM→为压敏电阻，其耐压一般选取比正常 VIN 大 10～20 V，其特点是当 VIN 超过其耐压时，其电阻为 0；

（5）电源输出在电路板电源的进端一般加一大一小两个电容，分别滤除高频和低频干扰。

2. 接地干扰及防护

由于导线电阻可能使电路中的两个接地点之间存在电压差，严重时可导致系统逻辑错误。接地是电路或系统正常工作的基本要求，因为电流需经过地线形成回路，而地线或接地平面总有一定的阻抗，该阻抗使两接地点间形成一定的电压，产生接地干扰。

在电子设备中，接地是控制干扰的重要方法。如能将接地和屏蔽正确结合起来使用，可解决大部分干扰问题。电子设备中地线结构大致有系统地、机壳地（屏蔽地）、数字地（逻辑地）和模拟地等。在地线设计中应注意以下几点。

（1）正确选择单点接地与多点接地。在低频电路中，信号的工作频率小于 1 MHz，其布线和器件间的电感影响较小，而接地电路形成的环流对干扰影响较大，因而应尽量采用一点接地。当信号工作频率大于 10 MHz 时，地线阻抗变得很大，此时应尽量降低地线阻抗，采用就近多点接地。当工作频率在 1～10 MHz 时，如果采用一点接地，其地线长度不应超过波长的 1/20，否则应采用多点接地。

（2）将数字电路与模拟电路分开。电路板上既有高速逻辑电路，又有线性模拟电路，应使它们尽量分开，而两者的地线不要相混，分别与电源端地线相连。此外，要尽量加大线性电路的接地面积。

（3）尽量加粗接地线。若接地线很细，接地电位则随电流的变化而变化，致使电子设备的基准电平不稳，抗噪声性能变坏。因此，应尽量加粗接地线，使它能通过 3 倍于印制电路板的允许电流。若可能，地线的宽度应大于 3 mm。

（4）将接地线构成闭环路。设计只有数字电路的印制电路板地线系统时，将接地线做成闭环路可以明显提高抗噪性能。其原因在于：印制电路板上有很多集成电路组件，尤其遇有耗电多的组件时，因受接地线粗细的限制，会在地结上产生较大的电位差，引起抗噪声能力下降，若将接地结构成环路，则会缩小电位差值，提高电子设备的抗噪声能力。

3. 过程通道干扰及防护

过程通道是前向通道、后向通道与主机系统相互之间进行信息传输的途径。过程通道中长线传输是产生干扰的主要因素，通常采用隔离开关量、模拟量和电源的方法进行防护。此外，为了防止线间串扰，通常采取如下措施：

（1）强电信号线和弱电信号线分开；

（2）高频和低频分开；

（3）交流和直流分开；

（4）电源线和信号线分开；

（5）经过噪声处理后的和未处理者分开；

（6）传输线应尽量远离变压器、接触器、继电器及电源等大功率器件；

（7）传输线应尽量短；

（8）采用双绞线传输。

其中，双绞线传输是在单片机系统长线传输中常用的传输线。其波阻抗高、抗共模干扰能力强，一去一回的双绞线结构使电磁干扰在各个小环的电磁感应干扰相互抵消。其分布电容仅为几十皮法，距离信号源近，可起到积分作用。故双绞线对电磁场具有一定抑制效果，但对接地与节距有一定要求。

4. 空间静电干扰及防护

静电的起因是两种不同物质的物体互相摩擦时，正负电荷分别积累在两种物体上。当积聚在电子控制设备外壳上的电荷足够多时就会产生放电，放电电流流过金属外壳，产生电场和磁场，通过分布阻抗耦合到壳内的电源线、信号线等内部走线，引起误动作。电子控制设备的信号线或地线上也可直接放电，如键盘或显示装置等接口处的放电，其干扰后果更为严重。

此外，微机测控系统中广泛使用的CMOS芯片，是最易受静电干扰的器件。尽管现在大多数CMOS器件采取了一些保护措施来防止静电干扰，但由于器件本身结构的特点，对静电引起的破坏仍然不可掉以轻心。

完全杜绝静电放电现象是比较困难的。但在线路原理、结构设计、安装环境和操作步骤等方面采取措施，可使静电放电的危害减至最低。抑制静电放电干扰的措施有如下几种。

（1）CMOS器件在使用中应注意防止静电。其一输入引脚不能浮空；其二设法降低输入电阻；其三当用CMOS器件与长线连接时，应通过一个TTL缓冲门电路后再与长传输线相连。

（2）环境湿度以维持在45%～65%为宜。环境越干燥，越容易产生静电。

（3）机房地板应使用绝缘性差的材料。

（4）焊接元器件时，务必使用烙铁头接地的电烙铁。其他设备、测试仪器及工具也应有良好的接地措施。

（5）采用金属机箱，并对机箱进行合理屏蔽与接地。

10.2.2 硬件抗干扰设计

1. 印制板的尺寸与器件布置

印刷电路板尺寸要适中，过大时，印刷线条长，阻抗增加，不仅抗噪声能力下降，成本也高；过小，则散热不好，同时易受邻近导线干扰。

在器件布置方面，与其他逻辑电路一样，应把相互有关的器件尽量放得靠近些，以获得较好的抗噪效果。易产生噪声的器件、小电流电路、大电流电路等应尽量远离逻辑电路，如有可能，应另做电路板。

2. 布线

（1）选择合理的导线宽度，电源线和地线应尽量加粗，电源线和地线走向与数据传递方向一致，将有助于增强抗噪声的能力。由于瞬变电流在印制线条上所产生的冲击干扰主要是由印制导线的电感成分造成的，因此应尽量减小印制导线的电感量。导线电感量与长度成正比，与宽度成反比，因而短而细的导线对抑制干扰是有利的。时钟引线、行驱动器或总线驱动器的信号线常常载有大的瞬变电流，印制导线要尽可能的短。对于分立组件电路，印制导线宽度在 1.5 mm 左右时，可完全满足要求；对于集成电路，印制导线宽度可在 0.2～1.0 mm 之间选择。

（2）采用正确的布线策略，采用平行走线可以减少导线电感，但导线之间的互感和分布电容会增加。如果布局允许，最好采用井字形网状布线结构，具体做法是印制板的一面横向布线，另一面纵向布线，然后在交叉孔处用金属化孔相连。为了抑制印制板导线之间的串扰，在设计布线时应尽量避免长距离的平行走线。

3. 配置去耦电容

在印刷电路板的各关键部位配置去耦电容应视为印刷电路板设计的一项常规做法。在直流电源回路中，负载的变化会引起电源噪声。例如，在数字电路中，当电路从一个状态转换为另一种状态时，就会在电源线上产生一个很大的尖峰电流，形成瞬变的噪声电压。配置去耦电容可以抑制因负载变化而产生的噪声，是印制电路板可靠性设计的一种常规做法，配置原则如下。

（1）电源输入端跨接一个 10～100 μF 的电解电容器，若印制电路板位置允许，采用 100 μF 以上的电解电容抗干扰效果会更好。

（2）为每个集成电路芯片配置一个 0.01 μF 的陶瓷电容器。若遇到印制电路板空间小而装不下时，可每 4～10 个芯片配置一个 1～10 μF 钽电解电容器，这种器件的高频阻抗特别小，在 500 kHz～20 MHz 范围内阻抗小于 1 Ω，而且漏电流很小（0.5 μA 以下）。

（3）对于抗噪声能力弱、关断时电流变化大的器件和 ROM、RAM 等存储型器件，应在芯片的电源线（VCC）和地线（GND）间直接接入去耦电容。

（4）去耦电容的引线不能过长，特别是高频旁路电容不能带引线。

4. 其他抗干扰措施

单片机应用系统中的电路抗干扰设计与具体电路有密切关系，并无一定之规，要注意积累点滴经验，例如：

（1）地址和数据线应交错排布，因为地址和数据线信号不会同时变化；

（2）RESET 引脚接 0.1 μF 的滤波电容，防止无谓复位；

（3）CMOS 的空置输入脚接地，防止悬空输入干扰；

（4）按钮、继电器、接触器等有火花器件利用 RC 电路加以吸收，或者加续流二极管和压敏电阻等，其方法如图 10–4 所示。

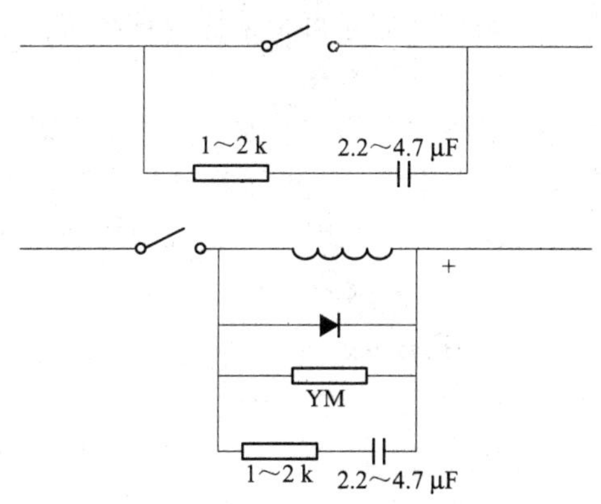

图 10–4 开关防抖和续流

5. 散热设计

从有利于散热的角度出发，印制版最好是直立安装，板与板之间的距离一般不应小于 2 cm，而且器件在印制版上的排列方式应遵循下列规则。

（1）对于采用自由对流空气冷却的设备，最好是将集成电路（或其他器件）按纵长方式排列；对于采用强制空气冷却的设备，最好是将集成电路（或其他器件）按横长方式排列。

（2）同一块印制板上的器件应尽可能按其发热量大小及散热程度分区排列，发热量小或耐热性差的器件（如小信号晶体管、小规模集成电路、电解电容等）放在冷却气流的最上游（入口处），发热量大或耐热性好的器件（如功率晶体管、大规模集成电路等）放在冷却气流最下游。

（3）在水平方向上，大功率器件尽量靠近印制板边沿布置，以便缩短传热路径；在垂直方向上，大功率器件尽量靠近印制板上方布置，以便减少这些器件工作时对其他器件温度的影响。

（4）对温度比较敏感的器件最好安置在温度最低的区域（如设备的底部），千万不要将它放在发热器件的正上方，多个器件最好是在水平面上交错布局。

（5）设备内印制板的散热主要依靠空气流动，空气流动总是趋向于阻力小的地方流动，所以在印制电路板上配置器件时，要避免在某个区域留有较大的空域。

10.2.3 软件抗干扰设计

单片机应用系统在工业现场使用时，大量的干扰源虽不能造成硬件系统的损坏，但常常使单片机系统不能正常运行，致使控制失灵，造成重大事故。单片机系统的抗干扰不可能完全通过硬件解决，软件抗干扰问题的研究越来越引起人们的重视。常用的软件抗干扰措施如下。

1. 数字滤波

（1）程序判断。通过程序判断将明显不合理者剔除。

（2）算术平均值法。对一点数据连续采样多次，计算其平均值，以其平均值作为该点的采样结果。这种方法可以减少系统的随机干扰对采集结果的影响，一般取 3～5 次平均值即可。

（3）比较舍取法。当控制系统测量结果的个别数据存在偏差时，为了剔除个别错误数据，可采用比较取舍法，即对每个采样点连续采样几次，根据所采数据的变化规律，确定取舍办法来剔除偏差数据。例如，“采三取二”即对每个采样点连续采样三次、取两次相同数据为采样结果。

（4）中值法。根据干扰造成采样数据偏大或偏小的情况，对一个采样点连续采集多个信号，对这些采样值进行比较，取中值作为该点的采样结果。

（5）一阶递推数字滤波法。这种方法利用软件完成 RC 低通滤波器的算法，实现用软件方法代替硬件 RC 滤波器。一阶递推数字滤波公式为

$$Y_n = QX_n + (1+Q)Y_{n-1}$$

式中，Q——数字滤波器时间常数；

X_n——第 n 次采样时的滤波器输入；

Y_n——第 n 次采样时的滤波器输出。

（6）加权平均法。

（7）复合法。

2. 控制失灵的软件对策

在大量的开关量控制系统中，人们关注的问题是能否确保正常的控制状态。如果干扰进入系统，会影响各种控制条件，或直接影响输出信号造成控制输出失误。为了确保系统安全常采取下述软件抗干扰措施：

（1）软件冗余，变一次处理控制为循环采样控制。

（2）设置输出状态寄存器，通过对寄存器的操作实现对引脚的控制。

（3）设自检程序。

3. 程序跑飞

为防止程序跑飞，可采取以下措施：

（1）减少中断及中断处理内容，随开随关，不用的中断入口处写入 RESET（0FFH）；

（2）设置监视跟踪定时器，如使用 WATCHDOG 或 MAX691 硬件看门狗；

（3）设置软件陷阱，程序存储器不用之处写入 0FFH，由于单片机中机器码 0FFH 对应的是软件复位指令，因此程序一旦跑飞即可软件复位；

（4）开关信号加延时去抖判断；

（5）通信中应加同步判断、垂直异或校验等，有时还要加表决、比较等等处理。

10.3 列车制动压力同步采集记录系统设计实例

10.3.1 应用背景

在重载货物列车中，由于列车队列中车辆数量很大（大秦铁路多达 216 辆编组），而列车制动力是由机车产生的压缩空气顺序传递的，因此距离机车最远车辆的制动取决于压缩空气

在列车总管中的传递速度。在大秦铁路运输中（尤其是重车），经常出现个别车辆紧急制动阀漏风导致的抱闸等故障，极大地影响了大秦铁路的正常运营。这些故障均反映为制动压力的变化，可以通过对压力的连续记录进行监视。

本节介绍的压力同步采集系统能够采集记录列车运行过程中分布在列车中不同位置的20节车辆的列车管压力、副风缸压力和制动缸压力。当列车返回车辆段内作业时，能够将数据迅速转储到计算机上，并通过分析软件进行数据回放和数据分析。这里主要介绍其中车载压力采集与记录装置的软硬件设计。

10.3.2 系统总体方案设计

1. 传感器的选择

由于货车制动压力范围是0～600 kPa，压力传感器选用昆仑海岸公司的JYB–K H系列压力变送器。其量程范围为0～800 kPa，测量精度为0.25% FS，使用环境温度为–20℃～+85℃，供电电压为DC24 V，二线制输出，输出信号为标准工业电流信号4～20 mA。接口形式为标准霍斯曼接头，最大工作压力可承受2倍量程，防护等级IP 65。

2. 系统总体结构设计

车载压力测量与记录装置由3部分组成：传感器部分、电源部分和CPU模块。3个压力传感器分别采集列车管压力、副风缸压力和制动缸压力。24 V铅酸蓄电池给传感器供电，并经电源模块变换成5 V后给CPU模块供电。CPU模块完成传感器输出信号的调理，经A/D转换为数字信号后与时间信息一起保存在非易失存储器中。同时CPU模块还设计有看门狗电路防止程序跑飞以提高可靠性。系统总体结构如图10–5所示。

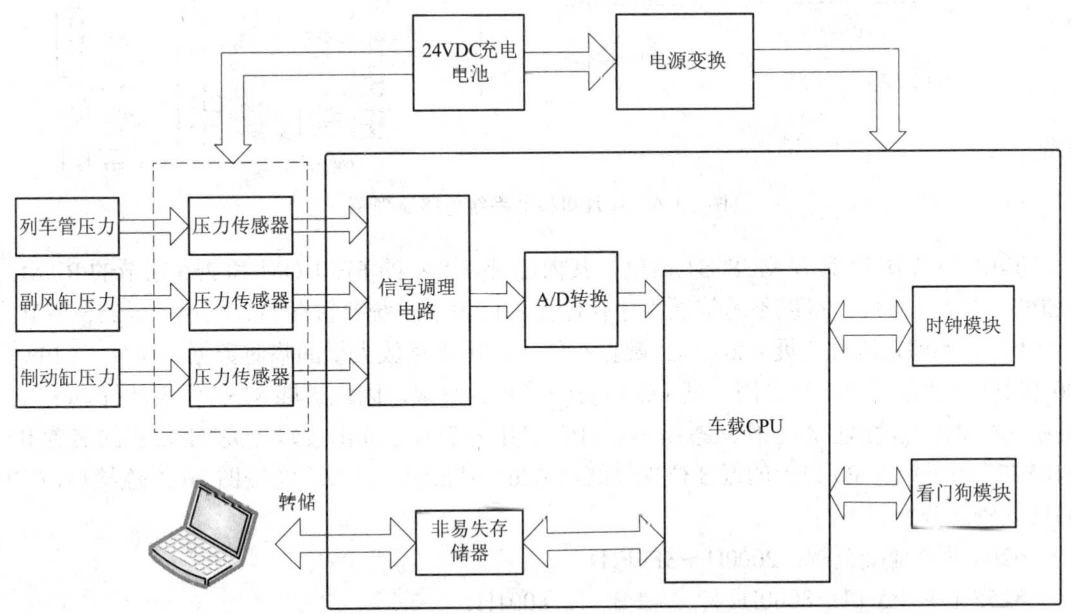

图10–5　系统总体结构图

3. 系统功能设计

本装置主要用于定时采集货车列车管、副风缸和制动缸压力值，并将采集时间与压力值储存起来，要求采集与记录的频率为 1 Hz。由于系统中有实时时钟芯片，而要求的采集与记录的频率为 1 Hz，因此可以将实时时钟的秒作为记录条件，只要秒值发生变化，即进行采集和记录。

10.3.3　货车压力采集装置详细设计

1. 硬件设计

下面将对图 10–5 所示系统总体结构图中各部分的详细设计进行介绍。

1）单片机核心系统部分

单片机核心系统部分包括 CPU W77E58、晶振电路、地址锁存器 74LS573、数据存储器 6264、并口扩展芯片 8255 和设备 ID 设置电路等，如图 10–6 所示。

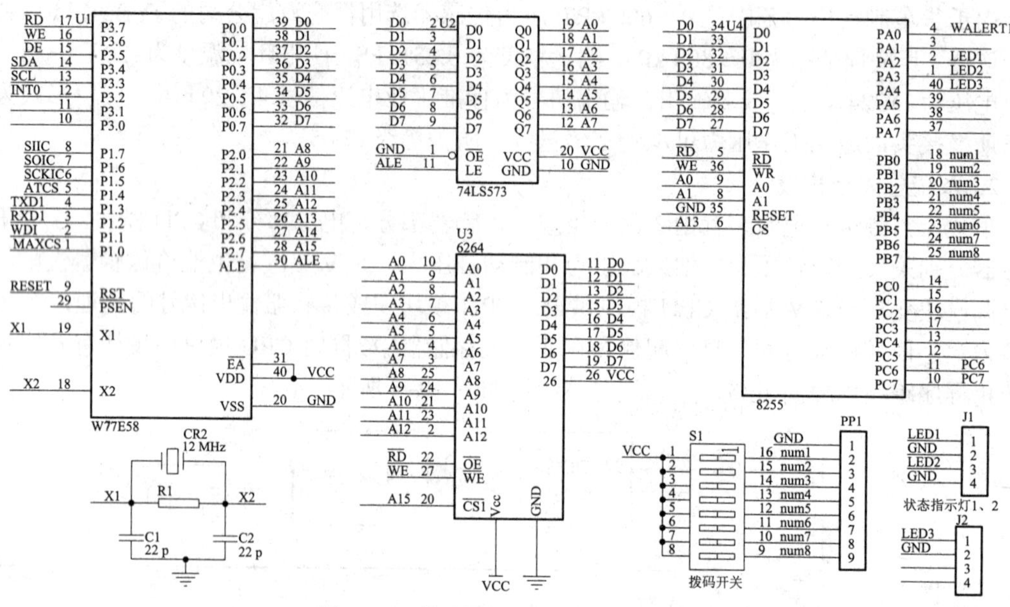

图 10–6　单片机核心系统电路原理图

其中，W77E58 具有 MCS–51 内核，其内部带有 8 K 的 EEPROM 和 256 字节的 RAM。EEPROM 基本够用，可以不用扩展程序存储器。但由于系统要暂存的数据很多，256 字节的 RAM 肯定不够，因此扩展 6264 作为数据存储区，用于存放大量的临时数据。此外，CPU 的 P0 和 P2 口被数据地址线占用，其 I/O 口资源就相当有限，因此扩展 8255 作为并行 I/O 口，其中 PA 口作为输出控制工作状态指示灯；PB 口作为输入读取由拨码开关 S1 设置的装置 ID。74LS573 用于锁存 P0 口上的低 8 位地址线给 6264 和 8255。核心系统按图 10–6 连接后，CPU 的地址资源分配如下。

6264 芯片地址范围：2000H～3FFFH。

8255 芯片 PA 口：8000H。　　PB 口：8001H。

PC 口：8002H。　　PCOM 口：8003H。

2）电源转换电路

装置利用直流 24 V 铅酸蓄电池供电。由于蓄电池需要经常更换，为了方便操作，在电源插头与传感器供电之间加入了开关 S2，该开关安装在机箱而非电路板上。由于系统电路需要

+5 V 电源供电，此处采用 24 V/5 V 电源转换模块将蓄电池提供的 24 V 电源变换为 5 V 为系统供电，为防止电源接反造成系统损坏，在 24 V 与电源模块间接入了防反二极管 IN4007（图 10–7 中的 D0）。电源正接时，二极管导通，系统正常供电；电源接反时，二极管截止，系统不得电。为了去除电源纹波，在输入 24 V 和变换后的系统电源 5 V 与地线之间都接有一大一小两个电容器，分别滤除高频和低频的电源纹波。

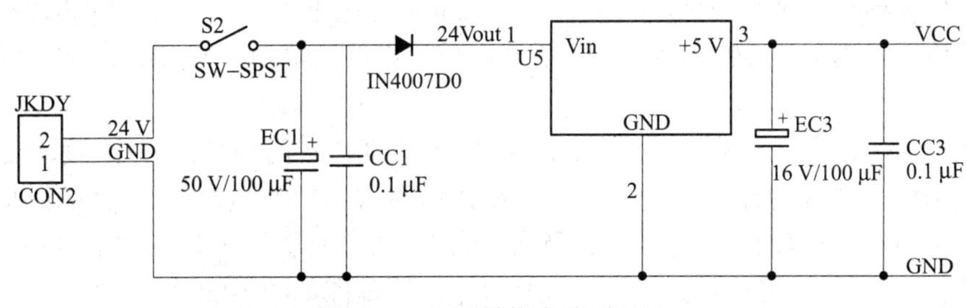

图 10–7　电源转换电路原理图

3）压力传感器电流信号调理与 A/D 采集电路

每个装置负责采集 3 个压力信号，传感器采用 JYB–K H 系列的压力变送器，其输出为标准工业电流信号 4～20 mA，对应压力值 0～800 kPa。由于电流信号不能直接被单片机采集，必须将其转变为电压信号。传感器接口如图 10–8 中的 CH0～CH2 插头，由于为二线制传感器，接头的第 1 引脚为传感器输出供电电源 24 V，传感器输出的电流信号经第 2 引脚进入电路板。为了对该电流进行采样，在电流输出通道上串联 200 Ω的电阻，为提高采样精度，此处选用精度为 1‰的精密电阻。当压力为 0 时，输出电流为 4 mA，对应的采样电压为 0.8 V；当压力为满量程 800 kPa 时，输出电流为 20 mA，对应的采样电压为 4 V。采样电压由 A/D 芯片的模拟量输入通道进行采集。

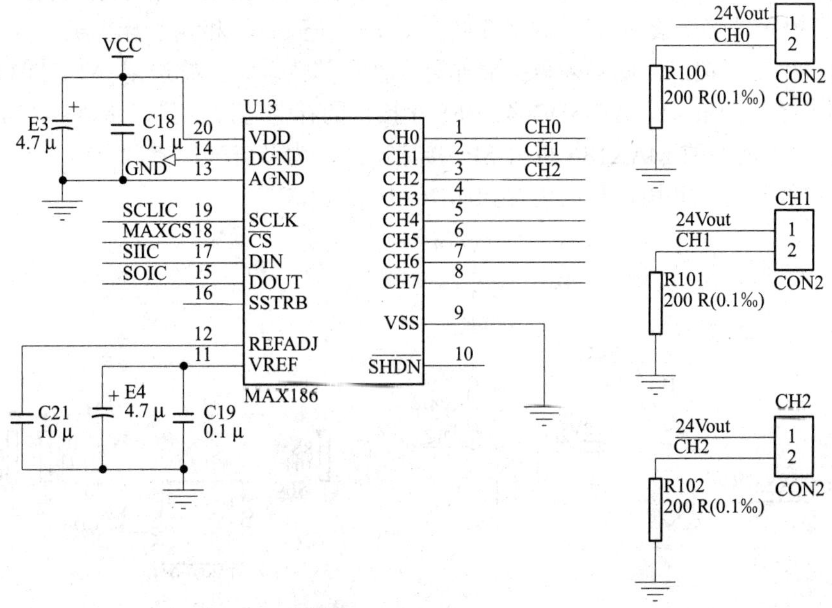

图 10–8　压力传感器电流信号调理与 A/D 采集电路原理图

A/D 芯片选用具有 SPI 串行接口的 8 通道 A/D 变换芯片 MAX186，其内部具有高精度基准电压，A/D 变换精度为 12 位，具有极高的转换精度。它与单片机通过数据输入 SI、数据输出 SO、时钟 SCK 和片选信号 CS 相连，通过 SPI 总线协议完成 A/D 变换的启动和 A/D 结果的读取，具体操作将在后面软件部分进行介绍。

4）实时时钟和看门狗复位电路

为了获得采集时的时间信息，系统选用 SD2405 掉电不丢失的实时时钟芯片提供时间信息，它采用 I^2C 的数据输入/输出接口，只需要和单片机的两根输入/输出口线相连即可读取实时时间信息。

此外，为了防止系统死机，采用 MAX813 电源监视和看门狗复位芯片对系统进行监视。系统正常工作时，CPU 通过 1 个输出口为 MAX813 的 WDI 引脚提供周期性的清除信号；一旦系统死机，CPU 在一段时间内未提供清除信号，MAX813 将会输出 RESET 高电平复位 CPU，使 CPU 复位重新运行。实时时钟和看门狗复位电路原理图如图 10–9 所示。

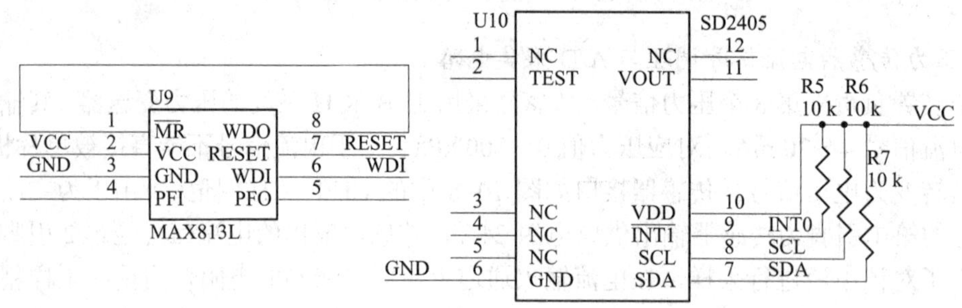

图 10–9 实时时钟和看门狗复位电路原理图

5）非易失性数据存储电路

CPU 通过 A/D 采集的压力值和采集时刻必须保存起来，而这些信息绝不能因为系统掉电等原因发生丢失。前面已经扩展了数据存储器 6264，但 6264 相当于计算机的内存，其中的信息掉电后将不复存在，因此必须再扩展非易失性存储器。本系统选用 AT45DB041 非易失性 E^2PROM 保存这些信息，AT45DB041 为 SPI 接口的存储芯片，其存储容量为 4 Mb，相当于 512 KB。由于前面的 MAX186 也为 SPI 接口芯片，为节省端口资源，所有 SPI 芯片除了片选以外的口线都可以共用，相应电路如图 10–10 所示。

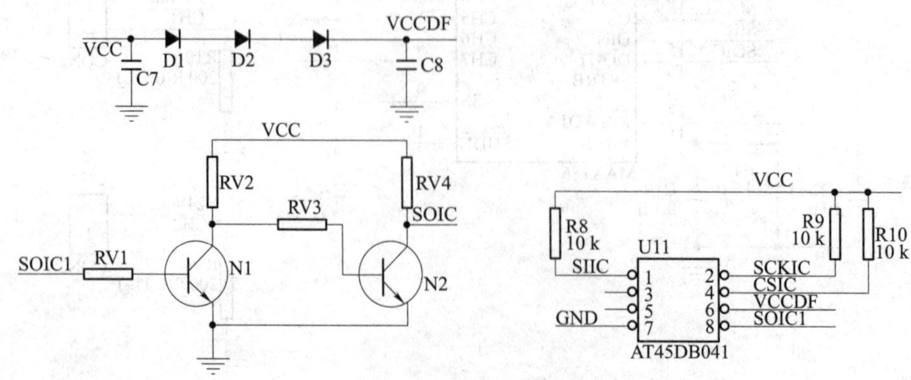

图 10–10 非易失性数据存储电路原理图

由于 AT45DB041 为 3 V 供电芯片，而系统电源为 5 V，此处利用 VCC 上串联 3 个二极管实现，每个二极管压降约为 0.7 V，VCC 经过 3 个二极管后的电压 VCCDF 约为 3 V，可以保证 AT45DB041 正常工作。

此外,CPU 输出的 TTL 5 V 电平信号可以直接接到 3 V 器件的输入端,但若将 AT45DB041 输出的 3 V 信号直接接到 CPU 的输入引脚将会造成逻辑错误,图 10–10 中利用双级三极管电路实现了 3 V 逻辑电平向 5VTTL 电平的转换。

列车运行完毕后，需要将记录的数据转储下来。由于每列车需要安装 20 台左右的压力采集装置，而转储时间有限。为提高转储速度，本系统将上述存储芯片作成单独的电路板，与 CPU 板通过插座连接。需要转储数据时只需要将存储芯片电路板拔下更换即可，芯片中的内容可以在办公室中通过专用的读写器传送到 PC 中，同时将转储后的芯片清空以备下次使用。

2. 系统软件详细设计

系统软件包括主程序和多个子程序，下面首先给出系统所用到的资源说明与常数定义，然后按照功能模块给出实现各功能的子程序，并通过主程序对子程序的调用实现系统总体功能。

1）系统硬件资源说明

要想对单片机应用系统进行软件编程，必须了解所有芯片与 CPU 的连接方式及芯片的使用方法。下面将给出各芯片用到的 CPU 资源。

（1）实时时钟芯片 SD2405，采用 I^2C 接口与 CPU 相连，其中：时钟线 SCL 接 CPU 的 P3.3；数据线 SDA 接 CPU 的 P3.4。

（2）非易失性 EEPROM 芯片 AT45DB041，采用 SPI 接口与 CPU 相连，其中：数据输入 SI 接 CPU 的 P1.7；数据输出 SO 接 CPU 的 P1.6；时钟线 SCK 接 CPU 的 P1.5；片选线 CS 接 CPU 的 P1.4。

（3）A/D 变换芯片 MAX186，采用 SPI 接口与 CPU 相连，其中 SI、SO 和 SCK 与 AT45DB041 共用，只有片选线不同：片选线 CS 接 CPU 的 P1.0。

（4）看门狗芯片 MAX813 芯片：喂狗信号 WDI 接 CPU 的 P1.1。

为了增强程序的可读性，在程序开始处将上述 CPU 资源通过伪指令进行定义：

```
ORG      0030H
SD_SCL        BIT P3.3          ；定义 SD2405 的时钟线
SD_SDA        BIT P3.4          ；定义 SD2405 的数据线
SD_ACK        BIT 20H           ；定义读 ACK 状态位
SPI_SI        BIT P1.7          ；定义 SPI 的数据输入
SPI_SO        BIT P1.6          ；定义 SPI 的数据输出
SPI_SCK       BIT P1.5          ；定义 SPI 的数据时钟
AT_CS         BIT P1.4          ；定义 AT45DB041 的片选
MAX_CS        BIT P1.0          ；定义 MAX186 的片选
WDG_WDI       BIT P1.1          ；定义看门狗的 WDI
```

2）系统用到的常数说明

除了上述 CPU 资源以外，在编程时还会用到许多常数，列举如下。

（1）AT45DB041 的命令及地址常数：

① 主内存向 Buffer1 的数据传送命令 53H；

② 读 Buffer1 的命令 54H；

③ 主内存与 Buffer1 的比较命令 60H；

④ 通过 Buffer1 向主内存写命令 82H；

⑤ 主内存的页读命令 52H；

⑥ 读状态命令 57H。

（2）8255 的资源地址：PA——8000H；PB——8001H；
PC——8002H；PCOM——8003H。

与 8255 并行口有关的信号：

① PA 口作为输出 PA.2～PA.4 控制工作状态指示灯 LED1～LED3；

② PB 口作为输入 用于读取设置设备 ID 的拨码开关。

（3）6264 中划分的数据存储区首地址：

① AT45DB041 写入数据缓冲区首地址 3C00H；

② AT45DB041 读出数据缓冲区首地址 3E00H。

这些常数可以在程序中直接用数字表示，但其意义不直观。为了增强程序可读性，将这些常数用伪指令 EQU 进行定义：

```
            ORG      0050H
    ；==========以下定义 AT45DB041 的命令与地址常数=========
    AT_M_TO_B1      EQU      53H      ；主内存向 Buffer1 转移数据指令
    AT_RD_B1        EQU      54H      ；读 Buffer1
    AT_MN_B1_CMP    EQU      60H      ；主内存与 Buffer1 比较命令
    AT_MN_P_B1      EQU      82H      ；通过 Buffer1 向主内存写
    AT_PAGE_RD      EQU      52H      ；主内存的页读命令
    AT_RD_STS       EQU      57H      ；读状态命令
    ；==========以下定义 8255 口地址========
    PA              EQU      8000H    ；PA 口
    PB              EQU      8001H    ；PB 口
    PC              EQU      8002H    ；PC 口
    PCOM            EQU      8003H    ；命令口
    ；==========以下定义 6264 中数据存储区首地址========
AT_BUF_R        EQU      3C00H    ；AT45DB041 写入缓冲区首地址
AT_BUF_W        EQU      3E00H    ；AT45DB041 读出缓冲区首地址
；=============以下定义内部 RAM 中存储区首地址=========
；=============70H~7FH 为记录数据缓冲区===============
；==其中，70H~75H 为时间信息，依次为年、月、日、时、分、秒==
；=====76H~7BH 为 3 个通道的 A/D 数据
   RECORD_BUF       EQU      70H      ；记录数据缓冲区
   SD_TIME          EQU      68H      ；读 SD2405 的时间寄存器
   SEC              EQU      6EH      ；秒寄存器，用于比较记录
```

3）与 SD2405 实时时钟有关的子程序

```
            ORG     0100H
; =====延时子程序 DELAY=====
DELAY:      NOP
            NOP
            NOP
            NOP
            RET
; =====I²C 总线开始信号子程序 I2C_START=====
I2C_START:  SETB    SD_SDA      ; 数据线拉高
            SETB    SD_SCL      ; 时钟线拉高
            LCALL   DELAY
            CLR     SD_SDA      ; 数据线拉低
            LCALL   DELAY
            CLR     SD_SCL      ; 时钟线拉低
            NOP
            RET
; =====I²C 总线停止信号子程序 I2C_STOP=====
I2C_STOP:   CLR     SD_SDA
            SETB    SD_SCL
            LCALL   DELAY
            SETB    SD_SDA
            LCALL   DELAY
            RET
; =====发送应答子程序 SEND_ACK=====
SEND_ACK:   CLR     SD_SDA
            NOP
            SETB    SD_SCL
            LCALL   DELAY
            CLR     SD_SCL
            NOP
            RET
; =====发送无应答子程序 SEND_NO_ACK=====
SEND_NO_ACK:SETB    SD_SDA
            NOP
            SETB    SD_SCL
            LCALL   DELAY
            CLR     SD_SCL
            NOP
            RET
; =======检查 ACK 子程序 CHK_ACK=======
; =======返回值 SD_ACK=1 表示有应答======
CHK_ACK:    SETB    SD_SDA
            NOP
            SETB    SD_SCL
            CLR     SD_ACK
```

```
            NOP
            NOP
            MOV     C, SD_SDA
            JC      CEND
            SETB    SD_ACK
CEND:       NOP
            CLR     SD_SCL
            NOP
            RET
; =====发送字节子程序 WR_BYTE，要发送的字节放入累加器 A 中=====
WR_BYTE:    MOV     R0, #08H
WR_LOOP:    RLC     A               ; 将最高位移入 C 中
            JC      WR_ONE          ; =1，写 1
            SJMP    WR_ZERO         ; =0，写 0
WR_ONE:     SETB    SD_SDA
            SJMP    WR_GO
WR_ZERO:    CLR     SD_SDA
WR_GO:      NOP
            SETB    SD_SCL
            LCALL   DELAY
            CLR     SD_SCL
            NOP
            DJNZ    R0, WR_LOOP     ; 直到 8 位全写完
            NOP
            RET
; ===从 I2C 器件读一字节子程序 RD_BYTE，读入的数放在累加器 A 中===
RD_BYTE:    MOV     R0, #08H
RD_LOOP:    SETB    SD_SDA
            NOP
            SETB    SD_SCL
            NOP
            NOP
            MOV     C, SD_SDA
            CLR     SD_SCL
            RLC     A
            LCALL   DELAY
            DJNZ    R0, RD_LOOP
            RET
; =========读 SD2405 7 字节时间子程序 RD_TIME========
; =====内部 RAM 中 SD_TIME 开始的单元依次存秒分时星期日月年=====
RD_TIME:    LCALL   I2C_START
            MOV     R2, #7          ; 读 7 个字节
            MOV     R1, #SD_TIME    ; 时间存储单元首地址
            MOV     A, #65H         ; 65H 为 SD2405 的器件读地址
            LCALL   WR_BYTE
            LCALL   CHK_ACK         ; 检查应答位
```

```
RD_T:       LCALL   RD_BYTE             ; 读 1 字节
            MOV     @R1, A              ; 写入时间存储单元
            INC     R1
            DJNZ    R2, RD_T1           ; 没读完 7 个字节，继续
            SJMP    RD_T2
RD_T1:      LCALL   SEND_ACK
            SJMP    RD_T
RD_T2:      LCALL   SEND_NO_ACK         ; 发送无应答位
            LCALL   I2C_STOP
            MOV     RECORD_BUF, SD_TIME+6       ; 转存年
            MOV     RECORD_BUF+1, SD_TIME+5     ; 转存月
            MOV     RECORD_BUF+2, SD_TIME+4     ; 转存日
            MOV     RECORD_BUF+3, SD_TIME+2     ; 转存时
            MOV     RECORD_BUF+4, SD_TIME+1     ; 转存分
            MOV     RECORD_BUF+5, SD_TIME       ; 转存秒
            RET
```

4）MAX186 A/D 变换子程序

MAX186 是 SPI 接口 8 通道 12 位 A/D 变换芯片，当通过 SI 引脚将命令字节（包含通道号）串行写入芯片后，将在接下来的 12 个时钟周期内在 SO 引脚串行输出 A/D 结果。系统中，利用 MAX186 的通道 0、1 和 2 分别采集列车管压力、副风缸压力和制动缸压力，对应通道 0、1、2 向 MAX186 发送的命令字节为 8EH、CEH 和 9EH。若通道号位于累加器 A 中，该通道的 A/D 结果放在内部 RAM 60H 和 61H 单元中，低字节在前，则某通道（通道号在累加器 A 中）的 A/D 变换子程序为如下。

```
; ======MAX186 对某通道（通道号在累加器 A 中）的 A/D 子程序=====
AD_READ:    CLR     MAX_CS              ; 片选拉低有效
            MOV     R0, #8              ; 需要发送 8 位
AD_WR:      CLR     SPI_SCK             ; 时钟拉低
            JB      ACC.7, AD_WR_1
            CLR     SPI_SI              ; 发送数据位 0
            SJMP    AD_WR_2
AD_WR_1:    SETB    SPI_SI              ; 发送数据位 1
AD_WR_2:    SETB    SPI_SCK             ; 时钟拉高
            RL      A                   ; 累加器 A 左移
            DJNZ    R0, AD_WR
            CLR     SPI_SCK
            SETB    MAX_CS              ; 片选无效，写完命令
            LCALL   DELAY               ; 延时准备读数据
            CLR     MAX_CS              ; 片选有效-for 读数据
            SETB    SPI_SCK             ; 时钟拉高
            CLR     A
            MOV     R0, #4              ; 先读高 4 位
            LCALL   AD_RD
            MOV     61H, A              ; 暂存结果高 4 位
```

```
            CLR     A
            MOV     R0，#8              ；后读低 8 位
            LCALL   AD_RD
            MOV     60H，A              ；暂存结果低 8 位
            SETB    MAX_CS              ；片选无效
            RET
；=====通过 SO 连续读 R0 位数子程序，读出的数放在 A 中====
AD_RD:      CLR     SPI_SCK             ；时钟拉低
            RLC     A
            SETB    SPI_SO
            JB      SPI_SO，SET_C_1     ；读数据
            CLR     C
            SJMP    SHIFT
SET_C_1:    SETB    C
SHIFT:      SETB    SPI_SCK             ；时钟拉高
            DJNZ    R0，AD_RD
            RET
；=====读 MAX_186 三个通道压力 A/D 值的结果 RD_MAX=====
；=====三通道的结果放在 70~75H 中，每通道占 2 字节，低字节在前===
RD_MAX:     MOV     A，#8EH                       ；启动通道 0
            LCALL   AD_READ
            MOV     RECORD_BUF+6，60H             ；存通道 0 结果
            MOV     RECORD_BUF+7，61H
            MOV     A，#0CEH                      ；启动通道 1
            LCALL   AD_READ
            MOV     RECORD_BUF +8，60H            ；存通道 1 结果
            MOV     RECORD_BUF +9，61H
            MOV     A，#9EH                       ；启动通道 2
            LCALL   AD_READ
            MOV     RECORD_BUF+10，60H            ；存通道 2 结果
            MOV     RECORD_BUF+11，61H
            MOV     R0，#RECORD_BUF+12
            MOV     @R0，#0                       ；3 个备用字节写 0
            INC     R0
            MOV     @R0，#0
            INC     R0
            MOV     @R0，#0
            MOV     R0，#RECORD_BUF
            MOV     R7，#15                       ；15 字节作累加和校验
            CLR     A
CHK_SUM:    ADD     A，@R0                        ；计算校验字节
            INC     R0
            DJNZ    R7，CHK_SUM
            MOV     @R0，A                        ；写校验字节
            RET
```

5）与 AT45DB041 有关的子程序

在介绍 AT45DB041 子程序前，先对芯片进行简单介绍。AT45DB041 采用 SPI 接口与单片机连接，CPU 对其操作均是通过 SPI 接口向芯片发送命令序列进行的。所有命令序列的结构都是命令字节后紧跟 3 字节的地址，这 3 字节的地址用于定位 AT45DB041 主存储区或缓冲器中的存储单元。SI 数据线上发送的命令序列格式如下：

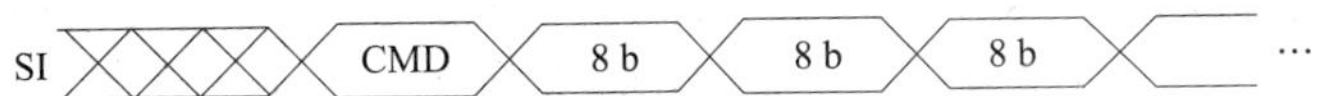

其中后面 3 字节为地址信息，包括了页地址和页内地址。由于 AT45DB041 主内存分 2048 页，每页有 264 个单元，因此页内地址为 9 位，占据地址序列的 A0～A8，页地址为 11 位，占据地址序列的 A9～A19，A20～A23 为预留位，其定义如下：

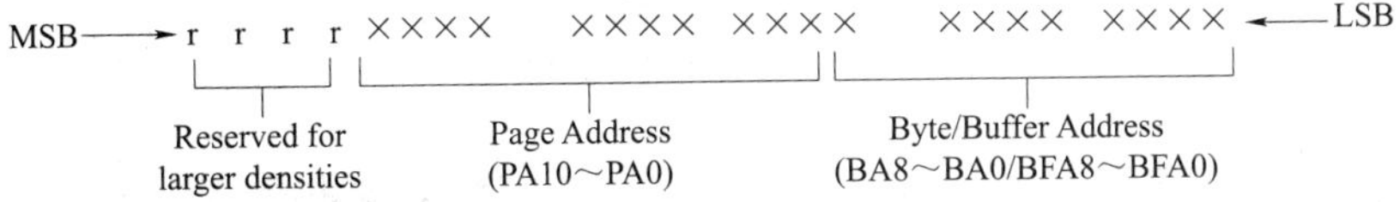

由于页地址、页内单元地址、写入数据个数是后面程序经常用到的变量，下面用 EQU 定义这些变量在内部 RAM 中的存储空间：

```
PAGE_L      EQU     50H     ；页地址低字节
PAGE_H      EQU     51H     ；页地址高字节
ADDR_L      EQU     52H     ；页内地址低字节
ADDR_H      EQU     53H     ；页内地址高字节
```

由于每次写入和读出的字节个数较少，不会超过 256 个，其存储单元用 1 个字节即可：

```
WR_NUM      EQU     54H     ；写入字节个数
RD_NUM      EQU     56H     ；读出字节个数
```

AT45DB041 相关子程序如下：

```
；=====发送 1 字节子程序 AT_WR_B，要发送的字节放在累加器 A 中=====
            ORG     0300H
AT_WR_B:    MOV     R7，#08H
AT_WR:      JB      ACC.7，AT_WR_1
            CLR     SPI_SI
            SJMP    AT_WR_2
AT_WR_1:    SETB    SPI_SI
AT_WR_2:    CLR     SPI_SCK
            SETB    SPI_SCK
            RL      A
            DJNZ    R7，AT_WR
            RET
；=====读取 1 字节子程序 AT_RD_B，读出的数放在累加器 A 中=====
AT_RD_B:    MOV     R7，#08H
AT_RD:      CLR     SPI_SCK
            SETB    SPI_SCK
```

```
            SETB    SPI_SO          ; 准双向口读出先置 1
            MOV     C, SPI_SO       ; 读数据输出口 SO
            RLC     A
            DJNZ    R7, AT_RD
            RET
; ====发送 24bit 命令序列子程序 AT_SEND_CMD，命令在累加器 A 中===
AT_SEND_CMD:LCALL   AT_WR_B         ; 发送命令字节
            MOV     A, PAGE_L       ; 页地址低字节
            RLC     A               ; C←PAGE_L.7
            MOV     A, PAGE_H       ; 页地址高字节
            RLC     A               ; ACC.0←C
            LCALL   AT_WR_B         ; 发送组合地址的最高字节
            MOV     A, ADDR_H       ; 页内单元地址高位
            RRC     A               ; C←ADDR_H.0
            MOV     A, PAGE_L
            RLC     A               ; ACC.0←C, C←PAGE_L.7
            LCALL   AT_WR_B         ; 发送组合地址的中间字节
            MOV     A, ADDR_L
            LCALL   AT_WR_B         ; 发送组合地址的低字节
            RET
; ======读缓冲器 1 子程序 AT_RD_BUF1======
; =====要读的字节数在内部 RAM RD_NUM 单元中====
; ======读出的字节放在 6264 中 AT_BUF_R 开始的区域=====
AT_RD_BUF1: MOV     A, #AT_RD_B1
            CLR     AT_CS           ; 片选拉低
            LCALL   AT_SEND_CMD     ; 写命令序列
            LCALL   AT_WR_B         ; 写额外 1 字节
            MOV     DPTR, #AT_BUF_R
RD_B_LP:    LCALL   AT_RD_B         ; 读 1 字节，放在 A 中
            MOV     @DPTR, A
            INC     DPTR
            DJNZ    RD_NUM, RD_B_LP
            SETB    AT_CS           ; 读完，片选拉高
            RET
; =====主内存页读 AT_RD_MN_PG======
; ======要读的字节数在内部 RAM RD_NUM 中
; ======读出的字节放在 6264 AT_BUF_R 开始的内存中
AT_RD_MN_PG:MOV     A, # AT_PAGE_RD
            CLR     AT_CS
            LCALL   AT_SEND_CMD     ; 发送命令序列
            CLR     A
            LCALL   AT_WR_B
            LCALL   AT_WR_B
            LCALL   AT_WR_B
            LCALL   AT_WR_B         ; 发送额外 32 位
            MOV     DPTR, #AT_BUF_R
```

```
RD_MN_LP:   LCALL   AT_RD_B          ；读 1 字节，放在 A 中
            MOV     @DPTR，A
            INC     DPTR
            DJNZ    RD_NUM，RD_MN_LP
            SETB    AT_CS            ；读完，片选拉高
            RET
；=====主内存到 BUF1 的页读 AT_MN_BUF1=====
AT_MN_BUF1: MOV     A，# AT_M_TO_B1
            CLR     AT_CS
            LCALL   AT_SEND_CMD
            SETB    AT_CS
RD_GO1:     LCALL   AT_RD_STS        ；C=0，忙
            JNC     RD_GO1
            RET
；=====通过 Buffer1 向主内存写 AT_WR_PAGE=====
；=====要写入的字节数放在 WR_NUM 中=====
；======要写入的字节放在 RECORD_BUF 开始的单元=====
AT_WR_PAGE: MOV     A，#AT_MN_P_B1
            CLR     AT_CS
            LCALL   AT_SEND_CMD
            MOV     RO，#RECORD_BUF
WR_MN_LP:   MOV     A，@R0
            LCALL   AT_WR_B          ；写 1 字节
            INC     R0
            DJNZ    WR_NUM，WR_MN_LP
            SETB    AT_CS            ；读完，片选拉高
            RET
；=====记录 1 条数据子程序 RECORD=====
；=====记录页地址由 PAGE_H 和 PAGE_L 决定
；=====记录页内地址由 ADDR_H 和 ADDR_L 决定
RECORD:     MOV     WR_NUM，#10H     ；1 次写入 16 字节
            LCALL   AT_WR_PAGE       ；写入 16 字节
            ADD     ADDR_L，#10H     ；修改地址页内地址
            JNC     REC_RET          ；无进位，退出
            CLR     ADDR_L           ；上页已满，页内地址=0
            ADD     PAGE_L，#1       ；上页已满，页地址+1
            ADDC    PAGE_H，#0
            MOV     A，PAGE_L
            CJNE    A，#0FFH，REC_RET
            MOV     A，PAGE_H
            CJNE    A，#07H，REC_RET     ；PAGE!=2047
            CLR     PAGE_L               ；PAGE=2047，回第 0 页
            CLR     PAGE_H
REC_RET:    MOV     RECORD_BUF，PAGE_L   ；保存页内及页地址
            MOV     RECORD_BUF+1，PAGE_H
            MOV     RECORD_BUF+2，ADDR_L
```

```
              MOV     RECORD_BUF+3，ADDR_H
              MOV     WR_NUM，#4
              PUSH    PAGE_L          ；保护 PAGE
              PUSH    PAGE_H
              PUSH    ADDR_L          ；保护 ADDR
              PUSH    ADDR_H
              MOV     PAGE_L，#0FFH   ；PAGE=2047
              MOV     PAGE_H，#07H
              CLR     ADDR_L          ；ADDR=0
              CLR     ADDR_H
              LCALL   AT_WR_PAGE      ；写入 PAGE 和 ADDR 到 2047 页
              POP     ADDR_H          ；恢复 ADDR
              POP     ADDR_L
              POP     PAGE_H          ；恢复 PAGE
              POP     PAGE_L
              RET
；=====读状态寄存器，忙闲状态放入 C 中，C=1，闲；C=0，忙=====
AT_RD_STS:    MOV     A，#AT_RD_STS
              CLR     AT_CS
              LCALL   AT_WR_B
              LCALL   AT_RD_B
              SETB    AT_CS
              RLC     A               ；将 RDY/BUSY 移入 C 中
              RET
；======读保存数据地址子程序 RD_ADDRESS，包括页和页内地址===
；======每次写入数据后，都会将当前地址 PAGE_L，PAGE_H====
；======ADDR_L，ADDR_H 写入 AT45DB041 的第 2047 页=====
；====系统每次上电后需要从中读出，以便从该地址继续写入=====
RD_ADDRESS:   MOV     PAGE_L，#0FFH
              MOV     PAGE_H，#07     ；赋值页地址 2047
              MOV     ADDR_L，#0
              MOV     ADDR_H，#0      ；赋值页内地址 0
              MOV     RD_NUM，#4      ；要读的字节数
              LCALL   AT_RD_MN_PG     ；主内存读，读出的数在 6264
              MOV     DPTR，#AT_BUF_R
              MOVX    A，@DPTR
              MOV     PAGE_L，A       ；更新 PAGE_L
              INC     DPTR
              MOVX    A，@DPTR
              MOV     PAGE_H，A       ；更新 PAGE_H
              INC     DPTR
              MOVX    A，@DPTR
              MOV     ADDR_L，A       ；更新 ADDR_L
              INC     DPTR
              MOVX    A，@DPTR
              MOV     ADDR_H，A       ；更新 ADDR_H
              RET
```

6）主程序

```
          ORG     1000H
MAIN:     MOV     DPTR，#PCOM
          MOVX    @DPTR，#82H        ；设 8255 PA、PC 输出，PB 输入
          LCALL   RD_ADDRESS         ；读保存的页地址和页内地址
          CLR     SEC                ；清秒寄存器
LOOP:     CPL     WDG_WDI            ；清看门狗
          LCALL   RD_TIME            ；读时钟
          MOV     A，SD_TIME         ；
          CJNE    A，SEC，GO_REC     ；判断秒是否变化
          LJMP    LOOP               ；秒未变化，继续读时钟
GO_REC:   LCALL   RD_MAX             ；秒变化，读 3 通道 A/D 值
          LCALL   RECORD             ；记录数据
          MOV     SEC，SD_TIME
          LJMP    LOOP
```

复习参考题

10-1 单片机系统的研制过程一般包括哪几个阶段？

10-2 单片机应用系统总体设计阶段要考虑哪几个方面的问题？

10-3 硬件设计阶段系统扩展与配置应遵循哪些原则？

10-4 一个优秀的应用系统的软件应具有哪些特点？

10-5 软件开发大体包括哪几个方面的内容？

10-6 外界干扰进入单片机系统的渠道主要有哪几种？各包括哪些干扰源？

10-7 防止线间串扰的措施有哪些？

10-8 抑制静电放电干扰的措施有哪些？

10-9 单片机系统常用的硬件抗干扰措施有哪些？

10-10 单片机系统常用的软件抗干扰措施有哪些？

附录A

ASCII码字符表

ASCII（美国信息交换标准码）字符表

ASCII 值	控制字符	ASCII 值	控制字符	ASCII 值	控制字符	ASCII 值	控制字符
0	NUL	32	（space）	64	@	96	、
1	SOH	33	!	65	A	97	a
2	STX	34	“	66	B	98	b
3	ETX	35	#	67	C	99	c
4	EOT	36	$	68	D	100	d
5	ENQ	37	%	69	E	101	e
6	ACK	38	&	70	F	102	f
7	BEL	39	,	71	G	103	g
8	BS	40	（	72	H	104	h
9	HT	41	）	73	I	105	i
10	LF	42	*	74	J	106	j
11	VT	43	+	75	K	107	k
12	FF	44	,	76	L	108	l
13	CR	45	–	77	M	109	m
14	SO	46	.	78	N	110	n
15	SI	47	/	79	O	111	o
16	DLE	48	0	80	P	112	p
17	DCI	49	1	81	Q	113	q
18	DC2	50	2	82	R	114	r
19	DC3	51	3	83	X	115	s
20	DC4	52	4	84	T	116	t
21	NAK	53	5	85	U	117	u
22	SYN	54	6	86	V	118	v
23	TB	55	7	87	W	119	w
24	CAN	56	8	88	X	120	x
25	EM	57	9	89	Y	121	y
26	SUB	58	:	90	Z	122	z
27	ESC	59	;	91	[	123	{
28	FS	60	<	92	/	124	|
29	GS	61	=	93	]	125	}
30	RS	62	>	94	^	126	～
31	US	63	?	95	—	127	DEL

表中符号说明：

NUL	空	VT	垂直制表	SYN	空转同步
SOH	标题开始	FF	走纸控制	ETB	信息组传送结束
STX	正文开始	CR	回车	CAN	作废
ETX	正文结束	SO	移位输出	EM	纸尽
EOY	传输结束	SI	移位输入	SUB	换置
ENQ	询问字符	DLE	空格	ESC	换码
ACK	承认	DC1	设备控制 1	FS	文字分隔符
BEL	报警	DC2	设备控制 2	GS	组分隔符
BS	退一格	DC3	设备控制 3	RS	记录分隔符
HT	横向列表	DC4	设备控制 4	US	单元分隔符
LF	换行	NAK	否定	DEL	删除

附录B

MCS-51系列单片机指令表

表 B-1　数据传送类指令

序号	助　记　符	操作码十六进制	功　　能	对标志位影响				字节数	周期数
				P	OV	AC	CY		
1	MOV　A，Rn	E8～EF	(A)←(Rn)	√	×	×	×	1	1
2	MOV　A，direct	E5	(A)←(direct)	√	×	×	×	2	1
3	MOV　A，@Ri	E6，E7	(A)←((Ri))	√	×	×	×	1	1
4	MOV　A，#data	74	(A)←data	√	×	×	×	2	1
5	MOV　Rn，A	F8～FF	(Rn)←(A)	×	×	×	×	1	1
6	MOV　Rn，direct	A8～AF	(Rn)←(direct)	×	×	×	×	2	2
7	MOV　Rn，#data	78～7F	(Rn)←data	×	×	×	×	2	1
8	MOV　direct，A	F5	(direct)←(A)	×	×	×	×	2	1
9	MOV　direct，Rn	88～8F	(direct)←(Rn)	×	×	×	×	2	2
10	MOV　direct1，direct2	85	(direct1)←(direct2)	×	×	×	×	3	2
11	MOV　direct，@Ri	86，87	(direct)←((Ri))	×	×	×	×	2	2
12	MOV　direct，#data	75	(direct)←data	×	×	×	×	3	2
13	MOV　@Ri，A	F6，F7	((Ri))←(A)	×	×	×	×	1	1
14	MOV　@Ri，direct	A6，A7	((Ri))←(direct)	×	×	×	×	2	2
15	MOV　@Ri，#data	76，77	((Ri))←data	×	×	×	×	2	1
16	MOV　DPTR，#data16	90	(DPTR)←data16	×	×	×	×	3	2
17	MOV　C，bit	A2	(CY)←(bit)	×	×	×	√	2	1
18	MOV　bit，C	92	(bit)←(CY)	×	×	×	×	2	2
19	MOVC　A，@A+DPTR	93	(A)←((A)+(DPTR))	√	×	×	×	1	2
20	MOVC　A，@A+PC	83	(A)←((A)+(PC))	√	×	×	×	1	2
21	MOVX　A，@Ri	E2，E3	(A)←((Ri))	√	×	×	×	1	2
22	MOVX　A，@DPTR	E0	(A)←((DPTR))	√	×	×	×	1	2
23	MOVX　@Ri，A	F2，F3	((Ri))←(A)	×	×	×	×	1	2
24	MOVX　@DPTR，A	F0	((DPTR))←(A)	×	×	×	×	1	2
25	PUSH　direct	C0	(SP)←(SP)+1, ((SP))←(direct)	×	×	×	×	2	2
26	POP　direct	D0	((SP))←(direct), (SP)←(SP)–1	×	×	×	×	2	2
27	XCH　A，Rn	C8～CF	(A)↔ (Rn)	√	×	×	×	1	1
28	XCH　A，direct	C5	(A)↔ (direct)	√	×	×	×	2	1
29	XCH　A，@Ri	C6，C7	(A)↔ ((Ri))	√	×	×	×	1	1
30	XCHD　A，@Ri	D6，D7	(A).3~0↔ (Ri).3~0	√	×	×	×	1	1

表 B-2 算术运算类指令

序号	助 记 符	操作码十六进制	功 能	对标志位影响				字节数	周期数
				P	OV	AC	CY		
1	ADD A，Rn	28～2F	(A)←(A)+(Rn)	√	√	√	√	1	1
2	ADD A，direct	25	(A)←(A)+ (direct)	√	√	√	√	2	1
3	ADD A，@Ri	26，27	(A)←(A)+ ((Ri))	√	√	√	√	1	1
4	ADD A，#data	24	(A)←(A)+data	√	√	√	√	2	1
5	ADDC A，Rn	38～3F	(A)←(A)+(Rn)+CY	√	√	√	√	1	1
6	ADDC A，direct	35	(A)←(A)+ (direct)+CY	√	√	√	√	2	1
7	ADDC A，@Ri	36，37	(A)←(A)+ ((Ri))+CY	√	√	√	√	1	1
8	ADDC A，#data	34	(A)←(A)+data+CY	√	√	√	√	2	1
9	SUBB A，Rn	98～9F	(A)←(A)–(Rn)–CY	√	√	√	√	1	1
10	SUBB A，direct	95	(A)←(A)–(direct)–CY	√	√	√	√	2	1
11	SUBB A，@Ri	96，97	(A)←(A)–((Ri))–CY	√	√	√	√	1	1
12	SUBB A，#data	94	(A)←(A)–data–CY	√	√	√	√	2	1
13	INC A	04	(A)←(A)+1	√	×	×	×	1	1
14	INC Rn	08～0F	(Rn)←(Rn)+1	×	×	×	×	1	1
15	INC direct	05	(direct)←(direct)+1	×	×	×	×	2	1
16	INC @Ri	06，07	((Ri))←((Ri))+1	×	×	×	×	1	1
17	INC DPTR	A3	(DPTR)←(DPTR)+1	×	×	×	×	1	2
18	DEC A	14	(A)←(A)–1	√	×	×	×	1	1
19	DEC Rn	18～1F	(Rn)←(Rn)–1	×	×	×	×	1	1
20	DEC direct	15	(direct)←(direct)–1	×	×	×	×	2	1
21	DEC @Ri	16，17	((Ri))←((Ri))–1	×	×	×	×	1	1
22	MUL AB	A4	(A)(B)←(A)×(B)	√	√	×	√	1	4
23	DIV AB	84	(A)÷(B)= (A)···(B)	√	√	×	√	1	4
24	DA A	D4	对(A)十进制调整	√	√	√	√	1	1

表 B–3　逻辑运算与移位指令

序号	助 记 符	操作码十六进制	功　能	对标志位影响				字节数	周期数
				P	OV	AC	CY		
1	ANL　A，Rn	58～5F	(A)←(A)∧(Rn)	√	×	×	×	1	1
2	ANL　A，direct	55	(A)←(A)∧(direct)	√	×	×	×	2	1
3	ANL　A，@Ri	56，57	(A)←(A)∧((Ri))	√	×	×	×	1	1
4	ANL　A，#data	54	(A)←(A)∧data	√	×	×	×	2	1
5	ANL　direct，A	52	(direct)←(direct)∧(A)	×	×	×	×	2	1
6	ANL　direct，#data	53	(direct)←(direct)∧data	×	×	×	×	3	2
7	ORL　A，Rn	48～4F	(A)←(A)∨(Rn)	√	×	×	×	1	1
8	ORL　A，direct	45	(A)←(A)∨(direct)	√	×	×	×	2	1
9	ORL　A，@Ri	46，47	(A)←(A)∨((Ri))	√	×	×	×	1	1
10	ORL　A，#data	44	(A)←(A)∨data	√	×	×	×	2	1
11	ORL　direct，A	42	(direct)←(direct)∨(A)	×	×	×	×	2	1
12	ORL　direct，#data	43	(direct)←(direct)∨data	×	×	×	×	3	2
13	XRL　A，Rn	68～6F	(A)←(A)⊕(Rn)	√	×	×	×	1	1
14	XRL　A，direct	65	(A)←(A)⊕(direct)	√	×	×	×	2	1
15	XRL　A，@Ri	66，67	(A)←(A)⊕((Ri))	√	×	×	×	1	1
16	XRL　A，#data	64	(A)←(A)⊕data	√	×	×	×	2	1
17	XRL　direct，A	62	(direct)←(direct)⊕(A)	×	×	×	×	2	1
18	XRL　direct，#data	63	(direct)←(direct)⊕data	×	×	×	×	3	2
19	CLR　A	E4	(A)←0	√	×	×	×	1	1
20	CPL　A	F4	(A)←($\overline{A}$)	×	×	×	×	1	1
21	RL　A	23	(A)循环左移 1 位	×	×	×	×	1	1
22	RLC　A	33	(A)(CY)循环左移 1 位	√	×	×	√	1	1
23	RR　A	03	(A)循环右移 1 位	×	×	×	×	1	1
24	RRC　A	13	(A)(CY)循环右移 1 位	√	×	×	√	1	1
25	SWAP　A	C4	(A)半字节交换	×	×	×	×	1	1
26	CLR　C	C3	(CY)←0	×	×	×	√	1	1
27	CLR　bit	C2	(bit)←0	×	×	×	×	2	1
28	SETB　C	D3	(CY)←1	×	×	×	√	1	1
29	SETB　bit	D2	(bit)←1	×	×	×	×	2	1
30	CPL　C	B3	(CY)←($\overline{CY}$)	×	×	×	√	1	1
31	CPL　bit	B2	(bit)←($\overline{bit}$)	×	×	×	×	2	1
32	ANL　C，bit	82	(CY)←(CY)∧(bit)	×	×	×	√	2	2
33	ANL　C，/bit	B0	(CY)←(CY)∧($\overline{bit}$)	×	×	×	√	2	2
34	ORL　C，bit	72	(CY)←(CY)∨(bit)	×	×	×	√	2	2
35	ORL　C，/bit	A0	(CY)←(CY)∨($\overline{bit}$)	×	×	×	√	2	2

表 B-4　控制转移类指令

序号	助 记 符	操作码十六进制	功　能	对标志位影响				字节数	周期数
				P	OV	AC	CY		
1	AJMP　addr11	Y1*	(PC)←(PC)+2 (PC).10~0←addr11	×	×	×	×	2	2
2	LJMP　addr16	02	(PC)←addr16	×	×	×	×	3	2
3	SJMP　rel	80	(PC)←(PC)+2 (PC)←(PC)+rel	×	×	×	×	2	2
4	JMP　@A+DPTR	73	(PC)←(A)+(DPTR)	×	×	×	×	1	2
5	JZ　rel	60	(PC)←(PC)+2,若 A=0,则 (PC)←(PC)+rel	×	×	×	×	2	2
6	JNZ　rel	70	(PC)←(PC)+2,若 A≠0,则 (PC)←(PC)+rel	×	×	×	×	2	2
7	JC　rel	40	(PC)←(PC)+2,若 CY=1,则 (PC)←(PC)+rel	×	×	×	×	2	2
8	JNC　rel	50	(PC)←(PC)+2,若 CY=0,则 (PC)←(PC)+rel	×	×	×	×	2	2
9	JB　bit，rel	20	(PC)←(PC)+3,若 bit=1,则 (PC)←(PC)+rel	×	×	×	×	3	2
10	JNB　bit，rel	30	(PC)←(PC)+3,若 bit=0,则 (PC)←(PC)+rel	×	×	×	×	3	2
11	JBC　bit，rel	10	(PC)←(PC)+3,若 bit=1,则 (bit)←0, (PC)←(PC)+rel	×	×	×	×	3	2
12	CJNE　A，direct，rel	B5	若(A)≠(direct), (PC)←(PC)+3+rel,否则 (PC)←(PC)+3; 若 A≥(direct),(CY)←0,否则(CY)←1	×	×	×	√	3	2
13	CJNE　A，#data，rel	B4	若(A)≠data, (PC)←(PC)+3+rel,否则 (PC)←(PC)+3; 若 A≥data,(CY)←0,否则 (CY)←1	×	×	×	√	3	2
14	CJNE　Rn，#data，rel	B8～BF	若(Rn)≠data, (PC)←(PC)+3+rel,否则 (PC)←(PC)+3; 若 Rn≥data,(CY)←0,否则 (CY)←1	×	×	×	√	3	2
15	CJNE　@Ri，#data，rel	B6，B7	若((Ri))≠data, (PC)←(PC)+3+rel,否则 (PC)←(PC)+3; 若((Ri)≥data,(CY)←0,否则(CY)←1	×	×	×	√	3	2
16	DJNZ　Rn，rel	D8～DF	(PC)←(PC)+2 (Rn)←(Rn)-1 若(Rn)≠0,则 (PC)←(PC)+rel	×	×	×	×	2	2

续表

序号	助 记 符	操作码十六进制	功 能	对标志位影响				字节数	周期数
				P	OV	AC	CY		
17	DJNZ direct，rel	D5	(PC)←(PC)+3 (direct)←(direct)−1 若(direct)≠0,则 (PC)←(PC)+rel	×	×	×	×	3	2
18	ACALL addr11	X1*	(PC)←(PC)+2 (SP)←(SP)+1 ((SP))←(PCL) (SP)←(SP)+1 ((SP))←(PCH) (PC).10~0←addr11	×	×	×	×	3	2
19	LCALL addr16	12	(PC)←(PC)+3 (SP)←(SP)+1 ((SP))←(PCL) (SP)←(SP)+1 ((SP))←(PCH) (PC)←addr16	×	×	×	×	3	2
20	RET	22	(PCH)←((SP)) (SP)←(SP)−1 (PCL)←((SP)) (SP)←(SP)−1	×	×	×	×	1	2
21	RETI	32	(PCH)←((SP)) (SP)←(SP)−1 (PCL)←((SP)) (SP)←(SP)−1,从中断返回	×	×	×	×	1	2
22	NOP	00	(PC)←(PC)+1,空操作	×	×	×	×	1	1

附录C

模拟试题

C1 模拟试题一

一、**填空**（每空 1 分，共 25 分）

1. 程序计数器 PC 是一个__________位的寄存器。

2. 单片机有 4 种工作方式，分别是___________、___________、___________和__________方式。

3. MCS–51 系统指令按执行周期分为___________、__________和__________周期指令。

4. 在微型计算机中，三总线指的是__________、__________和__________。

5. 程序设计的 3 种基本结构是__________、__________和__________。

6. 8051 定时器具有__________和__________的功能。

7. 一条指令通常由两部分构成，即__________和__________。

8. A/D 转换器用来将__________转换成__________。

9. 程序设计语言有__________、__________和__________3 种。

10. 半导体存储器按照功能可以分为__________和__________。

二、**名词解释**（每个 2 分，共 10 分）

1. 指令系统

2. 机器周期

3. 堆栈

4. 中断

5. 串行通信

三、**简答题**（36 分）

1. 若 $X=-73$，则其原码、反码和补码各是多少？（6 分）

2. 读程序，写结果（8 分）

```
        ORG     1000H
        MOV     R4，#21H
        MOV     R5，#32H
        LCALL   CPT
LOOP:   SJMP    $
CPT:    MOV     A，R5
        ADD     A，#03H
        MOV     R5，A
```

```
        MOV     A, R4
        SETB    C
        ADDC    A, #31H
        MOV     R4, A
        RET
        END
```

R4=____________ R5=____________

3. 读程序，写结果（8 分）

```
MOV  40H, #06H
MOV  R0, #40H
MOV  A, @R0                 A=________H
RL  A                       A=________H
MOV  R1, A
ADD  A, R0                  A=________H
RL  A
ADD  A, R1                  A=________H
MOV  @R0, A
```

4. MCS51 系统的操作数有几种寻址方式，分别是什么？（8 分）

5. 什么是中断源，中断源有哪些类型？（6 分）

四、某系统的存储器中配备有两种芯片：容量为 16 K×8 位的 ROM 和容量为 8 K×8 位的 RAM。它采用 74LS373 锁存地址信号，采用 74LS138 译码器来产生片选信号。请为系统扩展 32 K×8 位的 ROM 和 16 K×8 位的 RAM，请画出系统连接简图并确定每个芯片的地址范围。（14 分）

五、在内部 RAM 中，从 DATA 开始的存储区有 20 个单字节十进制数，请编写程序求它们的和，并将和存储于 SUM 单元（假定和不超过 1 字节），并编程求这些数中的最大值和最小值，将最大值放入 MAX 单元，最小值放入 MIN 单元。（15 分）

C2 模拟试题二

一、填空（每空 1 分，共 30 分）

1. 冯·诺依曼型计算机是由____________、____________、____________及其____________四大部分组成。

2. 8051 是____________位机，其寻址范围是____________。

3. 在 MCS–51 系统中，操作数的寻址方式有 7 种，即__________寻址、____________寻址、____________寻址、____________寻址、____________寻址、____________寻址和____________寻址。

4. 8051 的定时器具有____________和____________的功能。

5. 8051 有两个中断优先级，分别称为____________和____________。

6. 一条指令通常由两部分构成，即____________和____________。

7. D/A 转换器用来将____________转换成____________。

8. 程序设计的 3 种基本结构是__________、__________和__________。

9. 在微型计算机中，三总线指的是__________、__________和__________。

10. 半导体存储器按照功能可以分为__________和__________，其中__________中的信息常不因停电而消失。

二、名词解释（每个 2 分，共 10 分）

1. 单片微型计算机
2. 指令
3. 机器周期
4. A/D（模数）转换器
5. 串行通信

三、简答题（32 分）

1. 若 $X=-35$，则其原码、反码和补码各是多少？（6 分）
2. 试编写程序对 16 位数进行算术左移。16 位数在内存中存放在 M 和 M+1 单元，低 8 位先存。（8 分）
3. CPU 响应中断的条件是什么？（6 分）
4. I/O 接口电路的作用是什么？（6 分）
5. 串行通信分哪几种，各有什么特点？（6 分）

四、某系统的存储器中配备有两种芯片：容量为 8 K×8 位的 ROM 和容量为 8 K×8 位的 RAM。它采用 74LS138 译码器来产生片选信号：Y0，Y1 直接接到两片 ROM（#1，#2）；Y3、Y4 和 Y5 接到三片 RAM（#3，#4，#5）。请画出系统的连接简图并确定每一片存储器的寻址范围。（14 分）

五、设有一长度为 20H 的字符串（仅由数字和字母组成，0～9 的 ASCII 码为 30H～39H），它存放在 8031 单片机片内 RAM 以 30H 为首址的连续单元中，试编制一程序将其中数字和字母分开并将它们分别送到以 50H 和 70H 为首址的内部连续单元中。（14 分）

参 考 文 献

[1] 胡汉才. 单片机原理及其接口技术. 北京：清华大学出版社，2004.
[2] 刘秀峰，游雨云. 单片机原理与应用. 北京：北京理工大学出版社，2011.
[3] 梅利凤，王艳秋，王毓铎，等. 单片机原理及接口技术. 北京：北京交通大学出版社，2004.
[4] 楼然苗，胡佳文，李光飞，等. 51 系列单片机原理及设计实例. 北京：北京航空航天大学出版社，2010.
[5] 凌玉华. 单片机原理及应用系统设计. 长沙：中南大学出版社，2006.
[6] 戴胜华，蒋大明，杨世武，等. 单片机原理与应用. 北京：北京交通大学出版社，2005.
[7] 李玉峰，霓虹霞. MCS-51 系列单片机原理与接口技术. 北京：人民邮电出版社，2004.
[8] 余祖俊，史红梅，朱力强，等. 微机检测与控制应用系统设计. 北京：机械工业出版社，2011.
[9] 徐建军. MCS-51 单片机应用及接口技术. 北京：人民邮电出版社，2003.
[10] 李华. MCS-51 系列单片机实用接口技术. 北京：北京航空航天大学出版社，1993.
[11] 何立民. MCS-51 系列单片机应用系统设计系统配置与接口技术. 北京：北京航空航天大学出版社，1999.
[12] 孙逸仙，盛秋林，张铮. 单片机原理及应用. 北京：清华大学出版社，2006.
[13] 杨欣，张延强，张铠麟. 实例解读 51 单片机完全学习与应用. 北京：电子工业出版社，2011.
[14] 张毅刚，彭喜元. 单片机原理与应用设计. 北京：电子工业出版社，2008.
[15] 冯涛，秦永左. 单片机原理及应用. 北京：国防工业出版社，2009.
[16] 赵全利，肖兴达. 单片机原理及应用教程. 北京：机械工业出版社，2007.
[17] 李斌，张晶. MCS-51 单片机应用技术项目教程. 北京：北京航空航天大学出版社，2011.
[18] 黄菊生. 单片机原理与接口技术. 北京：国防工业出版社，2007.
[19] 唐德礼. 单片机原理及应用. 武汉：华中科技大学出版社，2005.
[20] 韩红. 单片机应用技术. 北京：化学工业出版社，2011.
[21] 付光晓. 单片机原理与实用技术. 修订本. 北京：北京交通大学出版社，2008.